光盘使用说明

光盘主要内容

本光盘为《AutoCAD 2014应用与开发系列》丛书的配套多媒体教学光盘，光盘中的内容包括与图书内容同步的视频教学录像、相关素材和源文件以及多款CAD设计软件。

光盘操作方法

将DVD光盘放入DVD光驱，几秒钟后光盘将自动运行。如果光盘没有自动运行，可双击桌面上的【我的电脑】图标，在打开的窗口中双击DVD光驱所在盘符，或者右击该盘符，在弹出的快捷菜单中选择【自动播放】命令，即可启动光盘进入多媒体互动教学光盘主界面。

光盘运行后会自动播放一段片头动画，若您想直接进入主界面，可单击鼠标跳过片头动画。

光盘运行环境

★ 赛扬1.0GHz以上CPU

★ 512MB以上内存

★ 500MB以上硬盘空间

★ Windows XP/Vista/7/8操作系统

★ 屏幕分辨率1024×768以上

★ 8倍速以上的DVD光驱

打开案例的源文件
打开案例的素材文件
打开案例的视频教学文件
打开赠送的CAD设计软件

阅读丛书内容介绍
点击进入丛书支持站点
点击打开问题反馈邮件
退出光盘学习

查看案例的源文件

图 — 01

单击【实例文件】按钮

图 — 02

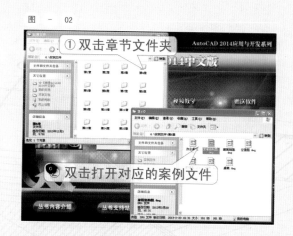

① 双击章节文件夹

② 双击打开对应的案例文件

光盘使用说明

查看案例的素材文件

单击【素材文件】按钮

① 双击章节文件夹

② 双击打开对应的素材文件

查看案例的视频教学文件

单击【视频教学】按钮

① 双击章节文件夹

② 双击打开对应的视频文件

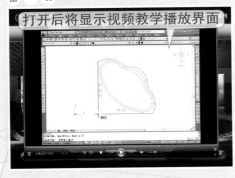

打开后将显示视频教学播放界面

　　本说明是以Windows Media Player为例，给用户演示视频的播放，在播放界面上单击相应的按钮，可以控制视频的播放进度。此外，用户也可以安装其他视频播放软件打开视频教学文件。

查看赠送的CAD设计软件

单击【赠送软件】按钮

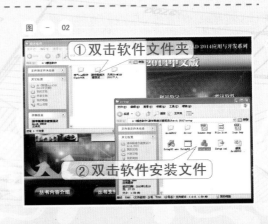

① 双击软件文件夹

② 双击软件安装文件

精通AutoCAD 2014 中文版

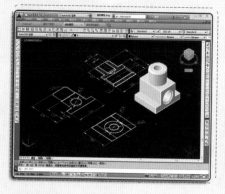

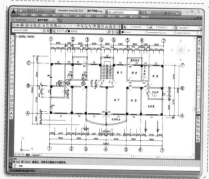

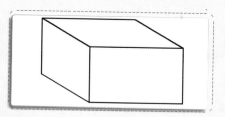

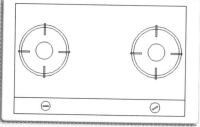

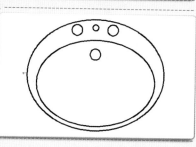

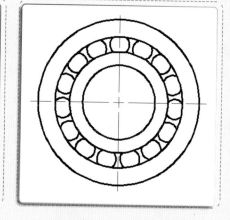

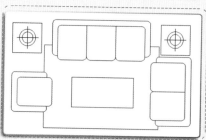

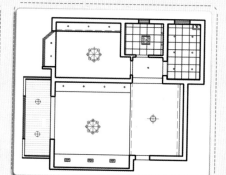

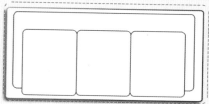

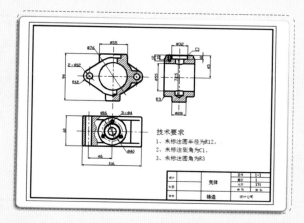

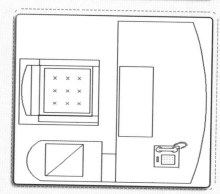

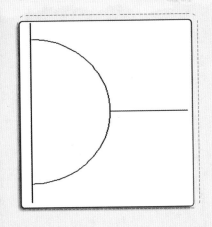

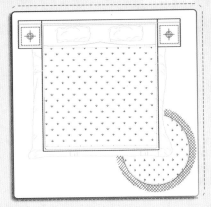

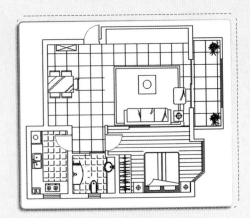

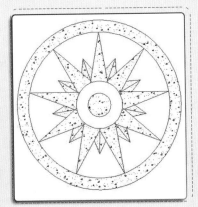

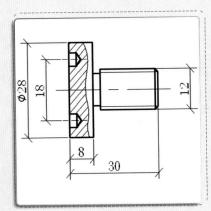

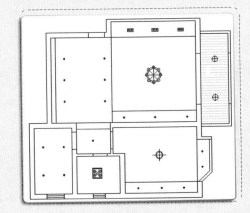

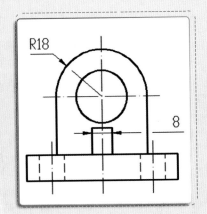

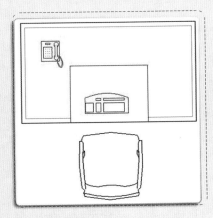

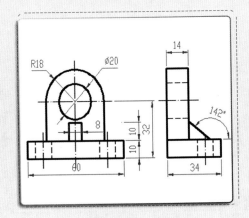

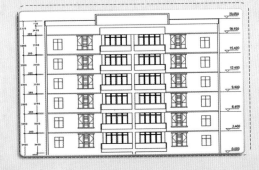

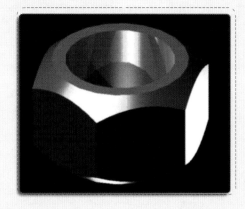

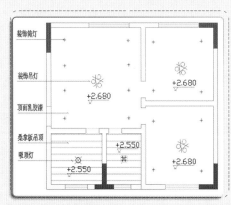

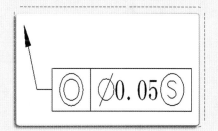

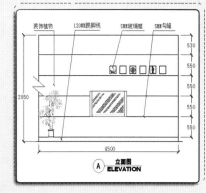

平面布局图

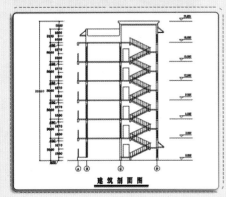

建筑剖面图

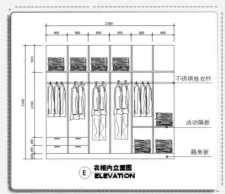

E 衣柜内立面图
ELEVATION

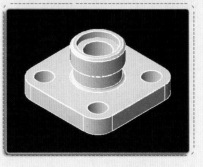

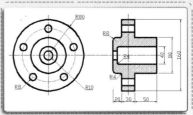

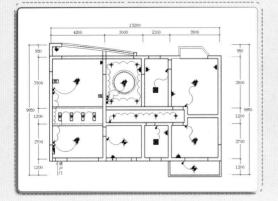

图例	名称	图例	名称
	吊灯		空调电源插座
	吸顶灯		洗衣机电源插座
	筒灯		电冰箱插座
	射灯		插座
	浴霸		单控开关
	花灯		双控开关
	日光灯		三控开关
	软管灯		四控开关
TV	电视	TEL	电话

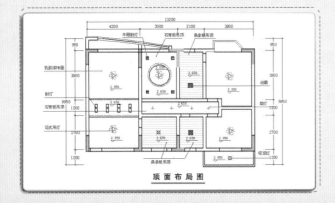

顶面布局图

AutoCAD 2014
应用与开发系列

精通
AutoCAD
2014中文版

肖静 ◎编著

清华大学出版社
北 京

内 容 简 介

本书以循序渐进的讲解方式,带领读者快速地掌握 AutoCAD 的精髓。本书由经验丰富的设计师执笔编写,详细介绍了 AutoCAD 2014 中文版在建筑、室内装饰、电路设计、机械制图和产品模型设计方面的主要功能和应用技巧。

全书共 20 章,第 1~15 章介绍了 AutoCAD 2014 中文版的重点知识,包括基础操作、环境设置、绘图控制、二维绘图、图层设置、对象的编辑、图案填充、图块应用、尺寸标注、文字标注、对象查询、三维模型以及文件的打印与输出等内容;第 16~20 章介绍了室内装饰设计、建筑设计、机械设计、电路设计和产品模型设计的典型案例与应用。

本书内容翔实、结构清晰、讲解简洁流畅、实例丰富精美,适合学习 AutoCAD 2014 的初、中级读者使用,也可以作为相关院校的建筑、室内装饰、机械及电路等专业培训的教材使用。

本书配套光盘中包含了超大容量的多媒体教学视频以及书中实例的源文件和相关素材,并赠送 3 款行业软件,读者可以借助光盘内容更好、更快地学习 AutoCAD 2014。

本书的辅助电子教案可以到 http://www.tupwk.com.cn/AutoCAD 下载,并可以通过该网站进行答疑。

图书在版编目(CIP)数据

精通 AutoCAD 2014 中文版 / 肖静 编著. —北京:清华大学出版社,2014

(AutoCAD 2014 应用与开发系列)

ISBN 978-7-302-35329-4

Ⅰ. ①精…   Ⅱ. ①肖…   Ⅲ. ①AutoCAD 软件   Ⅳ. ①TP391.72

中国版本图书馆 CIP 数据核字(2014)第 020936 号

责任编辑:胡辰浩   袁建华
装帧设计:牛艳敏
责任校对:成凤进
责任印制:王静怡

出版发行:清华大学出版社
　　　　网　　　址:http://www.tup.com.cn,http://www.wqbook.com
　　　　地　　　址:北京清华大学学研大厦 A 座　　　　邮　　编:100084
　　　　社 总 机:010-62770175　　　　邮　　购:010-62786544
　　　　投稿与读者服务:010-62776969,c-service@tup.tsinghua.edu.cn
　　　　质 量 反 馈:010-62772015,zhiliang@tup.tsinghua.edu.cn
　　　　课 件 下 载:http://www.tup.com.cn,010-62794504
印 刷 者:清华大学印刷厂
装 订 者:三河市新茂装订有限公司
经　　销:全国新华书店
开　　本:203mm×260mm　印　张:27　插　页:4　字　　数:650 千字
　　　　　(附光盘 1 张)
版　　次:2014 年 3 月第 1 版　　　　印　　次:2014 年 3 月第 1 次印刷
印　　数:1~3500
定　　价:56.00 元

产品编号:054238-01

编审委员会

丛 书 序

出版目的

AutoCAD 2014 版的成功推出，标志着 Autodesk 公司顺利实现了又一次战略性转移。同 AutoCAD 以前的版本相比，在功能方面，AutoCAD 2014 对许多原有的绘图命令和工具都做了重要改进，同时保持了与 AutoCAD 2013 及以前版本的完全兼容，功能更加强大，操作更加快捷，界面更加个性化。

为了满足广大用户的需要，我们组织了一批长期从事 AutoCAD 教学、开发和应用的专业人士，潜心测试并研究了 AutoCAD 2014 的新增功能和特点，精心策划并编写了"AutoCAD 2014 应用与开发"系列丛书，具体书目如下：

- 精通 AutoCAD 2014 中文版
- 中文版 AutoCAD 2014 机械图形设计
- 中文版 AutoCAD 2014 建筑图形设计
- 中文版 AutoCAD 2014 室内装潢设计
- 中文版 AutoCAD 2014 电气设计
- AutoCAD 2014 从入门到精通
- 中文版 AutoCAD 2014 完全自学手册

读者定位

本丛书既有引导初学者入门的教程，又有面向不同行业中高级用户的软件功能的全面展示和实际应用。既深入剖析了 AutoCAD 2014 的核心技术，又以实例形式具体介绍了 AutoCAD 2014 在机械、建筑、电气等领域的实际应用。

涵盖领域

整套丛书各分册内容关联，自成体系，为不同层次、不同行业的用户提供了系统完整的 AutoCAD 2014 应用与开发解决方案。

本丛书对每个功能和实例的讲解都从必备的基础知识和基本操作开始，使新用户轻松入门，并以丰富的图示、大量明晰的操作步骤和典型的应用实例向用户介绍实用的软件技术和应用技巧，使用户真正对所学软件融会贯通、熟练在手。

丛书特色

本套丛书实例丰富，体例设计新颖，版式美观，是 AutoCAD 用户不可多得的一套精品丛书。

(1) 内容丰富，知识结构体系完善

本丛书具有完整的知识结构，丰富的内容，信息量大，特色鲜明，对 AutoCAD 2014 进行了全面详细的讲解。此外，丛书编写语言通俗易懂，编排方式图文并茂，使用户可以领悟每一个知识点，轻松地学通软件。

(2) 实用性强，实例具有针对性和专业性

本丛书精心安排了大量的实例讲解，每个实例解决一个问题或是介绍一项技巧，以便使用户在最短的时间内掌握 AutoCAD 2014 的操作方法，解决实际工作中的问题，因此，本丛书有着很强的实用性。

(3) 结构清晰，学习目标明确

对于用户而言，学习 AutoCAD 最重要的是掌握学习方法，树立学习目标，否则很难收到好的学习效果。因此，本丛书特别为用户设计了明确的学习目标，让用户有目的地去学习，同时在每个章节之前对本章要点进行了说明，以便使用户更清晰地了解章节的要点和精髓。

(4) 讲解细致，关键步骤介绍透彻

本丛书在理论讲解的同时结合了大量实例，目的是使用户掌握实际应用，并能够举一反三，解决实际应用中的具体问题。

(5) 版式新颖，美观实用

本丛书的版式美观新颖，图片、文字的占用空间比例合理，通过简洁明快的风格，大大提高了用户的阅读兴趣。

周到体贴的售后服务

如果读者在阅读图书或使用计算机的过程中有疑惑或需要帮助，可以登录本丛书的信息支持网站 http://www.tupwk.com.cn/autocad，也可以在网站的互动论坛上留言，本丛书的作者或技术人员会提供相应的技术支持。本书编辑的信箱：huchenhao@263.net，电话：010-62796045。

前　言

AutoCAD 2014 是目前最流行的辅助设计软件之一，其功能强大，使用方便。AutoCAD 2014 凭借高智能化、直观生动的交互界面和高速强大的图形处理功能，在建筑、室内装饰、机械和电路设计中的应用极为广泛。

本书定位于 AutoCAD 的初、中级读者，从辅助绘图初学者的角度出发，合理安排知识点，运用简练流畅的语言，结合丰富实用的实例，由浅入深地对 AutoCAD 2014 的辅助绘图功能进行全面、系统的讲解，让读者在最短的时间内掌握最实用的知识并迅速精通 AutoCAD 2014 辅助绘图技能。

全书共 20 章，各章的主要内容如下。

第 1 章：介绍 AutoCAD 的基础知识和基本操作，包括认识 AutoCAD 的工作界面、执行命令的方法、掌握坐标输入方法、创建图形以及设置文件密码等内容。通过本章的学习，为读者进行后期的学习打下良好的基础。

第 2 章：主要介绍工作环境的设置，其中包括绘图环境、辅助功能和光标样式等内容。

第 3 章：介绍 AutoCAD 的图形特性和图层应用的相关知识，使读者掌握图形特性的设置、图层的功能和应用。

第 4 章：以实例的形式介绍基本图形的绘制，使读者更容易理解和掌握相关内容。

第 5 章：学习特殊图形的绘图命令，如绘制多边形、椭圆、圆弧，创建多段线、多线、样条曲线等。

第 6 章：介绍调整与复制图形对象的方法，包括移动、旋转、缩放、复制、镜像、阵列和偏移图形对象等操作方法。

第 7 章：介绍对图形进行修改的各种命令，使读者可以创建出更多的图形形状。

第 8 章：学习块对象与设计中心的应用，其中包括创建块、插入块、创建动态块、块属性和设计中心的应用。

第 9 章：学习图案与渐变色填充的方法，其中包括认识图案与渐变色填充、填充对象和编辑填充图案等操作方法。

第 10 章：介绍文字样式的设置、创建和编辑文字、创建引线和表格等内容。

第 11 章：介绍尺寸标注与形位公差的相关知识与应用，如设置标注样式、标注图形、修改标注和创建形位公差。

第 12 章：介绍对象的查询功能以及快速计算器的应用。

第 13 章：介绍三维绘图基础应用知识，包括三维坐标系、观察三维模型、绘制三维实体和编辑三维实体等内容。

第 14 章：介绍实体图形的显示设置、由二维图形创建三维实体以及调整实体的状态和渲染模型等方面的内容。

第 15 章：介绍文件的输出和打印操作。

第 16 章：以典型案例详细讲解 AutoCAD 在室内装饰设计中的应用，并介绍室内装饰设计的必备知识。

第 17 章：以典型案例详细讲解 AutoCAD 在建筑设计中的应用，并介绍建筑设计的必备知识。

第 18 章：以典型案例详细讲解 AutoCAD 在机械设计中的应用，并介绍机械设计的必备知识。

第 19 章：以典型案例详细讲解 AutoCAD 在电路设计中的应用，并介绍电路设计的必备知识。

第 20 章：以典型案例详细讲解 AutoCAD 在模型设计中的应用，并介绍三维绘图的必备知识。

本书内容丰富、结构清晰、图文并茂、通俗易懂，专为 AutoCAD 初、中级读者编写，适合以下读者学习使用。

(1) 从事建筑、室内装饰、机械、电路设计的工作人员。

(2) 对建筑、室内装饰、机械、电路设计感兴趣的业余爱好者。

(3) 社会培训班中学习 AutoCAD 的学员。

(4) 大中专院校相关专业的学生。

本书是集体智慧的结晶，除封面署名的作者外，参与本书编写工作的还有付伟、张仁凤、张世全、邱雅莉、张德伟、卓超、张海波、高惠强、吴琦、张甜、张志刚、高嘉阳、张华曦、董熠君等人。在编写本书的过程中参考了相关文献，在此向这些文献的作者深表感谢。由于作者水平有限，本书不足之处在所难免，欢迎广大读者批评指正。我们的邮箱是 huchenhao@ 263. net，电话是 010-62796045。

编者

2013 年 12 月

目录

精通 AutoCAD 2014 中文版

目录

目录

目录

第1章 AutoCAD基础入门

本章导读：

AutoCAD 是由美国 Autodesk 公司开发的一款绘图程序软件，主要用于电脑的辅助设计领域，是目前使用最广泛的计算机辅助绘图和设计软件之一，一直以来都受到机械设计和建筑绘图人员的青睐。在深入学习 AutoCAD 之前，首先要了解和掌握 AutoCAD 的一些基础知识和基本操作，以便为后期的学习打下良好的基础。

本章知识要点：

- 初识 AutoCAD
- AutoCAD 2014 的工作界面
- 掌握执行 AutoCAD 命令的方法
- 掌握 AutoCAD 的基本操作
- 掌握 AutoCAD 的坐标输入方法
- 了解如何做到精通 AutoCAD 的方法

精通AutoCAD 2014中文版

1.1 认识 AutoCAD

AutoCAD 软件由 Autodesk 公司于 1982 年 11 月首次推出，经过不断完善和更新，目前 AutoCAD 2014 为最新版本。该软件集专业性、功能性、实用性为一体，是计算机辅助设计领域最受欢迎的绘图软件之一。

1.1.1 AutoCAD 的应用

AutoCAD 的应用极为广泛，包括建筑、工业、电子、军事、医学及交通等领域，尤其在建筑设计、室内外装饰设计及机械工业设计等领域中的应用极为重要。

在建筑与室内设计领域，利用 AutoCAD 能够创建出如图 1-1 所示的尺寸精确的建筑设计图，为以后的施工提供参照依据。

在机械工业设计领域，可以利用 AutoCAD 进行辅助设计，模拟产品实际的工作情况，监测其造型与机械在实际使用中的缺陷，以便在产品进行批量生产之前，及早作出相应的改进，避免设计失误造成巨大损失。如图 1-2 所示为 AutoCAD 机械工业设计图。

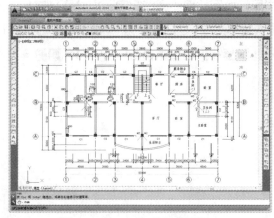
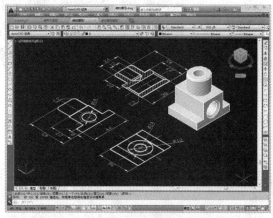

图 1-1　AutoCAD 建筑设计图　　　　　　　图 1-2　AutoCAD 机械工业设计图

1.1.2 启动和退出 AutoCAD

在使用 AutoCAD 之前，首先需要掌握 AutoCAD 启动和退出的方法。下面介绍 AutoCAD 2014 的启动和退出操作。

1. 启动 AutoCAD 2014

安装好 AutoCAD 2014 应用程序后，双击桌面上的 AutoCAD 2014 快捷图标，或通过执行"开始"菜单中的相应命令可以启动 AutoCAD 2014 应用程序，如图 1-3 所示。启动后的 AutoCAD 2014 工作界面如图 1-4 所示。

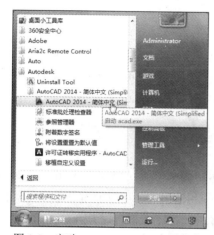

图1-3　启动 AutoCAD 2014 应用程序

图1-4　AutoCAD 2014 工作界面

2. 退出 AutoCAD 2014

完成 AutoCAD 2014 应用程序的使用后，单击程序窗口右上角的"关闭"按钮 ✕ ，如图 1-5 所示，或单击"程序图标"按钮 A ，然后在弹出的菜单中单击"退出 Autodesk AutoCAD 2014"按钮，即可退出 AutoCAD 2014 应用程序，如图 1-6 所示。

图1-5　单击"关闭"按钮

图1-6　单击"退出 Autodesk AutoCAD 2014"按钮

高手指导：

按 Alt+F4 组合键，或者在输入 EXIT 命令后按 Enter 键进行确定，也可以退出 AutoCAD 2014 应用程序。

1.1.3　认识和设置工作界面

默认状态下，AutoCAD 2014 的工作界面主要由标题栏、功能区、绘图区、命令行和状态栏 5 个部分组成。

1. 标题栏

标题栏位于 AutoCAD 2014 程序窗口的顶端，该栏用于显示当前正在执行的程序名称以及文件名等信息。在程序默认的图形文件下标题栏显示的是 AutoCAD 2014 Drawing1.dwg，如果打开的是一张保存过的图形文件，显示的则是文件的文件名，如图 1-7 所示的"水槽.dwg"名称。

图 1-7   标题栏

- 程序图标：标题栏的最左侧是"程序图标"按钮 ▲ ，单击该按钮，可以展开 AutoCAD 2014 用于管理图形文件的命令，如新建、打开、保存、打印和输出等。可以通过菜单浏览器来浏览文件和缩略图，其中提供了详细的尺寸和文件创建者信息，如图 1-8 所示。
- 自定义快速访问工具栏：在程序图标的右侧是"自定义快速访问工具栏"，单击"自定义快速访问工具栏"右侧的 ▼ 按钮，将弹出工具按钮选项菜单供用户选择，如图 1-9 所示。
- 窗口控制按钮：标题栏的最右侧存放着 3 个窗口控制按钮，依次为"最小化"按钮 □ 、"最大化"按钮 ▣ 和"关闭"按钮 ✕ ，单击其中一个按钮，将执行相应的命令。

图 1-8   显示文件信息

图 1-9   自定义快速访问工具栏

2. 功能区

AutoCAD 2014 的功能区位于标题栏的下方，功能面板上的每一个图标都形象地代表一个命令，只需单击图标按钮，即可执行相应的命令。默认情况下，AutoCAD 2014 的功能区主要包括"默认"、"插入"、"注释"、"布局"、"参数化"、"视图"、"管理"和"输出"等几个部分，如图 1-10 所示。

图 1-10   功能区

3. 绘图区

AutoCAD 的绘图区用于显示绘制、编辑图形和文字的区域。绘图区包括控制按钮、坐标系图标和十字光标等元素，如图 1-11 所示。

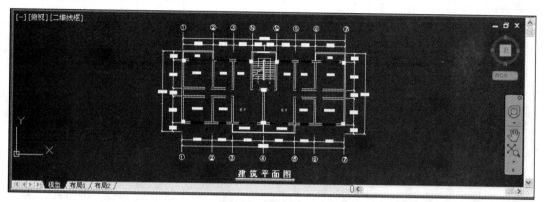

图 1-11　绘图区窗口

4. 命令行

命令行位于整个绘图区的下方，用户可以在命令行中通过键盘输入各种操作的英文命令或其简化命令，然后按 Enter 键或空格键即可执行该命令。默认状态下，AutoCAD 2014 的命令行呈单一的条状显示在绘图区的下方，如图 1-12 所示。

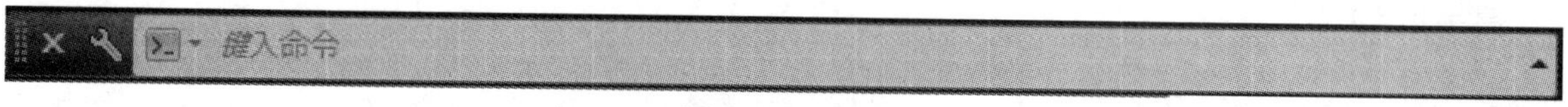

图 1-12　命令行

提示

在 AutoCAD 中，由于空格键比 Enter 键更容易操作，因此，除文字输入等特殊情况之外，通常可以使用空格键代替 Enter 键进行确定操作。

5. 状态栏

状态栏如图 1-13 所示，位于整个窗口的最底端，在状态栏的左侧显示绘图区中十字光标中心点目前的坐标位置，右侧显示绘图时的动态输入和布局等相关状态。

图 1-13　状态栏

6. 设置工作界面

在学习和工作中，为了方便操作，可以删除暂时不用的功能按钮、也可以添加被删除的功能按钮、或是调整命令行的状态。

【练习 1-1】设置 AutoCAD 2014 的工作界面。

01 在功能区标签栏中右击，在弹出的快捷菜单中选择"显示选项卡"命令，在子菜单中取消"三维工具"、"渲染"、"插件"Autodesk 360 和"精选应用"命令选项，如图 1-14 所示，则可以隐藏对应的功能区，如图 1-15 所示。

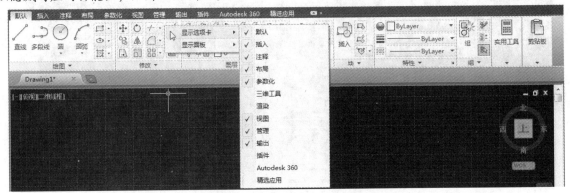

图 1-14　取消要隐藏的选项卡选项

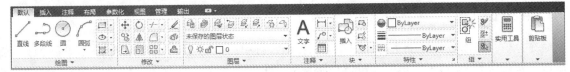

图 1-15　隐藏取消的功能区

高手指点：

在子命令的前方，如果有打勾的符号标记，则表示相对应的功能选项卡处于打开状态，单击该命令选项，则将对应的功能选项卡隐藏；如果没有标记打勾的符号，则表示相对应的功能选项卡处于关闭状态，单击该命令选项，则将对应的功能选项卡打开。

02 在功能区中右击，在弹出的快捷菜单中选择"显示面板"命令，在子菜单中取消"组"、"实用工具"和"剪贴板"命令选项，如图 1-16 所示，则可以隐藏对应的功能面板，如图 1-17 所示。

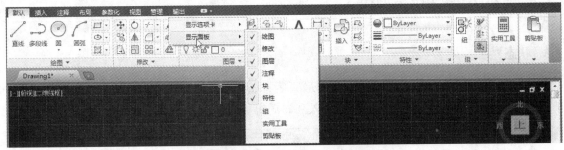

图 1-16　取消要隐藏的面板选项

图 1-17　隐藏取消的面板

03 单击功能区右方的"最小化为选项卡"按钮![icon]，可以将功能区最小化，从而增加绘图区的区域，如图 1-18 所示。

图 1-18　最小化功能区

高手指点：

最小化功能区后，功能区的控制按钮将转变为"显示为完整的功能区"按钮![icon]，单击该按钮，可以重新显示完整的功能区。

04 拖动命令行左端的标题按钮![icon]，然后将命令行放在窗口左下方的边缘上，可以将其紧贴窗口边缘铺展开，从而显示为传统的命令行样式，如图 1-19 所示。

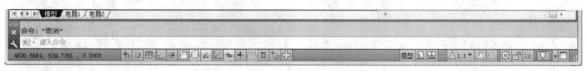

图 1-19　展开命令行

1.1.4　认识 AutoCAD 2014 工作空间

为满足不同用户的需要，AutoCAD 2014 提供了"AutoCAD 经典"、"草图与注释"、"三维基础"和"三维建模"4 种工作空间模式，可以根据需要选择不同的工作空间模式。在状态栏中单击"切换工作空间"按钮![icon]，如图 1-20 所示，即可在弹出的列表中进行工作空间模式的选择，如图 1-21所示。

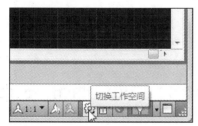

图 1-20　单击"切换工作空间"按钮

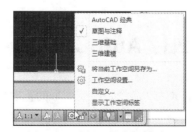

图 1-21　选择工作空间模式

1. AutoCAD 经典空间

对于习惯使用 AutoCAD 传统界面的用户来说，使用"AutoCAD 经典"工作空间是最好的选择，"AutoCAD 经典"工作空间的界面主要由程序图标按钮、自定义快速访问工具栏、菜单栏、工具栏、绘图区、命令行窗口和状态栏等组成，如图 1-22 所示。

2. 草图与注释空间

默认状态下，启动的工作空间就是"草图与注释"工作空间。

3. 三维基础空间

在"三维基础"工作空间中可以方便地绘制基础的三维图形，并且可以通过其中的"修改"面板对图形进行快速修改。

4. 三维建模空间

在"三维建模"工作空间的功能区中提供了大量的三维建模和编辑工具，可以方便地绘制出更多、更复杂的三维图形，也可以对三维图形进行修改编辑等操作，如图 1-23 所示。

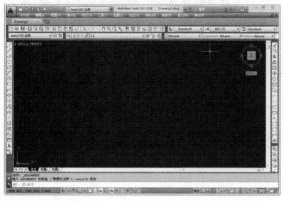

图 1-22　"AutoCAD 经典"工作空间

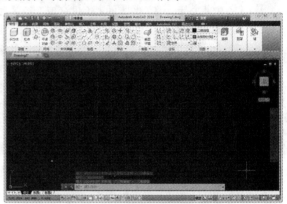

图 1-23　"三维建模"工作空间

提示

在后面的学习中，如果出现选择"……→……"命令或单击"……"工具栏中的"……"按钮时，则表示当前的操作是在"AutoCAD 经典"工作空间中进行的。

1.2 执行 AutoCAD 命令

执行 AutoCAD 命令是绘制图形的重要环节，本节将学习在 AutoCAD 中执行命令的方法、以及取消已执行的命令或重复执行上一次执行命令的方法。

1.2.1 执行命令的方法

AutoCAD 命令的执行方式主要包括鼠标操作和键盘操作。鼠标操作是使用鼠标选择命令或单击工具按钮来调用命令，键盘操作是直接输入命令语句来调用操作命令。

1. 通过菜单执行命令

将系统转换为"AutoCAD 经典"工作空间，可以通过菜单执行各种命令。例如，要执行"直线"命令，可以选择"绘图"菜单中的"直线"命令，如图 1-24 所示。

2. 通过工具按钮执行命令

在"草图与注释"工作空间中，可以通过功能区执行相应的命令。例如，单击"修改"面板中的"移动"按钮，即可执行"移动(Move)"命令，如图 1-25 所示。

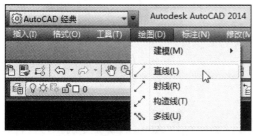

图 1-24　选择"直线"命令

图 1-25　单击"移动"按钮

3. 通过命令行执行命令

启动 AutoCAD 后进入图形界面，在屏幕底部的命令行中显示 "命令:"提示，表明 AutoCAD 处于准备接受命令的状态，如图 1-26 所示。输入命令名后，按 Enter 键或空格键，系统将提示相应的信息或子命令，根据这些信息进行具体操作，最后按空格键退出命令，当退出编辑状态后，系统将返回待命状态。例如，输入并执行直线命令 Line(L)，系统将提示"指定第一点:"，如图 1-27 所示。

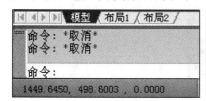

图 1-26　待命状态

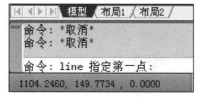

图 1-27　系统提示

提示

在 AutoCAD 中，大多数操作命令都存在简化命令，可以通过输入简化命令来提高工作效率。例如，在"直线命令 Line(L)"的表述中，L 就是 Line 命令的简化命令。

在执行命令时，用户需要对提示作出回应。例如，在执行"直线"命令时，输入直线的起点坐标数值，或单击来指定起点；系统将再提示"指定下一点或[放弃(U)]:"，如图 1-28 所示，表示应指定下一点；直到系统提示为"指定下一点或[闭合(C)/放弃(U)]:"时，按 Enter 键或空格键即可结束该命令，如图 1-29 所示。

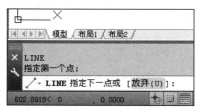

图 1-28　系统提示

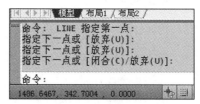

图 1-29　结束命令

输入某命令后，AutoCAD 会提示输入命令的子命令或必要的参数，当这些信息输入完毕后，命令功能才能被执行。在 AutoCAD 命令执行过程中，通常有很多子命令出现，子命令中的一些符号规定如下。

- /为分隔符，分隔提示与选项，大写字母表示命令缩写方式，可直接通过键盘输入。
- <>为预设值(系统自动赋予初值，可重新输入或修改)或当前值。如按空格键或 Enter 键，则系统将接受此预设值。

1.2.2 终止命令

在执行 AutoCAD 操作命令的过程中，按 Esc 键，可以随时终止 AutoCAD 命令的执行。注意在操作中退出命令时，有些命令需连续按两次 Esc 键。如果要终止正在执行中的命令，可以在"命令："状态下输入 U(退出)并按空格键进行确定，即可返回上次操作前的状态，如图 1-30 所示。

1.2.3 重复命令

如果要重复执行上一个命令，可以直接按 Enter 或空格键。另外，也可以在命令行中右击，然后在弹出的菜单中选择执行过的命令，如图 1-31 所示。

图 1-30 放弃上一步操作

图 1-31 选择要重复执行的命令

高手指点：

使用键盘上的上下方向键在命令执行记录中搜寻，返回之前使用过的命令，选择需要执行的命令，然后按 Enter 键即可。

1.2.4 取消操作

在 AutoCAD 2014 中，系统提供了图形的恢复功能。使用图形恢复功能，可以对绘图过程中的操作进行取消，执行该命令有以下 4 种常用方法。

- 菜单：选择"编辑→放弃"命令。
- 工具：单击"自定义快速访问"工具栏→"放弃"按钮 。

- 命令：输入 UNDO(简化命令 U)。
- 键盘：按 Ctrl+Z 组合键。

1.2.5 重做取消的操作

在 AutoCAD 2014 中，系统提供了图形的重做功能。使用图形重做功能，可以重新执行放弃的操作，执行该命令有以下 4 种常用方法。

- 菜单：选择"编辑→重做"命令。
- 工具：单击"自定义快速访问"工具栏→"重做"按钮 。
- 命令：输入 REDO。
- 键盘：按 Ctrl+Y 组合键。

1.3 AutoCAD 的基本操作

掌握 AutoCAD 2014 的基本操作是学习该软件的基础。下面学习使用 AutoCAD 创建新文件、打开文件、保存文件以及设置文件密码等基本操作方法。

1.3.1 新建图形文件

在 AutoCAD 2014 中，创建新图形文件是在"选择样板"对话框中选择一个样板文件作为新图形文件的基础。每次启动 AutoCAD 2014 应用程序时，都将打开名为 drawing1.dwg 的图形文件。在新建图形文件的过程中，默认图形名会随着打开新图形的数目而变化。例如，从样板打开另一图形，则默认的图形名为 drawing2.dwg。

执行新建图形文件的命令有以下 3 种常用方法。

- 命令：输入 NEW 并确定。
- 工具：单击"自定义快速访问"工具栏中的"新建"按钮 。
- 菜单：选择"文件→新建"命令。

1.3.2 保存图形文件

完成一个比较重要的操作步骤或工作环节后，应及时对文件进行保存，避免因计算机死机或停电等意外状况而造成的数据丢失。

执行保存图形文件的命令有以下 3 种常用方法。

- 命令：输入 SAVE 并确定。
- 工具：单击"自定义快速访问工具栏"中的"保存"按钮 。
- 菜单：选择"文件→保存"命令。

在使用保存命令对从未保存过的新文件进行存储时，系统将打开"图形另存为"对话框，首先在该对话框中指定相应的保存路径和文件名称，然后单击"保存"按钮，即可保存图形文件，如图1-32 所示。

提示

选择"文件→另存为"命令，在打开的"图形另存为"对话框中，可以将原文件以新的路径和文件名进行保存。

1.3.3 打开图形文件

在学习和工作中，如果计算机已经存在创建好的 AutoCAD 图形文件，可以通过以下 3 种方式打开 AutoCAD 图形文件。

执行打开图形文件的命令有以下 3 种常用方法。

- 命令：输入 OPEN 并确定。
- 工具：单击"自定义快速访问工具栏"中的"打开"按钮。
- 菜单：选择"文件→打开"命令。

执行 OPEN(打开)命令，在打开的"选择文件"对话框中可以选择文件的位置并将其打开，单击"打开"按钮右侧的三角形按钮，可以选择打开 AutoCAD 的 4 种方式，即："打开"、"以只读方式打开"、"局部打开"和"以只读方式局部打开"，如图 1-33 所示。

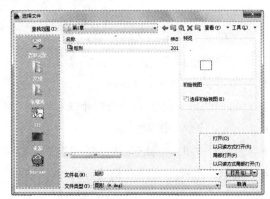

图 1-32 设置保存参数   图 1-33 4 种打开方式

在"选择文件"对话框中的 4 种打开方式的含义如下所示。

- 打开：直接打开所选的图形文件。
- 以只读方式打开：所选的 AutoCAD 文件将以只读方式打开，打开后的 AutoCAD 文件不能直接以原文件名存盘。
- 局部打开：选择该选项后，系统将打开如图 1-34 所示的"局部打开"对话框。如果 AutoCAD 图形中含有不同的内容，并分别属于不同的图层，可以选择其中某些图层打开文件。如图 1-35 所示为打开局部图层的效果。一般情况下，AutoCAD 文件采用该打开方式可以提高工作效率。

- 以只读方式局部打开：以只读方式打开 AutoCAD 文件的部分图层图形。

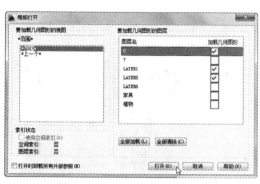

图 1-34　"局部打开"对话框

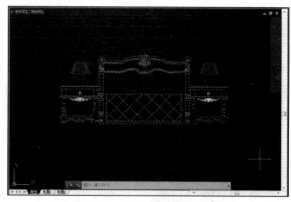

图 1-35　打开局部图层的效果

1.3.4　为文件设置密码

为文件设置密码有助于在进行工程协作时确保图形数据的安全。当图形附加了密码后，将其发送给其他用户时，可以防止未经授权的人员对其进行查看。

【练习 1-2】设置图形文件的密码。

01 选择"文件→另存为"命令，在打开的"图形另存为"对话框中单击"工具"选项，在弹出的菜单中选择"安全选项"命令，如图 1-36 所示。

02 打开如图 1-37 所示的"安全选项"对话框，在"用于打开此图形的密码或短语"文本框中输入密码，然后单击"确定"按钮。

图 1-36　"图形另存为"对话框

图 1-37　"安全选项"对话框

03 在打开的"确认密码"对话框中再次输入密码进行确认，然后单击"确定"按钮，如图 1-38 所示，即可对文件进行加密。

04 当打开加密的文件时，系统将打开如图 1-39 所示的"密码"对话框，要求用户输入密码内容。

图 1-38　"确认密码"对话框

图 1-39　"密码"对话框

1.4　视图控制

在 AutoCAD 2014 中，可以对视图进行缩放和平移操作，也可以进行全屏显示视图、重画或重生成图形等操作。

1.4.1　缩放视图

使用"缩放视图"命令可以对视图进行放大或缩小操作，以改变图形显示的大小，从而方便用户对图形进行观察。

执行缩放视图的命令有以下 3 种常用方法。

- 菜单：选择"视图→缩放"命令。
- 命令：输入 ZOOM(简化命令 Z)并确定。
- 工具：选择"缩放"工具栏中的相应工具，如图 1-40 所示，或选择"视图"标签，单击"二维导航"面板中的"范围"下拉按钮，在弹出的下拉列表中选择相应的缩放工具，如图 1-41 所示。

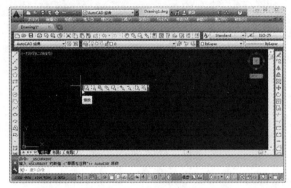

图 1-40　"AutoCAD 经典"空间的缩放工具

图 1-41　"草图与注释"空间的缩放工具

输入 Z 命令后按空格键执行缩放视图命令，系统将提示"全部(A)/中心点(C)/动态(D)/范围(E)/上一个(P)/比例(S)/窗口(W)] <实时>:"的信息。然后在该提示后输入相应的字母并按空格键，即可进行相应的操作。缩放视图命令中各选项的含义如下所示。

- 全部(A)：输入 A 后按空格键，将在视图中显示整个文件中的所有图形。
- 中心点(C)：输入 C 后按空格键，然后在图形中单击指定一个基点，再输入一个缩放比例或高度值来显示一个新视图，基点将作为缩放的中心点。
- 动态(D)：就是用一个可以调整大小的矩形框去框选要放大的图形。
- 范围(E)：用于以最大的方式显示整个文件中的所有图形，与"全部(A)"的功能相同。
- 上一个(P)：执行该命令后可以直接返回到上一次缩放的状态。
- 比例(S)：用于输入一定的比例来缩放视图。输入的数据大于 1 时即可放大视图，小于 1 并大于 0 时将缩小视图。
- 窗口(W)：用于通过在屏幕上拾取两个对角点来确定一个矩形窗口，并且该矩形框内的全部图形放大至整个屏幕。
- <实时>：执行该命令后，按住左键同时来回推拉鼠标即可放大或缩小视图。

1.4.2　平移视图

平移视图是指对视图中图形的显示位置进行相应的移动，移动前后视图只是改变图形在视图中的位置，不会发生大小的变化，如图 1-42 和图 1-43 所示分别为平移视图前和平移视图后的效果。

执行平移视图的命令有以下 3 种常用方法。

- 命令：输入 PAN(简化命令 P)并确定。
- 菜单：选择"视图→平移"命令。
- 工具：单击"二维导航"面板中的"平移"按钮 。

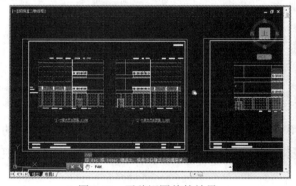
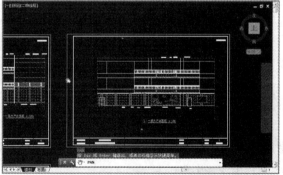

图 1-42　平移视图前的效果　　　　图 1-43　平移视图后的效果

1.4.3　全屏显示视图

全屏显示视图可以最大化显示绘图区中的图形，窗口将只显示菜单栏、"模型"选项卡、"布局"选项卡、状态栏和命令提示行，如图 1-44 所示为全屏显示视图效果。将图形输出为 BMP 位图，全屏显示视图可以提高位图中图形的清晰度。

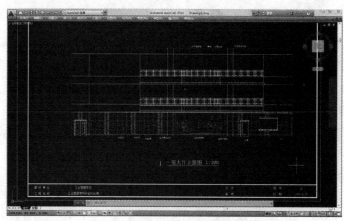

图1-44 全屏显示视图效果

执行全屏显示视图的命令有以下4种常用方法。

- 命令：输入 CLEANSCREENON。
- 菜单：选择"视图→全屏显示"命令。
- 工具：单击状态栏→"全屏显示"按钮□。
- 键盘：按 Ctrl+0 组合键。

高手指点：

在全屏显示视图后，可以使用 CLEANSCREENOFF 命令恢复窗口界面的显示。另外，可以按 Ctrl+0 组合键在全屏显示和非全屏显示之间进行切换。

1.4.4 重画与重生成图形

本节学习重画和重生成图形的方法。通过本节的学习，读者可以掌握执行重画和重生成命令对视图中的图形进行更新的操作方法。

1. 重画图形

图形中某一图层被打开、关闭或者栅格被关闭后，系统将自动对图形刷新并重新显示，栅格的密度会影响刷新的速度。使用"重画"命令可以重新显示当前视窗中的图形，消除残留的标记点痕迹，使图形变得清晰。

执行重画图形的命令有以下两种常用方法。

- 命令：输入 REDRAWALL(简化命令 REDRAW)并确定。
- 菜单：执行"视图→重画"命令。

2. 重生成图形

使用"重生成"命令可以将当前活动视窗所有对象的有关几何数据和几何特性重新计算一次(即重生)。此外，当使用 OPEN 命令打开图形时，系统自动重生视图；ZOOM 命令的"全部"、"范围"

选项也可自动重生视图。被冻结图层上的实体不参与计算，因此，为了缩短重生时间，可将一些层冻结。

执行重生成图形的命令有以下两种常用方法。

● 命令：输入 REGEN(简化命令 RE)或 REGENALL 并确定。
● 菜单：选择"视图→重生成"或"视图→全部重生成"命令。

新手提示：

在视图重生计算过程中，可以按 Esc 键将操作中断，执行 REGENALL 命令可以对所有视窗中的图形进行重新计算。与 REDRAW 命令相比，REGEN 命令的刷新显示较慢，这是因为 REDRAW 命令不需要对图形进行重新计算和重复。

1.5　应用 AutoCAD 坐标

AutoCAD 的对象定位，主要是由坐标系进行确定。使用 AutoCAD 的坐标系，首先要了解 AutoCAD 坐标系概念和坐标输入方法。

1.5.1　认识 AutoCAD 的坐标系

坐标系由 X、Z 轴和原点构成。在 AutoCAD 2014 中，包括笛卡尔坐标系统、世界坐标系统和用户坐标系统 3 种坐标系。

1. 笛卡尔坐标系统

AutoCAD 采用笛卡尔坐标系来确定位置，该坐标系也称绝对坐标系。在进入 AutoCAD 绘图区时，系统将自动进入笛卡尔坐标系第一象限，其坐标原点在绘图区内的左下角，如图 1-45 所示。

2. 世界坐标系统

世界坐标系统(World Coordinate System，简称 WCS)是 AutoCAD 的基础坐标系统，其由 3 个相互垂直相交的坐标轴 X、Y 和 Z 组成。在绘制和编辑图形的过程中，WCS 是预设的坐标系统，其坐标原点和坐标轴都不会改变。默认情况下，X 轴以水平向右为正方向，Y 轴以垂直向上为正方向，Z 轴以垂直屏幕向外为正方向，坐标原点在绘图区内的左下角，如图 1-46 所示。

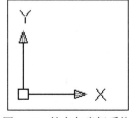

图 1-45　笛卡尔坐标系统

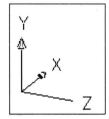

图 1-46　世界坐标系统

3. 用户坐标系统

为方便用户绘制图形，AutoCAD 提供了可变的用户坐标系统(User Coordinate System，简称 UCS)。通常情况下，用户坐标系统与世界坐标系统相重合，在进行一些复杂的实体造型时，用户可以根据具体需要，通过 UCS 命令设置适合当前图形应用的坐标系统。

提示

在二维平面绘图中绘制和编辑工程图形时，只需输入 X 轴和 Y 轴的坐标数值，而 Z 轴的坐标数值可以不输入，由 AutoCAD 自动赋值为 0。

1.5.2 AutoCAD 的坐标输入方法

在 AutoCAD 2014 中使用各种命令时，通常需要提供该命令相应的指示与参数，以便指引该命令所要完成的工作或动作执行的方式、位置等。直接使用鼠标虽然使得制图很方便，但不能进行精确的定位，进行精确的定位则需要采用键盘输入坐标值的方式来实现。常用的坐标输入方式包括：绝对坐标、相对坐标、绝对极坐标和相对极坐标。其中相对坐标与相对极轴坐标的原理一样，只是格式不同而已。

1. 输入绝对坐标

绝对坐标分为绝对直角坐标和绝对极轴坐标两种。其中绝对直角坐标以笛卡尔坐标系的原点(0，0，0)为基点定位，用户可以通过输入(X，Y，Z)坐标的方式来定义一个点的位置。

例如，在图 1-47 所示的图形中，O 点绝对坐标为(0，0，0)，A 点绝对坐标为(10，10，0)，B 点绝对坐标为(30，10，0)，C 点绝对坐标为(30，30，0)，D 点绝对坐标为(10，30，0)。

2. 输入相对坐标

相对坐标是以上一点为坐标原点确定下一点的位置。输入相对于上一点坐标(X，Y，Z)增量为(△X，△Y，△Z)的坐标时，格式为(@△X，△Y，△Z)。其中@字符是指定与上一个点的偏移量(即相对偏移量)。

在如图 1-47 所示的图形中，对于 O 点而言，A 点的相对坐标为(@10，10)，如果以 A 点为基点，那么 B 点的相对坐标为(@20，0)，C 点的相对坐标为(@20，@20)，D 点的相对坐标为(@0，20)。

高手指点：

在 AutoCAD 2014 中，用户绘制图形的过程中，直接输入坐标值时，系统将自动将其转换成相对坐标，因此在绘图过程中输入相对坐标时，可以省略@符号的输入，如果要使用绝对坐标，则需要在坐标前添加＃。

3. 输入绝对极坐标

绝对极坐标是以坐标原点(0,0,0)为极点定位所有的点,通过输入距离和角度的方式来定义一个点的位置,其绝对极坐标的输入格式为"距离<角度"。如图 1-48 所示,C 点距离 O 点的长度为 25mm,角度为 30°,则输入 C 点的绝对极坐标为(25<30)。

4. 输入相对极坐标

相对极坐标是以上一点为参考极点,通过输入极距增量和角度值,来定义下一个点的位置。其输入格式为"@距离<角度"。例如,输入如图 1-48 所示 B 点相对于 C 点的极坐标为(@50<0)。

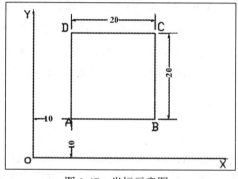

图 1-47　坐标示意图

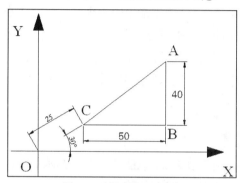

图 1-48　极坐标示意图

1.6 如何做到精通 AutoCAD

许多初学者可能会认为,通过自学做到精通 AutoCAD 是遥不可及的事。其实并非如此,只要通过自己的努力,切实做到以下 4 点,必定可以快速地精通 AutoCAD。

1. 多看

观察是学习的良好习惯,通过观察,可以学到更多的东西。例如,当鼠标指针移动到工具按钮上时,将显示该工具的名称和作用,以供用户进行操作参考,如图 1-49 所示;例如,在命令提示行中执行命令后,命令提示行将出现相应的提示,用户可以根据提示选择需要的选项,或进行下一步的操作,如图 1-50 所示。

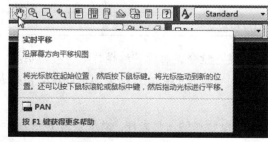

图 1-49　显示工具功能

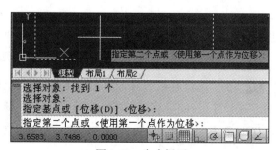

图 1-50　命令提示

2. 多想

思考是学习的重要手段，好书教会读者的是一种好方法，而不是逐个地教所有的知识点和操作。

在本书的学习中，读者应该带着疑问去学习。例如，在绘制不同的图形时，应该设置怎样的对象捕捉模式；在什么情况下应该使用"多线"命令而不是使用"直线"命令；在什么情况下可以快速绘制正交线段；在命令提示行中输入命令时，为什么不能正确执行该命令等。这些问题读者都应该去思考。

3. 多记

熟记 AutoCAD 中常用的命令及其简化命令，是成为 AutoCAD 高手的必经之路。AutoCAD 的大部分操作都可以使用命令来完成，使用输入命令的方法比使用工具按钮或菜单命令的速度要快几倍。

本书列出了各种操作的命令语句，以及与之对应的简化命令，读者应熟记这些简化命令，以便在操作中进行熟练运用。另外，本书将以附录的形式列出常用的操作命令及其简化命令供读者参考和查阅。

4. 多练

练习是精通 AutoCAD 的关键。在本书中，将以融会贯通的形式安排大量适用的案例进行练习，以帮助读者理解和掌握所学的知识。在每章结尾，安排了供读者练习的实例。读者可以先根据效果进行练习，如果不能完成独立的练习，再根据其中的提示进行操作。讲解完技能操作后，本书在后面安排了各个知识点的典型案例进行讲解，以带领读者进入真实的工作环境中。

以上 4 点是作者总结多年来自身和他人的相关学习经验。读者做到精通 AutoCAD 后，再通过对本书后期商业案例的学习，将该软件很好地应用到相应的行业中，就很容易了。

1.7　融会贯通

本小节综合应用所学的 AutoCAD 基础知识，练习新建指定模板文件和使用坐标输入方式创建图形的方法。

1.7.1　新建 Tutorial- iMfg 模板文件

视频教程	光盘\视频教程\第 1 章\新建 Tutorial-iMfg 模板文件

01 启动 AutoCAD 2014 应用程序，选择"文件→新建"命令，打开"选择样板"对话框。

02 在"选择样板"对话框中向下拖动"选择样板"对话框中的垂直滚动条，然后在文件列表的下方选择 Tutorial-iMfg 样板文件，如图 1-51 所示。

03 单击"打开"按钮，即可创建一个基于 Tutorial-iMfg 模板的图形文件，效果如图 1-52 所示。

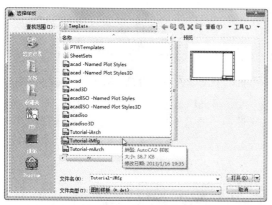

图 1-51　选择样板文件

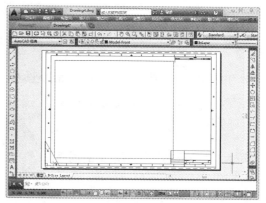

图 1-52　创建样板文件

1.7.2　使用坐标方式精确创建矩形

实例文件	光盘\实例\第 1 章\矩形
视频教程	光盘\视频教程\第 1 章\使用坐标输入方式创建矩形

01 输入 REC(矩形)命令，然后按空格键进行确定，如图 1-53 所示。

02 输入矩形第一个角点的坐标(0,0)，如图 1-54 所示，按空格键进行确定。

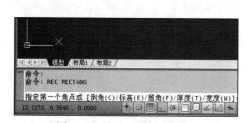

图 1-53　输入 REC 并确定

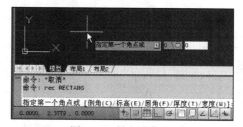

图 1-54　输入坐标 1

03 当系统提示"指定另一个角点或[面积(A)/尺寸(D)/旋转(R)]:"时，输入矩形另一个点的坐标(10,8)，如图 1-55 所示。进行确定后，即可创建指定的矩形，效果如图 1-56 所示。

图 1-55　输入坐标 2

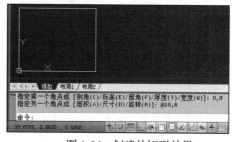

图 1-56　创建的矩形效果

提示

　　"矩形"命令的具体应用方法将在第 4 章进行详细讲解。

学习完本章后，读者需要掌握 AutoCAD 2014 的基本知识，以及文件的基本操作、执行 AutoCAD 命令的方式和 AutoCAD 的坐标系等内容。下面通过实例操作来巩固本章所介绍的知识，并对本章知识进行延伸扩展。

实战 1：隐藏功能区不常用的面板

① 在功能区标签栏中右击，然后选择"显示选项卡"命令。

② 在弹出的子菜单中只选中"默认"、"插入"、"注释"和"视图"命令。

③ 在"常用"功能区中右击，然后选择"显示面板"命令。

④ 在弹出的子菜单中只选中"绘图"、"修改"、"图层"、"注释"、"块"和"特性"命令。修改后的效果如图 1-57 所示。

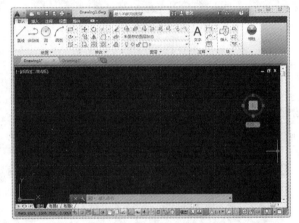

图 1-57　修改后的功能区

实战 2：创建 Tutorial-iArch 模板的文件

① 单击"自定义快速访问工具栏"中的"新建"按钮。

② 在"选择样板"对话框的文件列表下方选择 Tutorial- iArch 样板文件。

③ 单击"打开"按钮，创建一个基于 Tutorial-iArch 模板的图形文件，效果如图 1-58 所示。

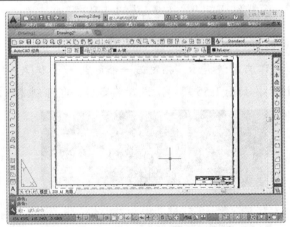

图 1-58　Tutorial-iArch 模板文件

第2章 优化AutoCAD绘图环境

本章导读：

在使用 AutoCAD 2014 进行绘图之前，用户可以根据自己的习惯，先对 AutoCAD 的工作环境进行设置，以提高工作效率。本章内容包括绘图环境、辅助功能和光标样式等。

本章知识要点：

- 设置绘图环境
- 设置光标样式
- 设置辅助绘图功能

精通AutoCAD 2014中文版

2.1　AutoCAD 环境设置

在 AutoCAD 2014 中，通常需要设置的绘图环境包括对图形单位的设置、改变绘图区的颜色、绘图系统的配置和图形的显示精度等。

2.1.1　设置图形界限

在 AutoCAD 2014 中，与图纸大小相关的设置就是绘图界限。设置绘图界限的大小应为与选定的图纸相等。图形界限是 AutoCAD 绘图空间的一个假想的矩形绘图区域，相当于用户选择的图纸大小。图形界限确定了栅格和缩放的显示区域。设置图形界限的方法有以下两种。

- 命令：输入 LIMITS。
- 菜单：选择"格式→图形界限"命令。

【练习 2-1】设置绘图界限为 297×420。

01 选择"格式→图形界限"命令，当系统提示"指定左下角点或 [开(ON)/关(OFF)]："时，输入绘图区域左下角的坐标为"0, 0"并确定，如图 2-1 所示。

02 当系统提示"指定右上角点："时，设置绘图区域右上角的坐标为"297, 420"并确定，即可将图形界限的大小设置 297×420，如图 2-2 所示。

03 按空格键重复执行"图形界限(LIMITS)"命令，然后输入命令参数 ON 并确定，打开"图形界限"功能，如图 2-3 所示。

04 执行 LINE 命令，可以在图形界限内绘制直线，如果在图形界限以外的区域绘制直线，系统将给出"超出图形界限"的提示，如图 2-4 所示。

图 2-1　设置左下角坐标　　图 2-2　设置右上角坐标　　图 2-3　打开图形界限　　图 2-4　超出图形界限提示

提示

在设置图形界限的过程中，输入 ON 打开图形界限功能时，AutoCAD 将会拒绝输入位于图形界限外部的点；输入 OFF 关闭图形界限功能时，可以在界限之外绘图，这是默认设置。

2.1.2　设置图形单位

AutoCAD 使用的图形单位包括毫米、厘米、英尺和英寸等十几种单位，以供不同行业绘图的需要。在使用 AutoCAD 绘图前，应该首先进行绘图单位的设置。用户可以根据具体工作需要设置单位类型和数据精度。设置图形单位的方法有以下两种。

- 命令：输入 UNITS(简化命令 UN)。
- 菜单：选择"格式→单位"命令。

【练习 2-2】设置图形单位为毫米、精度为 0.0。

01 执行 UNITS 命令，打开"图形单位"对话框，单击"用于缩放插入内容的单位"选项的下拉按钮，在弹出的下拉列表中选择"毫米"选项，如图 2-5 所示。

02 单击"精度"选项的下拉按钮，在弹出的下拉列表中选择 0.0 选项，如图 2-6 所示。

图 2-5 选择"毫米"选项　　图 2-6 选择 0.0 选项

"图形单位"对话框中主要选项的含义如下所示。

- 长度：用于设置长度单位的类型和精度。在"类型"下拉列表中，可以选择当前测量单位的格式类型；在"精度"下拉列表中，可以选择当前长度单位的精确度。
- 角度：用于控制角度单位类型和精度。在"类型"下拉列表中，可以选择当前角度单位的格式类型；在"精度"下拉列表中，可以选择当前角度单位的精确度；"顺时针"复选框用于控制角度增量角的正负方向。
- 光源：用于指定光源强度的单位。
- "方向"按钮：单击该按钮，将打开"方向控制"对话框，用于确定角度及方向。

2.1.3　改变图形窗口的颜色

首次启动 AutoCAD 2014 时，绘图区的颜色为深蓝色。用户可以通过"选项"命令设置绘图区、十字光标、命令行等图形窗口的颜色。执行"选项"命令有以下两种常用方法。

- 命令：输入 OPTIONS(简化命令 OP)。
- 菜单：选择"工具→选项"命令。

执行 OP(选项)命令后，打开"选项"对话框，选择"显示"选项卡，然后单击"颜色"按钮，如图 2-7 所示。即可在打开的"图形窗口颜色"对话框中设置图形窗口的颜色，如图 2-8 所示。

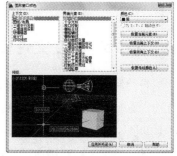

图 2-7 "选项"对话框　　图 2-8 修改图形窗口颜色

提示

在实际工作中，设计人员通常喜欢将绘图区的颜色设置为黑色，这样有利于保护眼睛的视力。在本书中，为了更好地显示图像效果，因而会将绘图区的颜色设置为白色。

2.1.4 设置图形的显示精度

系统为了加快图形的显示速度，圆与圆弧都以多边形来显示。在"选项"对话框的"显示"选项卡中，通过调整"显示精度"区域中的相应值，可以调整图形的显示精度，如图 2-9 所示。在"显示精度"区域中各选项的含义如下所示。

- 圆弧和圆的平滑度：用于控制圆、圆弧和椭圆的平滑度。其值越高，生成的对象越平滑，重生成、平移和缩放对象所需的时间也就越多。可以在绘图时将该选项设置为较低的值(如 100)，而在渲染时增加该选项的值，从而提高图形的显示性能。

- 每条多段线曲线的线段数：用于设置每条多段线曲线生成的线段数目。值越高，对性能的影响越大。可以将此选项设置为较小的值(如 4)来优化绘图性能。取值范围为−32767~32767。默认设置为 8。该设置保存在图形中。

- 渲染对象的平滑度：用于控制着色和渲染曲面实体的平滑度。将"渲染对象的平滑度"的输入值乘以"圆弧和圆的平滑度"的输入值来确定如何显示实体对象。要提高图形的显示性能，请在绘图时将"渲染对象的平滑度"设置为 1 或更低。数目越多，显示性能越差，渲染时间也越长。有效值的范围从 0.01~10。默认设置为 0.5。该设置保存在图形中。

- 每个曲面的轮廓素线：用于设置对象上每个曲面的轮廓线数目。数目越多，显示性能越差，渲染时间也越长。有效取值范围为 0~2047。默认设置为 4。该设置保存在图形中。

例如，当将圆弧和圆的平滑度设置为 50 时，图形中的圆将呈多边形显示，效果如图 2-10 所示；当将圆弧和圆的平滑度设置为 2000 时，图形中的圆将呈平滑的圆形显示，效果如图 2-11 所示。

图 2-9　显示精度

图 2-10　平滑度为 50

图 2-11　平滑度为 2000

2.1.5 改变文件自动保存的时间

在绘制图形的过程中，通过开启自动保存文件的功能，可以防止在绘图时因意外造成的文件丢失。自动保存后的备份文件的扩展名为 ac$，此文件的默认保存位置在系统盘\Documents and Settings\Default User\Local Settings\Temp 目录下。当需要使用自动保存后的备份文件时，可以在备份文件的默认保存位置下，找出该文件，将该文件的扩展名.ac$修改为.dwg，即可将其打开。

【练习 2-3】设置文件自动保存的时间为 15 分钟。

01 输入并执行 OP(选项)命令，打开"选项"对话框，选择"打开和保存"选项卡。

02 在"保存间隔分钟数"的文本框中设置自动保存的时间间隔为 15 分钟，然后单击"确定"按钮，如图 2-12 所示。

图 2-12　设置自动保存的时间

2.2　设置光标样式

在 AutoCAD 2014 中，用户可以根据自己的习惯和喜好设置光标的样式，包括控制十字光标的大小、改变捕捉标记的大小与颜色、改变拾取框状态以及夹点的大小。

2.2.1　控制十字光标的大小

执行 OP(选项)命令，打开"选项"对话框，然后选择"显示"选项卡，在"十字光标大小"区域中，用户可以根据操作习惯调整十字光标的大小，十字光标可以延伸到屏幕边缘。

【练习 2-4】设置十字光标的大小为 50。

01 执行 OP(选项)命令，打开"选项"对话框。

02 选择"显示"选项卡，在"十字光标大小"选项中拖动滑块，或在文本框中直接输入 50，如图 2-13 所示。

03 单击"确定"按钮，即可调整光标的长度，效果如图 2-14 所示。

图 2-13　设置光标大小

图 2-14　较大的十字光标

提示

十字光标预设尺寸为 5，其大小的取值范围为 1~100。数值越大，十字光标越长。数值为 100 时，将会全屏幕显示。

2.2.2 改变捕捉标记的大小

在"选项"对话框中选择"绘图"选项卡，拖动"自动捕捉标记大小"区域中的滑块▓，即可调整捕捉标记的大小。

【练习 2-5】设置捕捉标记的大小。

01 执行 OP(选项)命令，打开"选项"对话框。

02 选择"绘图"选项卡，拖动"自动捕捉标记大小"选项中的滑块▓，如图 2-15 所示。

03 单击"确定"按钮，即可调整捕捉标记的大小，效果如图 2-16 所示。

图 2-15 拖动滑块

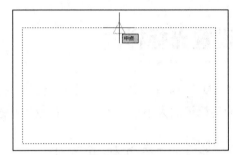

图 2-16 较大的中点捕捉标记

2.2.3 改变拾取框的大小

拾取框是指在执行编辑命令时，光标所变成的一个小正方形框。合理地设置拾取框的大小，有助于快速、高效地选取图形。若拾取框过大，在选择实体时很容易将与该实体邻近的其他实体选择在内；若拾取框过小，则不容易准确地选取到实体目标。

在"选项"对话框中选择"选择集"选项卡，然后在"拾取框大小"区域中拖动滑块▓，即可调整拾取框的大小。在滑块▓左侧的预览框中，可以预览拾取框的大小。

【练习 2-6】设置拾取框的大小。

01 执行 OPTIONS(OP)命令，打开"选项"对话框。

02 选择"选择集"选项卡，然后在"拾取框大小"选项中拖动滑块▓，如图 2-17 所示。

03 单击"确定"按钮，即可调整拾取框的大小，效果如图 2-18 所示。

图 2-17 拖动滑块

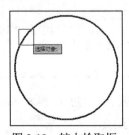

图 2-18 较大拾取框

2.2.4 改变夹点的大小

夹点是选择图形后,在图形的节点上显示的图标。为了准确地选择夹点对象,用户可以根据需要设置夹点的大小。在"选项"对话框中选择"选择集"选项卡,然后在"夹点尺寸"区域中拖动滑块█,即可调整夹点的大小。在滑块█左侧的预览框中,可以预览夹点的大小。

【练习 2-7】设置夹点的大小。

01 执行 OPTIONS(OP)命令,打开"选项"对话框。

02 选择"选择集"选项卡,在"夹点尺寸"选项中拖动滑块█,如图 2-19 所示。

03 单击"确定"按钮,即可调整夹点尺寸的大小,效果如图 2-20 所示。

图 2-19 拖动滑块

图 2-20 矩形的 8 个夹点

高手指点:

在 AutoCAD 2014 中,夹点是选择图形后,在图形的节点上所显示的图标。用户通过拖动夹点的方式,可以改变图形的形状和大小。

2.3 设置辅助绘图功能

本节将介绍 AutoCAD 2014 常用辅助功能的设置。通过这些设置,可以为以后的绘制工作做好准备,从而提高工作效率和绘图准确性。

2.3.1 正交功能

在绘图过程中,使用正交功能可以将光标限制在水平或垂直轴向上,同时也可以限制在当前的栅格旋转角度内。单击状态栏上的"正交模式"按钮█,如图 2-21 所示,或按 F8 键都可以激活正交功能。

在 AutoCAD 2014 中启用正交功能的方法十分简单,只需单击状态栏上的"正交"按钮,或直接按 F8 键就可以激活正交功能,开启正交功能后,状态栏上的"正交"按钮█处于高亮状态,如图 2-22 所示。

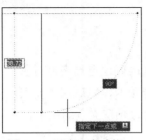

图 2-21 开启正交功能

图 2-22 开启正交功能

2.3.2 设置捕捉与栅格

执行"绘图设置"命令，在打开的"草图设置"对话框中选择"捕捉和栅格"选项卡，可以设置绘图捕捉参数与图形窗口中的栅格显示参数，执行"绘图设置"命令有如下两种常用方法。

- 命令：输入 DSETTINGS(简化命令 SE)并确定。
- 菜单：选择"工具→绘图设置"命令。

在"草图设置"对话框中选择"捕捉和栅格"选项卡，选中"启用捕捉"选项，将启用捕捉功能，如图 2-23 所示；选中"启用栅格"选项，将启用栅格功能，在图形窗口中将显示栅格对象，如图 2-24 所示。

图 2-23 启用捕捉功能

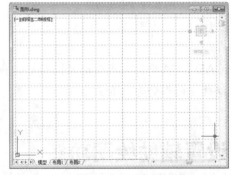

图 2-24 显示栅格对象

"捕捉和栅格"选项卡中主要选项的含义如下所示。

- "捕捉间距"选项组用于控制捕捉位置的不可见矩形栅格，以限制光标仅在指定的 X 和 Y 间隔内移动。
- "极轴间距"选项组用于控制 PolarSnap 的增量距离。当选定"捕捉类型"选项组中的 PolarSnap 选项时，可以进行捕捉增量距离的设置。如果该值为 0，则 PolarSnap 距离采用 "捕捉 X 轴间距"的值。"极轴距离"设置与极坐标追踪和/或对象捕捉追踪结合使用。如果两个追踪功能都未启用，则"极轴距离"设置无效。
- 栅格捕捉：该选项用于设置栅格捕捉类型，如果指定点，光标将沿垂直或水平栅格点进行捕捉。
- 矩形捕捉：选择该选项，可以将捕捉样式设置为标准"矩形"捕捉模式。当捕捉类型设置为"栅格"并且打开"捕捉"模式时，鼠标指针将成为矩形栅格捕捉。

- 等轴测捕捉：选择该选项，可以将捕捉样式设置为"等轴测"捕捉模式。
- PolarSnap(极轴捕捉)：选择该选项，可以将捕捉类型设置为"极轴捕捉"。

提示

单击状态栏上的"捕捉模式"按钮 ，或者按 F9 键，可以在打开或关闭捕捉功能之间进行切换；单击状态栏上的"栅格显示"按钮 ，或者按 F7 键，可以在打开或关闭栅格模式之间进行切换。

2.3.3　对象捕捉设置

AutoCAD 2014 提供了对象捕捉特殊点的功能，运用该功能可以精确绘制出所需要的图形。在进行精确绘图前，需要进行正确的对象捕捉设置。执行设置对象捕捉的命令有以下 3 种方法。

- 命令：输入 DSETTINGS(简化命令 SE)。
- 菜单：选择"工具→绘图设置"命令。
- 在状态栏中的"对象捕捉"按钮 上右击，在快捷菜单中选择"设置"命令，如图 2-25 所示。

执行 SE(绘图设置)命令后，将打开"草图设置"对话框，在该对话框的"对象捕捉"选项卡中，可以根据实际需要选择相应的捕捉选项，进行对象特殊点的捕捉设置，如图 2-26 所示。启用对象捕捉设置后，在绘图过程中，当光标靠近这些被启用的捕捉特殊点时，将自动对其进行捕捉。如图 2-27 所示为启用了圆心捕捉功能的效果。

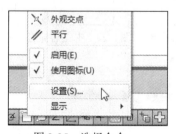

图 2-25　选择命令

图 2-26　对象捕捉设置

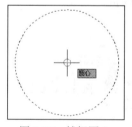

图 2-27　捕捉圆心

在"对象捕捉"选项卡中各选项的含义如下所示。

- 启用对象捕捉：该复选框用于打开或关闭对象捕捉。当对象捕捉打开时，在"对象捕捉模式"下选定的对象捕捉处于活动状态。
- 启用对象捕捉追踪：该复选框用于打开或关闭对象捕捉追踪。使用对象捕捉追踪，在命令中指定点时，光标可以沿基于其他对象捕捉点的对齐路径进行追踪。要使用对象捕捉追踪，必须打开一个或多个对象捕捉。
- 对象捕捉模式：该区域列出可以在执行对象捕捉时打开的对象捕捉模式。
- 全部选择：单击该按钮，即可打开所有对象捕捉模式。
- 全部清除：单击该按钮，即可关闭所有对象捕捉模式。

高手指点：

设置好对象捕捉功能后，在绘图过程中，通过单击状态栏中的"对象捕捉"按钮□或按 F3 键，即可在开/关对象捕捉功能之间进行切换。

2.3.4 对象捕捉追踪

在绘图过程中，除了需要掌握对象捕捉的设置外，还需要掌握对象捕捉追踪的相关知识和应用方法，从而提高绘图的效率。

选择"工具→绘图设置"命令，打开"草图设置"对话框，选择"对象捕捉"选项卡，然后选中"启用对象捕捉追踪"复选框，即可启用对象捕捉追踪功能。也可以直接按 F11 键在开/关对象捕捉追踪功能之间进行切换。

提示

由于对象捕捉追踪的使用是基于对象捕捉进行操作的，因此要使用对象捕捉追踪功能，必须打开一个或多个对象捕捉功能。

启用对象捕捉追踪后，在命令中指定点时，光标可以沿基于其他对象捕捉点的对齐路径进行追踪。如图 2-28 所示为切点捕捉追踪效果，如图 2-29 所示为中点捕捉追踪效果。

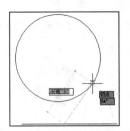
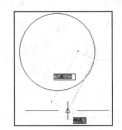

图 2-28　切点捕捉追踪效果　　图 2-29　中点捕捉追踪效果

2.4 融会贯通

本小节综合应用所学的 AutoCAD 环境设置知识，练习设置绘图区的颜色、应用对象捕捉、对象捕捉追踪和等轴测捕捉功能的方法。

2.4.1 将绘图区的颜色改为黑色

视频教程	光盘\视频教程\第 2 章\将绘图区的颜色改为黑色

01 输入 OP(选项)命令并按 Enter 键确定，打开"选项"对话框，在"显示"选项卡中单击"窗口元素"区域中的"颜色"按钮，如图 2-30 所示。

02 在打开的"图形窗口颜色"对话框中依次选择"二维模型空间"和"统一背景"选项，如图 2-31 所示。

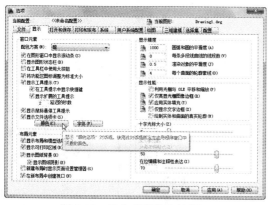

图 2-30　单击"颜色"按钮

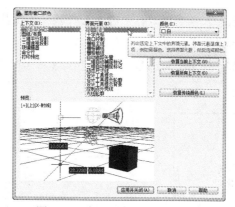

图 2-31　选择"统一背景"选项

03 单击"颜色"列表框的下拉按钮，在弹出的颜色列表中选择黑色，如图 2-32 所示，继续将栅格和栅格辅助线设置为黑色，然后单击"应用并关闭"按钮并按 Enter 键确定。

04 返回"选项"对话框，单击"确定"按钮，即可显示更改后绘图区的颜色，效果如图 2-33 所示。

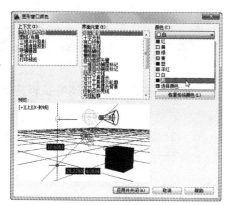

图 2-32　设置颜色

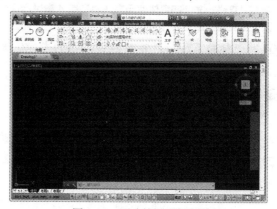

图 2-33　更改绘图区颜色效果

2.4.2　绘制插座图形

本例将通过设置对象捕捉和对象捕捉追踪的方式进行准确绘图，然后在圆弧图形的基础上完成插座图形的绘制，效果如图 2-34 所示。

实例文件	光盘\实例\第 2 章\插座
素材文件	光盘\实例\第 2 章\圆弧
视频教程	光盘\视频教程\第 2 章\绘制插座图形

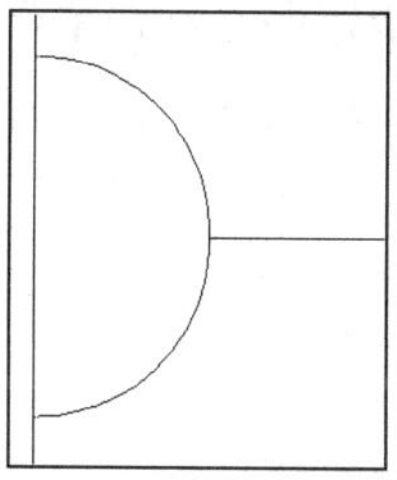

01 根据素材路径打开"圆弧.dwg"图形文件，如图 2-35 所示。

02 选择"工具→绘图设置"命令，打开"草图设置"对话框，选择"对象捕捉"选项卡，然后选中"启用对象捕捉"、"启用对象捕捉追踪"和"圆心"复选框，如图 2-36 所示，最后单击"确定"按钮即可完成捕捉设置。

图 2-34　绘制插座图形

03 在命令提示行中输入 L 并按空格键执行"直线"命令，当系统提示"指定第一点:"时，移动光标捕捉圆弧的圆心，如图 2-37 所示。

04 将光标向上移动到如图 2-38 所示的光标位置并单击，指定线段的第一个点。

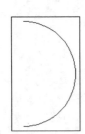

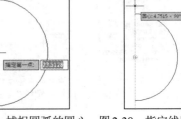

图 2-35　打开素材　　图 2-36　设置捕捉模式　　图 2-37　捕捉圆弧的圆心　图 2-38　指定线段第一点

提示

"直线"命令的具体使用方法将在第 4 章进行详细讲解。

05 将光标向下移动到如图 2-39 所示的光标位置并单击，指定线段的下一个点。然后按空格键结束线段的绘制，效果如图 2-40 所示。

06 在命令提示行中执行 L(直线)命令，当系统提示"指定第一点:"时，捕捉圆弧的圆心，如图 2-41 所示。

07 将光标向右移动到如图 2-42 所示的光标位置并单击，指定线段的第一个点。

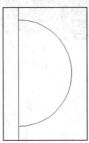
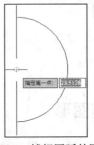

图 2-39　指定下一个点　　图 2-40　绘制的线段效果　　图 2-41　捕捉圆弧的圆心　图 2-42　指定线段第一点

08 将光标向右移动到如图 2-43 所示的光标位置并单击，指定线段的下一个点。然后按空格键结束线段的绘制，完成效果如图 2-44 所示。

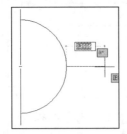
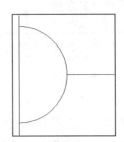

图 2-43　指定下一个点　　　　图 2-44　图形效果

2.4.3 绘制透视长方体

本例将通过"等轴测捕捉"功能使用二维绘图命令绘制透视的长方体,效果如图 2-45 所示。

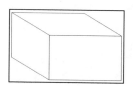

图 2-45 绘制透视长方体

素材文件	光盘\实例\第 2 章\矩形
实体文件	光盘\实例\第 2 章\长方体
视频教程	光盘\视频教程\第 2 章\绘制透视长方体

01 打开"矩形.dwg"素材文件。

02 执行 DSETTINGS(SE)命令,打开"草图设置"对话框,选择"捕捉和栅格"选项卡,在"捕捉类型"选项组中选中"等轴测捕捉"单选按钮并确定,如图 2-46 所示。

03 输入 L 并按空格键执行"直线"命令,当系统提示"指定第一点:"时,在矩形左上方的端点处单击指定直线的第一个点,如图 2-47 所示。

图 2-46 选中"等轴测捕捉"单选项

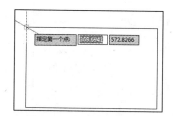

图 2-47 指定第一个点 1

04 当命令行提示"指定下一点或 [放弃(U)]:"时,开启正交模式,然后向左上方移动光标,并输入该段直线的长度为 300 并确定,如图 2-48 所示。

05 继续向下方移动光标,并输入该段直线的长度为 300 并确定,如图 2-49 所示。

06 当命令行提示"指定下一点或 [闭合(C)/放弃(U)]:"时,捕捉矩形左下方的端点,如图 2-50 所示。

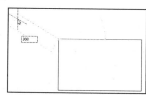

图 2-48 指定第一个点 2

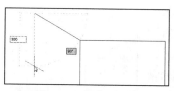

图 2-49 指定下一点

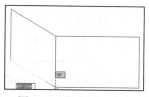

图 2-50 指定下一个点

07 按空格键重复执行"直线"命令,当系统提示"指定第一点:"时,在矩形右上方的端点处单击指定直线的第一个点,如图 2-51 所示。

08 当命令行提示"指定下一点或 [放弃(U)]:"时，向左上方移动光标，并输入该段直线的长度为 300 并确定，如图 2-52 所示。

09 继续向左方移动光标，并在左上方直线的端点处单击，指定直线的下一个点，然后按空格键结束直线的绘制，效果如图 2-53 所示。

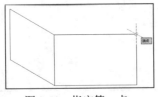
图 2-51　指定第一点

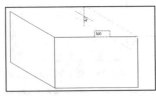
图 2-52　指定下一个点

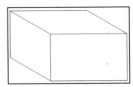
图 2-53　绘制长方体

2.5　上机实战

学习完本章内容后，读者需要掌握 AutoCAD 2014 的绘图环境和功能设置的方法，下面通过实例操作来巩固本章所介绍的知识，并对知识进行延伸。

实战 1：设置图形单位。

① 执行 UN(单位)命令，打开"图形单位"对话框。

② 设置单位的类型为"小数"。

③ 设置"精度"为 0。

④ 设置插入内容的单位为"毫米"，然后单击"确定"按钮，如图 2-54 所示。

图 2-54　设置图形单位

实战 2：设置图形窗口效果

① 执行 OP(选项)命令，打开"选项"对话框。在"显示"选项卡中单击"窗口元素"区域中的"颜色"按钮，设置绘图区颜色为白色。

② 在"显示"选项卡中设置"十字光标大小"的值为 60，在"选项"对话框中单击"确定"按钮。

③ 按 F7 键，关闭绘图区中的栅格，设置的图形窗口效果如图 2-55 所示。

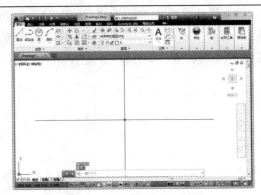
图 2-55　设置图形窗口效果

第3章 图层管理与图形特性

本章导读：

在学习 AutoCAD 绘制图形之前，首先应该掌握图层的相关知识，使用图层功能可以对图形进行分层管理，让图形变得井井有条，从而更快、更方便地绘制和修改复杂图形。本章将学习如何新建图层、设置图层颜色、线型、线宽和控制图层的状态，以及如何设置图形的特性等。

本章知识要点：

- 应用图层
- 控制图形图层
- 设置图形特性
- 控制特性显示

精通AutoCAD 2014中文版

3.1 创建与设置图层

在绘制图形的过程中，要对图层的含义与作用有一个清楚的认识，才能更好地利用图层功能对图形进行管理。

3.1.1 图层的作用

图层按功能用于在图形中组织信息以及执行线型、颜色等其他标准。图层就像透明的覆盖层，可以在上面对图形中的对象进行组织和编组。

在 AutoCAD 2014 中，可以使用图层控制对象的可见性；也可以使用图层将特性指定给对象；还可以锁定图层以防对象被修改。图层有如下特性。

- 可以在一个图形文件中指定任意数量的图层。
- 每一个图层都应有一个名称，其名称可以是汉字、字母或个别的符号($、_、-)。在给图层命名时，最好根据绘图的实际内容以容易识别的名称命名，以方便在再次编辑时快速、准确地了解图形文件中的内容。
- 一般情况下，同一个图层上的对象只能为同一种颜色、同一种线型。在绘图过程中，可以根据需要，随时改变各图层的颜色、线型。
- 每一个图层都可以设置为当前层，新绘制的图形只能生成在当前层上。
- 可以对一个图层进行打开、关闭、冻结、解冻、锁定和解锁等操作。
- 如果重命名某个图层并更改其特性，则可恢复除原始图层名外的所有原始特性。
- 如果删除或清理某个图层，则无法恢复该图层。
- 如果将新图层添加到图形中，则无法删除该图层。
- 在绘图的过程中，将不同属性的实体建立在不同的图层上，以便管理图形对象，并可以通过修改所在图层的属性，快速、准确地完成实体属性的修改。

3.1.2 认识图层特性管理器

在 AutoCAD 的"图层特性管理器"对话框中可以创建图层，设置图层的颜色、线型和线宽，以及进行其他的设置与管理操作。执行打开"图层特性管理器"对话框的命令有如下 3 种常用方法。

- 命令：输入 LAYER(简化命令 LA)并确定。
- 菜单：选择"格式→图层"命令。
- 工具：单击"图层"面板中的"图层特性"按钮，如图 3-1 所示。

执行以上任意一种命令后，即可打开"图层特性管理器"对话框，对话框的左侧为图层过滤器区域；右侧为图层列表区域，如图 3-2 所示。

图 3-1　单击"图层特性"按钮

图 3-2　"图层特性管理器"对话框

1. 图层过滤器

图层过滤器区域用于设置图层组，显示图形中图层和过滤器的层次结构列表，其中常用选项及功能按钮的作用如下所示。

- "新建特性过滤器"按钮 ：用于显示如图 3-3 所示的"图层过滤器特性"对话框，从中可以根据图层的一个或多个特性创建图层过滤器。
- "新建组过滤器"按钮 ：用于创建图层过滤器，其中包含选择并添加到该过滤器的图层，如图 3-4 所示。

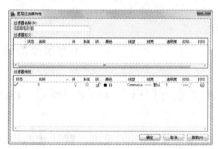

图 3-3　"图层过滤器特性"对话框

图 3-4　新建组过滤器

- "图层状态管理器"按钮 ：用于打开"图层状态管理器"对话框，如图 3-5 所示，单击"新建"按钮，将打开用于保存新图层状态的"要保存的新图层状态"对话框，如图 3-6 所示。

图 3-5　"图层状态管理器"对话框

图 3-6　"要保存的新图层状态"对话框

- 反转过滤器：显示所有不满足选定图层特性过滤器中条件的图层。
- 状态栏：显示当前过滤器的名称、列表视图中显示的图层数和图形中的图层数。

2. 图层列表

图层列表区域用于设置所选图层组中的图层属性，其中显示了图层和图层过滤器及其特性和说明。图层列表区域中常用选项及功能按钮的作用如下所示。

- "搜索图层"列表框：输入字符时，按名称快速过滤图层列表。关闭图层特性管理器时，将不保存此过滤器。
- "新建图层"按钮：用于创建新图层，列表将自动显示一个名为"图层 1"的图层。
- "在所有视口中都被冻结的新图层视口"按钮：用于创建新图层，然后在所有现有布局视口中将其冻结，可以在"模型"选项卡或布局选项卡上访问此按钮。
- "删除图层"按钮：将选定的图层删除。
- "置为当前"按钮：将选定图层设置为当前图层，用户绘制的图形将存放在当前图层上。
- "刷新"按钮，用于刷新图层列表中的内容。
- "设置"按钮：用于打开"图层设置"对话框，在"图层设置"对话框中，可以设置新图层、是否将图层过滤器更改应用于"图层"工具栏以及更改图层特性替代的背景色。
- 状态：指示项目的类型，包括图层过滤器、正在使用的图层、空图层或当前图层。
- 名称：显示图层或过滤器的名称，按 F2 键后可以直接输入新名称。
- 开/关：用于显示与隐藏图层上的 AutoCAD 图形。
- 冻结/解冻：用于冻结图层上的图形，使其不可见，并且使该图层的图形对象不能进行打印，再次单击对应的按钮，可以使其解冻。
- 锁定：为了防止图层上的对象被误编辑，可以将绘制好图形内容的图层锁定，再次单击该按钮，可以进行解锁。
- 颜色：为了区分不同图层上的图形对象，可以为图层设置不同颜色。默认状态下，新绘制的图形将继承该图层的颜色属性。
- 线型：可以在此根据需要，为每个图层分配不同的线型。
- 线宽：可以在此为线条设置不同的宽度，宽度值为 0~2.11 mm。
- 打印样式：可以在此为不同的图层设置不同的打印样式，以及选择是否打印该图层样式属性。
- 打印：用于控制相应图层是否能被打印输出。

3.1.3 创建新图层

在绘制复杂的图形前，可以创建一个新图层，以便在绘图过程中对相同特性的图形进行统一管理。

【练习 3-1】创建并命名新图层。

01 执行 LA（图层特性）命令，打开"图层特性管理器"对话框，单击对话框上方的"新建图层"按钮，即可在图层设置区中新建一个图层，图层名称默认为"图层 1"，如图 3-7 所示。

02 在图层名处于激活的状态下输入图层名称，然后按 Enter 键进行确定，如图 3-8 所示的"中心线"图层。

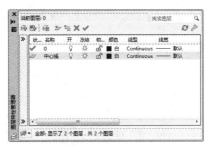

图 3-7　创建新图层　　　　　　　　　图 3-8　重命名图层

提示

在 AutoCAD 2014 中创建新图层时，如果在图层设置区选择了其中的一个图层，则新建的图层将自动继承被选中图层的所有属性。

3.1.4　设置图层特性

由于图形中的所有对象都与图层相关联，所以在修改和创建图形的过程中，需要对图层特性进行修改调整。在"图层特性管理器"对话框中，通过单击图层的各个属性对象，可以对图层的名称、颜色、线型和线宽等属性进行设置。

【练习 3-2】修改图层颜色。

01 在"图层特性管理器"对话框中单击"颜色"对象，打开"选择颜色"对话框，选择好图层颜色，如图 3-9 所示。

02 单击该对话框中的"确定"按钮，即可将图层的颜色设置为选择的颜色，效果如图 3-10 所示。

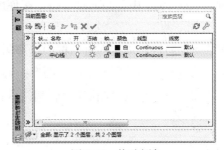

图 3-9　"选择颜色"对话框　　　　　　图 3-10　修改颜色

【练习 3-3】修改图层线型。

01 在"图层特性管理器"对话框中单击"线型"对象，打开如图 3-11 所示的"选择线型"对话框。

02 单击"加载"按钮，打开"加载或重载线型"对话框，在该对话框中选择需要加载的线型，如图 3-12 所示。

03 单击"确定"按钮，将指定线型加载到"选择线型"对话框中，然后选择需要的线型，如图 3-13 所示。

图 3-11 "选择线型"对话框　　图 3-12 "加载或重载线型"对话框　　图 3-13 选择线型

04 单击"确定"按钮，即可完成线型的设置，效果如图 3-14 所示。

【练习3-4】修改图层线宽。

01 在"图层特性管理器"对话框中单击"线宽"按钮，打开"线宽"对话框，如图 3-15 所示。

02 选择需要的线宽，单击"确定"按钮，即可完成线宽的设置，效果如图 3-16 所示。

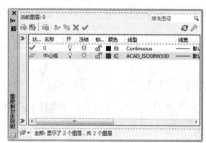  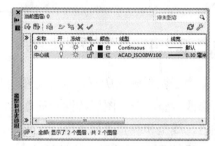

图 3-14 修改线型效果　　图 3-15 "线宽"对话框　　图 3-16 修改线宽效果

3.1.5 设置当前图层

在 AutoCAD 2014 中，当前层是指正在使用的图层，用户绘制图形的对象将存在于当前层上。设置当前层有如下两种常用方法。

- 在"图层特性管理器"对话框中选择需设置为当前层的图层，然后单击"置为当前" ✔ 按钮，被设置为当前层的图层前面有 ✔ 标记，如图 3-17 所示。
- 在"图层"面板的"图层控制"下拉列表框中，选择需要设置为当前层的图层即可，如图 3-18 所示。

 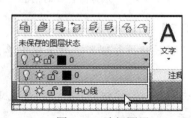

图 3-17 设置当前层　　图 3-18 选择图层

高手指点:

单击"图层"工具栏中的"将对象的图层设置为当前图层"按钮，然后在绘图区选择某个实体，也可以将该实体所在图层设置为当前层。

3.1.6　删除图层

在 AutoCAD 2014 中进行图形绘制时，将不需要的图层删除，便于对有用的图层进行管理。执行"格式→图层"命令，打开"图层特性管理器"对话框，选定要删除的图层，单击"删除"按钮✖，如图 3-19 所示，即可删除当前图层。

提示

在执行删除图层的操作中，0 层、默认层、当前层、含有图形实体的层和外部引用依赖层均不能被删除。

图 3-19　删除图层

3.1.7　转换对象所在的图层

转换对象所在的图层，是指将一个图层中的图形转换到另一个图层中。例如，将图层 1 中的图形转换到图层 2 中，被转换后的图形颜色、线型、线宽将拥有图层 2 的属性。

在需要转换图层时，首先需要在绘图区中选择需要转换图层的图形，然后单击"图层"工具栏上的下拉列

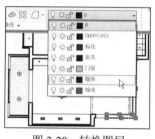

图 3-20　转换图层

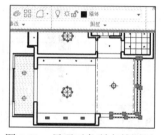

图 3-21　显示对象所在的图层

表框，如图 3-20 所示，在其中选择要转换到的图层即可。选择被转换图层的对象，在图层列表中即可显示该对象所在的图层，如图 3-21 所示。

3.2　控制图层状态

在 AutoCAD 2014 中绘制复杂的图形时，可以将暂时不用的图层进行关闭或冻结等处理，以方便绘图操作。

3.2.1　关闭/打开图层

在绘图操作中，可以将图层中的对象暂时隐藏起来，或将隐藏的对象显示出来。隐藏图层中的图形将不能被选择、编辑、修改和打印。

1. 关闭图层

默认情况下，0 图层和新建的图层都处于打开状态，可以通过如下两种方法将指定的图层关闭。

● 在"图层特性管理器"对话框中单击要关闭图层前面的"开/关图层"图标💡，如图 3-22 所示，图层前面的💡图标单击后转变为💡图标，表示该图层被关闭。如图 3-23 所示为被关闭的"轴线"图层。

● 在"图层"面板中单击"图层控制"下拉列表中的"开/关图层"图标💡，如图 3-24 所示，图层前面的💡图标将转变为💡图标，表示该图层已关闭。如图 3-25 所示为关闭的"标注"图层。

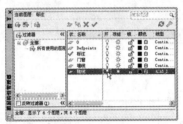
图 3-22　单击"开/关图层"图标

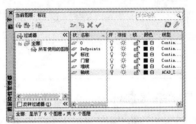
图 3-23　关闭"轴线"图层

如果进行关闭的图层是当前图层，系统将弹出如图 3-26 所示的询问对话框，在该对话框中选择"关闭当前图层"选项即可。如果不需要对当前图层执行关闭操作，可以单击"使当前图层保持打开状态"选项取消关闭操作。

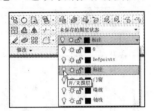
图 3-24　单击"开/关图层"图标

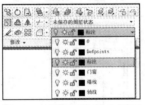
图 3-25　关闭"标注"图层

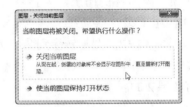
图 3-26　询问对话框

2. 打开图层

当图层被关闭后，在"图层特性管理器"对话框中单击图层前面的"打开"图标💡，或在"图层"面板中单击"图层控制"下拉列表中的"开/关图层"图标💡，就可以打开被关闭的图层，此时在图层前面的图标💡将转变为图标💡。

3.2.2　冻结/解冻图层

将图层中不需要进行修改的对象进行冻结处理，可以避免这些图形受到错误操作的影响。另外，冻结图层可以在绘图过程中减少系统生成图形的时间，从而提高计算机的速度。

1. 冻结图层

默认情况下，0 图层和创建的图层都处于解冻状态，用户可以通过以下两种方法将指定的图层冻结。

- 在"图层特性管理器"对话框中选择要冻结的图层，单击该图层前面的"冻结"图标 ☼ ，如图 3-27 所示，图标 ☼ 将转变为图标 ❋ ，表示该图层已经被冻结。如图 3-28 所示为冻结的"轴线"图层。
- 在"图层"面板中单击"图层控制"下拉列表中的"在所有视口中冻结/解冻"图标 ☼ ，如图 3-29 所示，图层前面的图标 ☼ 将转变为图标 ❋ ，表示该图层已经被冻结。如图 3-30 所示为冻结的"标注"图层。

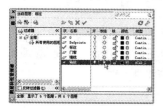
图 3-27　单击"冻结"图标

图 3-28　冻结"轴线"图层

图 3-29　单击"在所有视口中冻结/解冻"图标

图 3-30　冻结"标注"图层

由于绘制图形操作是在当前图层上进行的，因此，不能对当前的图层进行冻结操作。当用户要对当前图层进行冻结操作时，系统将提示无法冻结。

2. 解冻图层

当图层被冻结后，在"图层特性管理器"对话框中单击图层前面的"解冻"图标 ❋ ，或在"图层"面板中单击"图层控制"下拉列表中选择"在所有视口中冻结/解冻"图标 ❋ ，可以解冻被冻结的图层，此时在图层前面的图标 ❋ 将转变为图标 ☼ 。

3.2.3　锁定/解锁图层

锁定图层可以将该图层中的对象锁定。锁定图层后，图层上的对象仍然处于显示状态，但是用户无法对其进行选择、编辑修改等操作。

1. 锁定图层

默认情况下，0 图层和创建的图层都处于解锁状态，用户可以通过以下两种方法将图层锁定。

- 在"图层特性管理器"对话框中选择要锁定的图层，单击该图层前面的"锁定"图标 🔓 ，如图 3-31 所示，图标 🔓 将转变为图标 🔒 ，表示该图层已经被锁定。如图 3-32 所示为锁定的"墙线"图层。

图 3-31　单击"锁定"图标

图 3-32　锁定"墙线"图层

● 在"图层"面板中单击"图层控制"下拉列表中的"锁定/解锁图层"图标 🔓，如图 3-33
所示，图层前面的图标 🔓 将
转变为图标 🔒，表示该图层
已经被锁定。如图 3-34 所示
为锁定的"标注"图层。

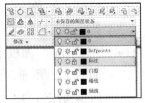

2. 解锁图层

图 3-33 单击"锁定/解锁图层"图标   图 3-34 锁定"标注"图层

解锁图层的操作与锁定图层的操作相似。当图层被锁定后，在"图层特性管理器"对话框中单击图层前面的"解锁"图标 🔒，或在"图层"面板中单击"图层控制"下拉列表中的"锁定/解锁图层"图标 🔒，可以解锁被锁定的图层，此时在图层前面的图标 🔒 将转变为图标 🔓。

3.3 设置图形特性

在使用 AutoCAD 2014 绘图过程中，除可以在图层中赋予图层各种属性之外，还可以直接为实体对象设置需要的特性。设置图形特性通常包括对象的线型、线宽和颜色等属性。

3.3.1 修改图形特性

每个对象都具有一定的特性。某些基本特性适用于大多数对象，如图层颜色、线型和打印样式等。用户可以在"特性"面板和"特性"选项板中修改图形的特性。

1. 应用"特性"面板

在"特性"面板中，包括对象颜色、线宽、线型、打印样式和列表等列表控制栏。应用"特性"面板中的相应选项，可以直接设置对象的特性。选择要设置的对象，单击"特性"面板中相应的控制按钮，然后在弹出的列表中选择需要的特性，即可修改对象的特性，如图 3-35、图 3-36 和图 3-37所示分别为颜色、线宽和线型的设置列表。

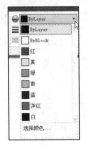

图 3-35 设置颜色   图 3-36 设置线宽   图 3-37 设置线型

如果将特性设置为 BYLAYER(随图层)值，则将为对象指定与其所在图层相同的值。例如，将在图层 0 上绘制的直线的颜色指定为 BYLAYER(随图层)，并将图层 0 的颜色指定为"白"，则该直线的颜色将为白色。

提示

在 AutoCAD 2014 中，设置对象颜色为"白"时，其实相当于将对象颜色设置为黑色，对象将在绘图区显示为黑色，打印出来的效果也为黑色。

2. 应用"特性"选项板

单击"特性"面板右下方的"特性"按钮▣，如图 3-38 所示，选择"修改→特性"命令选项，将打开"特性"选项板，在该选项板中可以修改选定对象的完整特性，如图 3-39 所示。如果在绘图区选择了多个对象，"特性"选项板将显示被选中对象的共同特性，如图 3-40 所示。

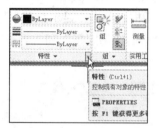

图 3-38　单击"特性"按钮　　　图 3-39　修改完整特性　　　图 3-40　共同特性

3.3.2　复制图形特性

使用复制图形特性的功能可以将一个对象所具有的特性复制给其他对象。复制图形的特性包括颜色、图层、线型、线型比例、厚度和打印样式，有时也包括文字、标注和图案填充特性。执行复制图形特性的命令有以下两种常用方法。

- 菜单：选择"修改→特性匹配"命令。
- 命令：输入 MATCHPROP(简化命令 MA)并确定。

选择"修改→特性匹配"命令后，系统将提示"选择源对象:"，此时可以选择已具有所需要特性的对象，如图 3-41 所示。选择源对象后，系统将提示"选择目标对象或[设置(S)]:"，此时选择应用源对象特性的目标对象即可，如图 3-42 所示。

在执行"特性匹配"命令的过程中，当系统提示"选择目标对象或[设置(S)]:"时，输入 S 并按 Enter 或空格键进行确定，将打开如图 3-43 所示的"特性设置"对话框，在该对话框中可以设置所需要复制的特性。

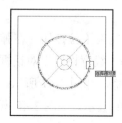

图 3-41　选择源对象　　　图 3-42　选择目标对象　　　图 3-43　"特性设置"对话框

3.3.3 更改线型比例

线型是由虚线、点和空格组成的重复图案，显示为直线或曲线。可以通过图层将线型指定给对象，也可以不依赖图层而明确指定线型。除选择线型之外，还可以将线型比例设置为控制虚线和空格的大小，也可以创建自定义线型。

对于某些特殊的线型，更改线型的比例，将产生不同的线型效果。例如，在绘制建筑轴线时，通常使用虚线样式表示轴线，但是，在图形显示时，却会将虚线显示为实线，这时就可以通过更改线型的比例来达到修改线型效果的目的。

选择"格式→线型"命令，或者在"特性"面板中单击"线型"下拉按钮，在弹出的列表框中选择"其他"选项，如图 3-44 所示，将打开"线型管理器"对话框，单击"显示细节"按钮(单击该按钮后，会变为"隐藏细节"按钮)，在该对话框中可以设置"全局比例因子"和"当前对象缩放比例"，如图 3-45 所示。

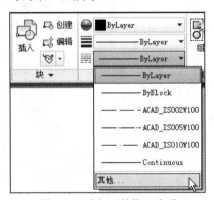

图 3-44　选择"其他"选项

图 3-45　"线型管理器"对话框

3.3.4 显示/隐藏线宽

在 AutoCAD 2014 中，可以在图形中打开或关闭线宽，并可以在模型空间中以不同于图纸空间布局的方式显示，打开或关闭线宽不会影响线宽的打印。

在模型空间中，值为 0 的线宽显示为一个像素，其他线宽使用与其真实单位值成比例的像素宽度。在图纸空间布局中，线宽以实际打印宽度显示。以大于一个像素的宽度显示线宽时，重生成的时间会加长。关闭线宽显示可以优化程序的性能。用户可以通过以下两种方法显示或隐藏图形的线宽。

- 执行"格式→线宽"命令，或者在"特性"面板中单击"线宽"下拉按钮，在弹出的列表框中选择"线宽设置"选项，如图 3-46 所示，可以在打开的"线宽设置"对话框中通过选中或取消"显示线宽"复选框，来实现显示或隐藏图形的线宽，如图 3-47 所示。

- 单击状态栏中的"显示/隐藏线宽"按钮，打开或关闭线宽的显示。如图 3-48 所示为关闭线宽的效果，如图 3-49 所示为打开线宽的效果。

图 3-46　选择"线宽设置"选项

图 3-47　控制线宽显示

图 3-48　关闭线宽效果

图 3-49　打开线宽效果

3.4 融会贯通

本小节综合应用所学的 AutoCAD 图层和图形特性知识，练习通过创建图层进行图形绘制和设置图形特性等方法。

3.4.1 绘制底座图形

本例将首先通过创建图层的方式对图形进行管理，然后使用"圆"和"直线"命令绘制底座图形，完成后的效果如图 3-50 所示。

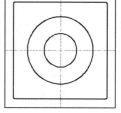
图 3-50　绘制底座图形

实例文件	光盘\实例\第 3 章\底座主视图
视频教程	光盘\视频教程\第 3 章\绘制底座图形

01 单击"图层"面板中的"图层特性"按钮 ，打开"图层特性管理器"对话框，创建一个新图层，将其命名为"轮廓线"，如图 3-51 所示。

02 单击"轮廓线"图层的线宽标记，打开"线宽"对话框，在该对话框中设置轮廓线的线宽值为 0.35 mm，如图 3-52 所示。

图 3-51　创建新图层

图 3-52　设置线宽

03 新建一个名为"辅助线"的图层，如图 3-53 所示，然后单击该图层的颜色标记，打开"选择颜色"对话框，选择红色作为此图层的颜色，如图 3-54 所示。

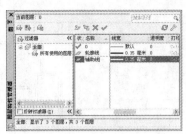

图 3-53　创建图层

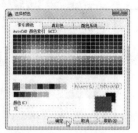

图 3-54　选择红色

04 单击"辅助线"图层的线型标记，打开"选择线型"对话框，单击"加载"按钮，如图 3-55 所示。打开"加载或重载线型"对话框，选择 ACAD_IS008W100 线型进行加载，如图 3-56 所示。

图 3-55　"选择线型"对话框

图 3-56　"加载或重载线型"对话框

05 单击"确定"按钮，加载的线型便显示在"选择线型"对话框中，选择所加载的 ACAD_IS008W100 线型，如图 3-57 所示，然后单击"确定"按钮，将此线型赋予"辅助线"图层，效果如图 3-58 所示。

图 3-57　选择加载的线型

图 3-58　修改图层线型

06 单击"辅助线"图层的线宽标记，在打开的"线宽"对话框中设置该图层的线宽为默认值，如图 3-59 所示。

07 修改"辅助线"图层线宽后的效果如图 3-60 所示，然后关闭"图层特性管理器"对话框。

图 3-59　设置线宽

图 3-60　修改图层线宽

08 选择"工具→草图设置"命令，打开"草图设置"对话框，然后在"对象捕捉"选项卡中选中"中点"和"圆心"捕捉方式并确定，如图 3-61 所示。

09 选择"格式→线宽"命令，在打开的"线宽设置"对话框中选中"显示线宽"复选框，如图 3-62 所示，打开线宽功能。

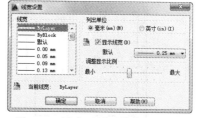

图 3-61　设置对象捕捉　　　　　　图 3-62　选中"显示线宽"复选框

10 在"图层"面板的"图层控制"下拉列表框中，选择"辅助线"图层为当前层，如图 3-63 所示。

11 执行 LINE(直线)命令，绘制一条长度为 200 的线段作为绘图的辅助线，如图 3-64 所示。

图 3-63　设置当前层　　　　　　　图 3-64　绘制直线

12 执行 LINE 命令，然后在绘图区创建一条长度为 200 的垂直线段，其命令行提示及操作如下所示：

```
命令： LINE✓                 //执行命令
指定第一点:from✓             //选择"捕捉自"功能
基点：                       //指定线段的基点位置，如图 3-65 所示
<偏移>: @0,100✓             //设置偏移距离
指定下一点或 [放弃(U)]: 200✓  //向下指定直线长度，如图 3-66 所示
指定下一点或 [放弃(U)]:       //结束操作，绘制的线段效果如图 3-67 所示
```

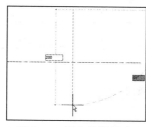

图 3-65　指定基点　　　　图 3-66　指定线段长度　　　　图 3-67　绘制的垂直线段效果

13 将"轮廓线"图层设置为当前层，执行 RECTANG(矩形)命令，在绘图区绘制一个圆角半径为 3、长度为 180 的正方形。其命令行提示及操作如下所示：

51

命令: RECTANG↙　　　　　　　　　　//执行命令
指定第一个角点或 [倒角(C)/标高(E)/圆角(F)/厚度(T)/宽度(W)]: F↙　　　　　//选择"圆角(F)"选项
指定矩形的圆角半径 <>: 3↙　　　　//设置圆角半径为3
指定第一个角点或 [倒角(C)/标高(E)/圆角(F)/厚度(T)/宽度(W)]: from↙　　　　//选择"捕捉自"功能
基点:　　　　　　　　//指定矩形的基点位置,如图3-68所示
<偏移>: @-90,90↙　　　//指定矩形第一个角点的相对坐标
指定另一个角点或 [面积(A)/尺寸(D)/旋转(R)]: @180,-180↙　　　//指定矩形另一个角点的相对坐标,确定后
完成正方形的绘制,效果如图3-69所示

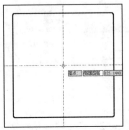
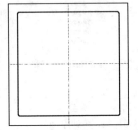

图 3-68　指定矩形的基点位置　　　　图 3-69　绘制的圆角正方形效果

14 执行 CIRCLE(圆)命令,在绘图区绘制一个半径为 30 和一个半径为 60 的圆形,其命令行提示及操作如下所示:

命令: CIRCLE ↙　　　　　　　　//执行命令
指定圆的圆心或 [三点(3P)/两点(2P)/相切、相切、半径(T)]:　　　//指定圆心,如图3-70所示
指定圆的半径或 [直径(D)] <>: 30↙　　　//指定圆的半径为30并按 Enter 键确定,然后使用同样的方法绘制
另一个半径为 60 的圆形,最终完成效果如图3-71所示

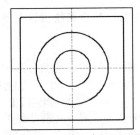

图 3-70　指定圆心　　　　　　　　图 3-71　最终完成效果

提示

"直线"、"矩形"和"圆"等基本绘图命令的具体使用方法将在第 4 章进行详细讲解。

■ 3.4.2　控制球承轴主视图状态

实例文件	光盘\实例\第 3 章\球承轴主视图
素材文件	光盘\素材\第 3 章\球承轴主视图
视频教程	光盘\视频教程\第 3 章\控制球承轴主视图状态

01 根据素材路径打开"球承轴主视图.dwg"素材文件，如图 3-72 所示。

02 在"图层"面板中单击"图层特性"按钮，打开"图层特性管理器"对话框，然后单击"点划线"图层中的"锁定/解锁图层"图标，将该图层锁定，如图 3-73 所示。

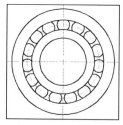

图 3-72 打开素材文件

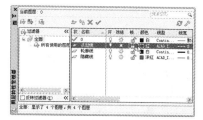

图 3-73 锁定"点划线"图层

03 单击"隐藏线"图层中的"开/关图层"图标，将该图层关闭，如图 3-74 所示。然后关闭"图层特性管理器"对话框，更改图层状态后的图形效果如图 3-75 所示。

图 3-74 隐藏"隐藏线"图层

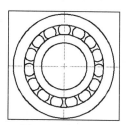

图 3-75 图形效果

3.4.3 修改天花图的效果

实例文件	光盘\实例\第 3 章\天花布局图
素材文件	光盘\素材\第 3 章\天花布局图
视频教程	光盘\视频教程\第 3 章\更改天花布局图的显示效果

01 根据素材路径打开"天花布局图.dwg"素材文件，如图 3-76 所示，然后选择"格式→线型"命令，如图 3-77 所示。

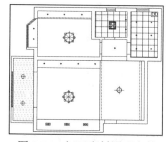

图 3-76 打开素材图形文件

图 3-77 选择"线型"命令选项

02 在打开的"线型管理器"对话框中设置"全局比例因子"为 2，如图 3-78 所示，然后单击"确定"按钮，更改线型比例后的效果如图 3-79 所示。

图 3-78　设置全局比例因子

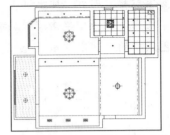

图 3-79　更改线型比例后的图形效果

03 选择"格式→线宽"命令，在打开的"线宽设置"对话框中选中"显示线宽"复选框，如图 3-80 所示，按 Enter 键或空格键进行确定，最终的图形效果如图 3-81 所示。

图 3-80　选择"显示线宽"选项

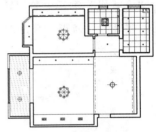

图 3-81　最终图形效果

3.4.4　设置台灯的图形特性

实例文件	光盘\实例\第 3 章\台灯
素材文件	光盘\素材\第 3 章\台灯
视频教程	光盘\视频教程\第 3 章\设置台灯的图形特性

01 根据素材路径打开"台灯.dwg"素材文件，然后选择十字线段和小圆图形，如图 3-82 所示。

02 单击"特性"面板中的"颜色控制"按钮，然后在弹出的列表中选择红色，如图 3-83 所示，从而将选择的线条更改为红色。

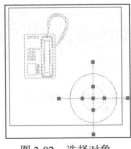

图 3-82　选择对象

图 3-83　更改颜色

03 选择大圆图形，如图 3-84 所示，单击"特性"面板中的"线宽控制"按钮，然后在弹出的列表中选择"0.30 毫米"选项，如图 3-85 所示。

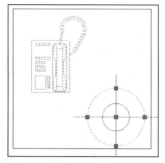

图 3-84　选择对象

图 3-85　更改线宽

04 单击状态栏上的"显示/隐藏线宽"按钮 + ，显示图形的线宽效果如图 3-86 所示。

05 输入并执行 MATCHPROP 命令，然后选择大圆图形作为源对象，如图 3-87 所示。

06 选择如图 3-88 所示的矩形作为目标对象，复制特性后的效果如图 3-89 所示，完成图形特性的设置。

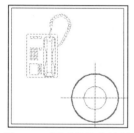

图 3-86　图形的线宽效果

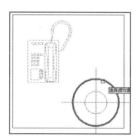

图 3-87　选择源对象

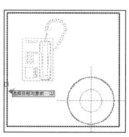

图 3-88　选择目标对象

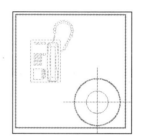

图 3-89　图形效果

3.5　上机实战

学习完本章内容后，读者需要掌握 AutoCAD 2014 设置图形特性和图层的方法。下面通过实例操作来巩固本章所介绍的知识，并对知识进行延伸扩展。

实战 1：修改图形的特性

实例文件	光盘\实例\第 3 章\花式吊灯
素材文件	光盘\素材\第 3 章\花式吊灯
① 打开"花式吊灯.dwg"素材文件。 ② 选择其中一个小圆图形，然后将其设置为红色。 ③ 输入并执行 MA 命令，将更改颜色后的图形属性复制到其他小圆和线段上，完成的效果如图 3-90 所示。	图 3-90　花式吊灯

实战 2：创建机械设计图层

实例文件	光盘\实例\第 3 章\机械设计图层
① 输入并执行"图层"命令，打开"图层特性管理器"对话框。 ② 新建一个"点划线"图层，设置颜色为红色、线型为 ACAD_IS008W100。 ③ 新建一个"轮廓线"图层，设置线宽为 0.30 毫米。 ④ 参照实例效果，继续创建其他图层，如图 3-91 所示。	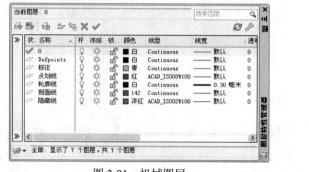 图 3-91　机械图层

第4章 绘制基本图形

本章导读：

绘制图形是 AutoCAD 的核心内容。AutoCAD 的所有图形都是由点、线等最基本的元素构成的。AutoCAD 2014 提供了一系列的绘图命令，使用这些绘图命令可以绘制出常见的图形。本章内容将以实例的形式介绍基本图形的绘制，以便读者更容易理解并掌握这些内容。

本章知识要点：

- 绘制点
- 绘制直线
- 绘制矩形
- 绘制圆

4.1　绘制点

绘制点的命令包括 POINT(点)、DIVIDE(定数等分点)和 MEASURE(定距等分点)命令。在创建好点对象后，用户可以根据需要设置点的样式。

4.1.1　绘制点对象

在 AutoCAD 中，绘制点对象的操作包括绘制单点和绘制多点的操作。绘制单点和绘制多点的操作方法如下所示。

1. 绘制单点

- 命令：输入 POINT(简化命令 PO)并确定。
- 菜单：选择"绘图→点→单点"命令。

执行"绘制单点"命令后，系统将显示"指定点:"的提示，在绘图区中单击指定点的位置，当在绘图区内单击时，即可创建一个点。

2. 绘制多点

- 工具：单击"绘图"工具栏中的"点"按钮 或"绘图"面板中的"多点"按钮 。
- 菜单：选择"绘图→点→多点"命令。

执行"绘制多点"命令后，系统将显示"指定点:"的提示，即可在绘图区中单击创建点对象。执行"绘制多点"命令后，在绘图区连续绘制多个点，按 Esc 键即可终止该命令。

4.1.2　设置点样式

用户可以根据需要设置点的样式，包括点的大小和形状，执行"点样式"命令有以下两种常用方法。

- 命令：输入 DDPTYPE 并确定。
- 菜单：选择"格式→点样式"命令。

执行以上一种操作后，可以在打开的"点样式"对话框中设置点的样式，如图 4-1 所示。对点样式进行更改后，绘图区中的点对象也将发生相应的变化，点效果如图 4-2 所示。

"点样式"对话框中各选项的含义如下所示。

- 点大小(S)：用于设置点的显示大小，可以相对于屏幕设置点的大小，也可以设置点的绝对大小。
- 相对于屏幕设置大小(R)：用于按屏幕尺寸的百分比设置点的显示大小。当进行显示比例的缩放时，点的显示大小并不改变。
- 按绝对单位设置大小(A)：使用实际单位设置点的大小。当进行显示比例的缩放时，AutoCAD 显示的点的大小随之改变。

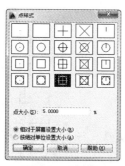

图 4-1　点样式

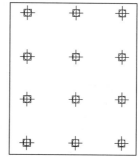

图 4-2　点效果

【练习 4-1】绘制椅子花纹图案。

素材文件	光盘\素材\第 4 章\餐桌椅

01 根据素材路径打开"餐桌椅.dwg"素材文件，如图 4-3 所示。

02 执行 DDPTYPE 命令，打开"点样式"对话框，设置点样式为十字形状、点大小为 20，然后单击"确定"按钮，如图 4-4 所示。

03 执行"绘图→点→多点"命令，在指定的图形中绘制一个点，如图 4-5 所示。

04 依次绘制其他点，完成后按 Esc 键结束操作，完成椅子花纹的绘制，效果如图 4-6 所示。

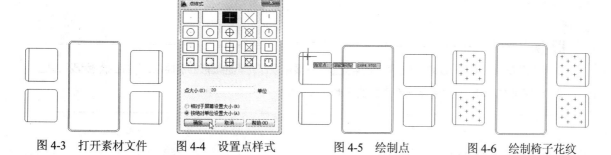

图 4-3　打开素材文件　　图 4-4　设置点样式　　图 4-5　绘制点　　图 4-6　绘制椅子花纹

4.1.3　定距等分点

使用 MEASURE(定距等分)命令可以在选择对象上创建指定距离的点或图块，以指定的长度进行分段，即将一个对象以一定的距离进行划分。

执行"定距等分"命令的方法有以下两种。

● 命令：输入 MEASURE 或 ME 并确定。

● 菜单：选择"绘图→点→定距等分"命令。

【练习 4-2】定距等分线段。

01 执行"定距等分"命令后，选择要等分的直线，如图 4-7 所示。

02 当系统提示"指定线段长度或 [块(B)]:"时，输入指定的长度(如 5)，如图 4-8 所示。

03 按空格键即可将选择的对象以指定的距离进行分段，效果如图 4-9 所示。

图 4-7　选择等分的对象

图 4-8　指定线段长度

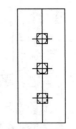

图 4-9　定距等分点效果

4.1.4　定数等分点

使用 DIVIDE(定数等分)命令能够在某一图形上以等分数目创建点，可以被等分的对象包括直线、圆、圆弧和多段线等。在定数等分点的过程中，用户可以指定等分数目。

执行"定数等分"命令的方法有以下两种。

● 命令：输入 DIVIDE(简化命令 DIV)并确定。

● 菜单：选择"绘图→点→定数等分"命令。

在执行 DIVIDE 命令创建定数等分点时，系统提示"选择要定数等分的对象:"时，需选择要等分的对象，选择完成后系统将提示"输入线段数目或[块(B)]:"，此时输入等分的数目，输入后按空格键结束操作。

提示

　　　使用 DIVIDE 和 MEASURE 命令创建的点对象，主要用于作为其他图形的捕捉点，生成的点标记不是起到断开图形的作用，而是起到等分测量的作用。

4.2　绘制直线

"直线"命令是最基本、最简单的直线型绘图命令，执行"直线"命令有以下 3 种常用方法。

● 命令：输入 LINE(简化命令 L)并确定。

● 工具：单击"绘图"工具栏或"绘图"面板中的"直线"按钮 。

● 菜单：执行"绘图→直线"命令。

4.2.1　绘制随意的线段

执行"直线"命令后，通过单击的方式来指定线段的起点和终点，可以在两点之间进行线段的绘制。

【练习 4-3】使用"直线"命令绘制三角形。

01 执行 LINE(L)命令，在系统提示"指定第一个点"时，在需要创建线段的起点位置单击，如图 4-10 所示。

02 在系统提示"指定下一点或[放弃(U)]:"时，向右方移动光标并单击指定线段的下一点，如图 4-11 所示。

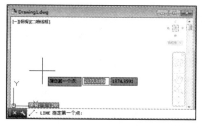

图 4-10 指定直线起点

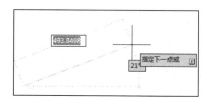

图 4-11 指定直线下一点 1

03 应用对象捕捉追踪功能，捕捉线段左下方的端点，并向上移动光标，单击捕捉追踪线上的一个点，指定直线下一点，如图 4-12 所示。

04 在系统提示"指定下一点或 [闭合(C)/放弃(U)]:"时，输入 c 并确定，选择"闭合(C)"选项，如图 4-13 所示，绘制的闭合图形如图 4-14 所示。

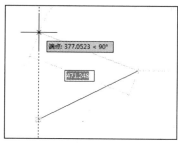

图 4-12 指定直线下一点 2

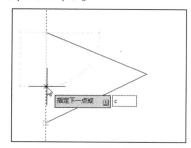

图 4-13 输入 c 并确定

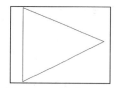

图 4-14 绘制闭合图形

4.2.2 绘制指定长度的线段

用户可以通过输入线段的长度绘制指定长度的线段。执行 L(直线)命令，首先在绘图区指定线段的第一个点，然后移动光标指定线段的方向，再输入线段的长度并确定即可。

【练习 4-4】绘制长度为 700 的线段。

01 执行 L(直线)命令，指定线段的第一个点，然后移动光标指定线段的方向并输入线段的长度，如图 4-15 所示。

02 按 Enter 键或空格键进行确定，即可绘制长度为 700 的线段，效果如图 4-16 所示。

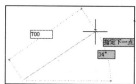

图 4-15 指定长度

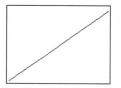

图 4-16 绘制指定长度的线段

4.2.3 绘制指定起点的线段

From(捕捉自)是用于偏移基点的命令，在执行各种绘图命令时，可以通过该命令偏移绘图的基点位置。用户可以通过使用 From(捕捉自)功能指定绘制图形的起点坐标。

【练习 4-5】以指定起点为绘制线段。

执行 L(直线)命令，然后按照如下的命令提示及操作绘制指定起点的线段。

命令： LINE✓	//执行命令
指定第一点: from✓	//输入 from 并按 Enter 键确定，如图 4-17 所示
基点：	//选择捕捉的基点，如图 4-18 所示
<偏移>: @50,50✓	//指定偏移基点的距离，如图 4-19 所示
指定下一点或 [放弃(U)]:	//指定下一点，如图 4-20 所示，绘制出需要的线段，效果如图 4-21 所示

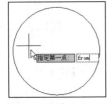  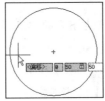 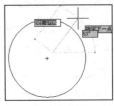 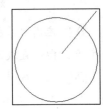

图 4-17 输入 from　　图 4-18 捕捉基点　　图 4-19 指定偏移距离　　图 4-20 指定下一点　　图 4-21 绘制线段效果

高手指点：

在绘制矩形、圆和多段线等其他对象时，同样可以使用 from(捕捉自)功能来指定对象的起点坐标位置。

4.3 绘制矩形

使用"矩形"命令可以通过指定两个对角点的方式绘制矩形，当两角点形成的边长相同时，则生成正方形。执行"矩形"命令有以下 3 种常用方法。

- 命令：输入 RECTANG(简化命令 REC)并确定。
- 工具：单击"绘图"工具栏或"绘图"面板中的"矩形"按钮□。
- 菜单：选择"绘图→矩形"命令。

执行 REC(矩形)命令后，系统将提示"指定第一个角点或 [倒角(C)/标高(E)/圆角(F)/厚度(T)/宽度(W)]:"，其选项的解释含义如下所示。

- 倒角(C)：用于设置矩形的倒角距离。
- 标高(E)：用于设置矩形在三维空间中的基面高度。
- 圆角(F)：用于设置矩形的圆角半径。
- 厚度(T)：用于设置矩形的厚度，即三维空间 Z 轴方向的高度。
- 宽度(W)：用于设置矩形的线条粗细。

4.3.1　绘制直角矩形

执行"矩形"命令，在默认状态下绘制的矩形为直角矩形，可以通过单击的方式指定矩形的两个角点来绘制矩形。

【练习 4-6】绘制随意大小的直角矩形。

01 执行 REC(矩形)命令，当系统提示"指定第一个角点或[倒角(C)/标高(E)/圆角(F)/厚度(T)/宽度(W)]:"时，在需要的位置单击指定第一个角点。

02 拖动光标确定矩形的大小，如图 4-22 所示。

03 单击即可绘制出一个矩形，效果如图 4-23 所示。

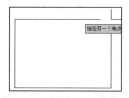 

图 4-22　指定另一个角点　　　图 4-23　绘制的矩形

4.3.2　绘制指定大小的矩形

用户可以根据需要绘制指定大小的矩形，绘制指定大小的矩形时，可以通过指定矩形角点坐标的方式来实现。

【练习 4-7】绘制指定大小的矩形。

01 执行 REC(矩形)命令，单击指定第一个角点，然后输入矩形另一个角点的相对坐标，以确定矩形的大小，如图 4-24 所示。

02 输入矩形另一个角点的坐标后，按空格键进行确定，即可绘制一个指定大小的矩形，效果如图 4-25 所示。

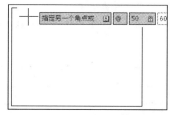 

图 4-24　指定另一个角点　　　图 4-25　绘制的矩形

4.3.3　绘制圆角矩形

除可以绘制直角矩形和指定大小的矩形之外，用户也可以通过选择"圆角(F)"选项来绘制圆角矩形。

【练习 4-8】绘制圆角矩形。

01 执行 REC(矩形)命令，当系统提示"指定第一个角点或 [倒角(C)/标高(E)/圆角(F)/厚度(T)/宽度(W)]:"时，输入 F 并按空格键，以选择"圆角(F)"选项，如图 4-26 所示。

02 当系统提示"指定矩形的圆角半径 <当前>:"时，输入矩形的圆角半径，如图 4-27 所示，然后按 Enter 键进行确定。

03 当系统提示"指定第一个角点或 [倒角(C)/标高(E)/圆角(F)/厚度(T)/宽度(W)]:"时，指定矩形的第一个角点。

04 拖动鼠标指定矩形的另一个角点，如图 4-28 所示，然后单击完成圆角矩形的绘制，效果如图 4-29 所示。

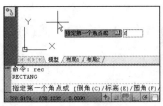  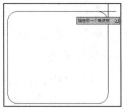 

图 4-26　输入 f 并确定　　图 4-27　指定圆角半径　　图 4-28　指定另一个角点　图 4-29　绘制的圆角矩形

4.3.4　绘制倒角矩形

绘制倒角矩形的操作与绘制圆角矩形相似，在绘制倒角矩形时，先要选择"倒角(C)"选项。

【练习 4-9】绘制倒角矩形。

01 执行 REC(矩形)命令，当系统提示"指定第一个角点或 [倒角(C)/标高(E)/圆角(F)/厚度(T)/宽度(W)]:"时，输入 C 并按空格键，以选择"倒角(C)"选项，如图 4-30 所示。

02 当系统提示"指定矩形的第一个倒角距离 <当前>:"时，输入第一个倒角的距离，如图 4-31 所示，然后按 Enter 键进行确定。

03 当系统提示"指定矩形的第二个倒角距离 <当前>:"时，输入第二个倒角的距离并确定，如图 4-32 所示。

04 当系统提示"指定第一个角点或 [倒角(C)/标高(E)/圆角(F)/厚度(T)/宽度(W)]:"时，单击指定第一个角点。

05 拖动鼠标确定矩形的大小后并单击，绘制的倒角矩形如图 4-33 所示。

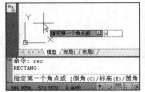   

图 4-30　输入 C 并确定　图 4-31　指定第一个倒角距离　图 4-32　指定第二个倒角距离　图 4-33　绘制的倒角矩形效果

4.4　绘制圆

在 AutoCAD 中，可以通过指定圆心和半径或通过 3 个点等方式来绘制圆形。默认状态下，圆形的绘制方式是先确定圆心再确定半径。执行绘制圆的命令有以下 3 种常用方法。

- 命令：输入 CIRCLE(简化命令 C)并确定。

- 工具：单击"绘图"工具栏或"绘图"面板中的"圆"按钮⊘。
- 菜单：选择"绘图→圆"命令，在子菜单中选择其中需要的绘图命令。

执行圆命令后，系统将提示"指定圆的圆心或[三点(3P)/两点(2P)/相切、相切、半径(T)]:"，在指定圆心或选择某种绘制圆的方式后，将继续提示"指定圆的半径或[直径(D)]<当前值>:"。命令提示中常用选项的含义如下所示。

- 三点(3P)：通过在绘图区内确定 3 个点来确定圆的位置与大小。输入 3P 后，系统分别提示：指定圆上的第一点、第二点和第三点。
- 两点(2P)：通过确定圆的直径的两个端点绘制圆。输入 2P 后，命令行分别提示指定圆的直径的第一端点和第二端点。
- 相切、相切、半径(T)：通过两条切线和半径绘制圆，输入 T 后，系统分别提示指定圆的第一切线、第二切线上的点和圆的半径。

4.4.1　绘制指定半径的圆

执行"圆"命令，通过指定圆的圆心和半径，可以绘制一个指定位置和大小的圆形，这是最常用的绘制圆形的方式。

【练习 4-10】绘制指定圆心和半径的圆。

01 输入并执行 C(圆)命令，当系统提示"指定圆的圆心或[三点(3P)/两点(2P)/切点、切点、半径(T)]:"时，在绘图区单击指定圆心的位置。

02 当系统提示"指定圆的半径或[直径(D)]<当前>:"时，输入圆的半径长度，如图 4-34 所示。

03 按空格键进行确定，完成圆的绘制，效果如图 4-35 所示。

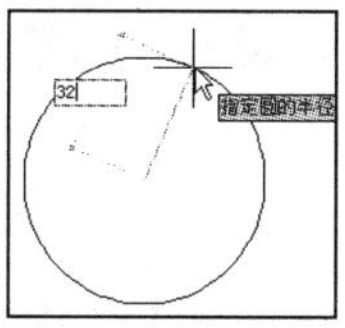

图 4-34　设置半径 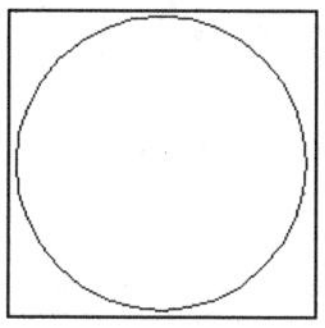　　　　　　　图 4-35　绘制圆形

4.4.2　通过三点绘制圆

通过三点绘制圆的方式是指定通过 3 个固定的点来确定圆的位置和大小，通常用于绘制外接于正多边形的圆。

【练习 4-11】通过矩形中的三个角点绘制指定的圆。

01 执行 C(圆)命令，当系统提示"指定圆的圆心或 [三点(3P)/两点(2P)/切点、切点、半径(T)]:"时，输入 3P，如图 4-36 所示。

02 当系统提示"指定圆上的第一个点:"时，捕捉矩形的一个顶点，如图 4-37 所示，然后捕捉矩形的第二个点，如图 4-38 所示。

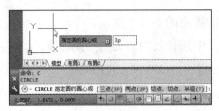

图 4-36　输入 3P

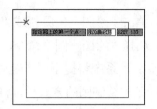

图 4-37　捕捉第一个点

03 当系统提示"指定圆上的第三个点:"时，继续捕捉矩形的第三个点，如图 4-39 所示，绘制完成的图形效果如图 4-40 所示。

图 4-38　捕捉第二个点

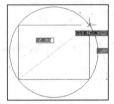

图 4-39　捕捉第三个点

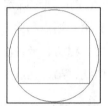

图 4-40　绘制的外接圆

4.4.3　通过两点绘制圆

通过两点绘制圆的方式是指定两个固定的点来确定圆的位置和直径大小，从而绘制指定的圆。

【练习 4-12】通过线段中的两个端点绘制指定的圆。

01 执行 C(圆)命令，当系统提示"指定圆的圆心或 [三点(3P)/两点(2P)/切点、切点、半径(T)]:"时，输入 2P 并按 Enter 键确定，如图 4-41 所示。

02 当系统提示"指定圆直径的第一个端点:"时，指定圆直径的第一个端点，如图 4-42 所示。

03 当系统提示"指定圆直径的第二个端点:"时，指定圆直径的第二个端点，如图 4-43 所示，绘制完成的圆形效果如图 4-44 所示。

图 4-41　执行圆命令

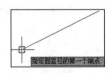

图 4-42　指定第一个端点

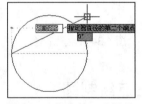

图 4-43　指定第二个端点

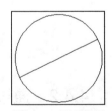

图 4-44　圆形效果

4.4.4　通过切点和半径绘制圆

用户使用通过切点和半径绘制圆形的方法，可以绘制出相切于线段的圆。

【练习 4-13】通过切点和半径绘制指定的圆。

01 执行 C(圆)命令，当系统提示"指定圆的圆心或 [三点(3P)/两点(2P)/切点、切点、半径(T)]:"时，输入 T 并按 Enter 键进行确定。

02 当系统提示"指定对象与圆的第一个切点:"时，指定对象与圆的第一个切点位置，如图 4-45 所示。

03 当系统提示"指定对象与圆的第二个切点:"时，指定对象与圆的第二个切点位置，如图 4-46 所示。

04 当系统提示"指定圆的半径 <当前>:"时，输入圆的半径值(如 20)，如图 4-47 所示。

05 按 Enter 键进行确定，完成指定圆的绘制，效果如图 4-48 所示。

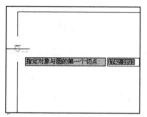 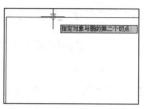 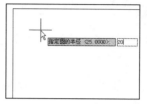 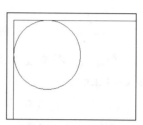

图 4-45 指定第一个切点　　图 4-46 指定第二个切点　　图 4-47 指定半径　　图 4-48 绘制的圆形

4.5 融会贯通

本小节综合应用所学的 AutoCAD 绘图知识，练习点、点样式、定数等分、直线、矩形和圆等命令的具体使用方法。

4.5.1 绘制五角星

本例将使用"圆"、"点样式"、"定数等分"和"直线"命令绘制五角星图形，完成后的效果如图 4-49 所示。

图 4-49 绘制五角星

实例文件	光盘\实例\第 4 章\五角星
视频教程	光盘\视频教程\第 4 章\绘制五角星

01 选择"工具→绘图设置"命令，打开"草图设置"对话框，选择"对象捕捉"选项卡，选择"节点"对象捕捉模式，然后单击"确定"按钮，如图 4-50 所示。

02 执行 C(圆)命令，绘制一个半径为 50 的圆，效果如图 4-51 所示。

03 选择"格式→点样式"命令，在打开的"点样式"对话框中设置点样式，并单击"确定"按钮，如图 4-52 所示。

04 执行 DIV (定数等分)命令，然后选择圆形作为要定数等分的对象，如图 4-53 所示。

图 4-50　设置对象捕捉

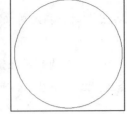
图 4-51　绘制圆形效果

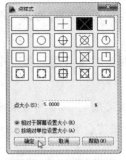
图 4-52　设置点样式

图 4-53　选择对象

05 输入等分线段的数目为 5，如图 4-54 所示，然后按空格键确定，即可将圆分成五等分，效果如图 4-55 所示。

06 执行 L(直线)命令，捕捉圆上的节点以指定直线的第一点，如图 4-56 所示。

07 继续捕捉圆上的其他节点，从而绘制出 5 条直线，效果如图 4-57 所示。

08 通过单击圆和节点对象将其选中，按 Delete 键将其删除，完成五角星的绘制。

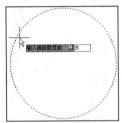
图 4-54　设置等分数

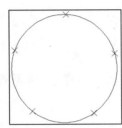
图 4-55　五等分圆形

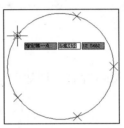
图 4-56　指定第一点

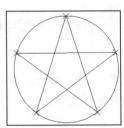
图 4-57　绘制 5 条线段

4.5.2　绘制燃气灶

本例将使用"矩形"、"圆"和"直线"等命令绘制燃气灶图形，完成后的效果如图 4-58 所示。

实例文件	光盘\实例\第 4 章\燃气灶
视频教程	光盘\视频教程\第 4 章\绘制燃气灶

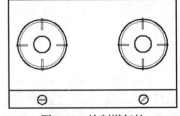
图 4-58　绘制燃气灶

01 执行 RECTANG 命令绘制一个长度为 600、宽度为 400 的矩形作为燃气灶轮廓，效果如图 4-59 所示，在命令提示行中的操作如下所示：

```
命令:RECTANG       //执行命令
指定第一个角点或 [倒角(C)/标高(E)/圆角(F)/厚度(T)/宽度(W)]:   // 指定矩形第一个角
指定另一个角点或 [面积(A)/尺寸(D)/旋转(R)]: @600,400✓       //指定矩形大小
```

02 执行 LINE(直线)命令绘制一条线段，在命令提示行中的操作如下所示：

```
命令: LINE✓           //执行命令
指定第一点: from✓      //输入 from 并确定
```

基点:	//选择捕捉的基点，如图 4-60 所示
<偏移>: @0,80✓	//指定偏移基点的距离
指定下一点或 [放弃(U)]:	//指定下一点，如图 4-61 所示，绘制出需要的线段，效果如图 4-62 所示

图 4-59　绘制的矩形效果　　图 4-60　选择捕捉的基点　　图 4-61　指定下一点　　图 4-62　绘制的线段效果

03 执行 CIRCEL(圆)命令，然后在矩形左方位置绘制一个半径为 80 的圆形作为燃气灶的灶心，效果如图 4-63 所示，在命令提示行中的操作如下所示：

命令:CIRCLE✓	//执行命令
指定圆的圆心或 [三点(3P)/两点(2P)/切点、切点、半径(T)]:	//指定圆心
指定圆的半径或 [直径(D)]: 80✓	//指定圆的半径

04 继续执行 C(圆)命令绘制两个半径分别为 70 和 20 的圆形，效果如图 4-64 所示。

05 执行 RECTANG 命令绘制燃气灶上的矩形对象，矩形长为 50、宽度为 5，效果如图 4-65 所示，在命令提示行中的操作如下所示：

命令: RECTANG✓	//执行命令
指定第一个角点或 [倒角(C)/标高(E)/圆角(F)/厚度(T)/宽度(W)]:	//指定矩形第一个角
指定另一个角点或 [面积(A)/尺寸(D)/旋转(R)]: @50,5✓	//指定矩形大小

06 根据前面的参数，结合执行 C(圆)和 REC(矩形)命令完成燃气灶上炉盘图形的绘制，效果如图 4-66 所示。

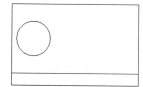 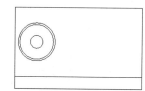 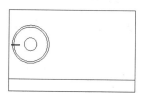 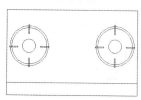

图 4-63　绘制半径为 80　　图 4-64　绘制其他圆形的效果　　图 4-65　绘制矩形　　图 4-66　绘制炉盘图形
　　　　　的圆形效果

07 执行 C(圆)和 REC(矩形)命令绘制燃气灶上的开关旋钮图形，设置圆的半径为 20，矩形的长度为 25、宽度为 4，效果如图 4-67 所示。

08 执行 RECTANG(矩形)命令绘制旋钮图形中带旋转角度的矩形，完成燃气灶的绘制，效果如图 4-68 所示，在命令提示行的操作如下所示：

命令:RECTANG✓	//执行命令
指定第一个角点或 [倒角(C)/标高(E)/圆角(F)/厚度(T)/宽度(W)]:	//指定矩形的第一个角点
指定另一个角点或 [面积(A)/尺寸(D)/旋转(R)]: r✓	//输入 r 并按 Enter 键
指定旋转角度或 [拾取点(P)] <0>:45✓	//指定矩形的旋转角度
指定另一个角点或 [面积(A)/尺寸(D)/旋转(R)]: @15,20✓	//指定矩形的大小，然后按 Enter 键

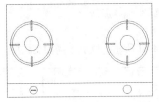 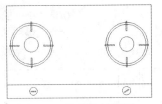

图 4-67　绘制开关旋钮图形　　　图 4-68　绘制旋转矩形

4.5.3　绘制多人沙发

本例将使用"矩形"和"修剪"命令绘制多人沙发图形，完成后的效果如图 4-69 所示。

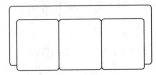

图 4-69　绘制多人沙发

实例文件	光盘\实例\第 4 章\沙发
视频教程	光盘\视频教程\第 4 章\绘制沙发图形

01 执行 RECTANG(矩形)命令，然后根据命令提示行中的提示，设置矩形的圆角半径为 50，具体操作如下所示：

```
命令: RECTANG↙                        //执行命令
指定第一个角点或 [倒角(C)/标高(E)/圆角(F)/厚度(T)/宽度(W)]:f↙      //选择"圆角(F)"选项
指定矩形的圆角半径 <0.0000>: 50↙       //设置圆角半径为 50
```

02 当系统再次提示"指定第一个角点或 [倒角(C)/标高(E)/圆角(F)/厚度(T)/宽度(W)]:"时，指定矩形的第一个角点。

03 当系统提示"指定另一个角点或[尺寸(D)]:"时，指定矩形另一个角点的相对坐标为(@2370，970)，如图 4-70 所示，确定后的矩形效果如图 4-71 所示。

04 执行 REC(矩形)命令，设置矩形的圆角半径为 50，在如图 4-72 所示的光标位置指定矩形的第一个角点，然后绘制一个长度为 710、宽度为 830 的圆角矩形，效果如图 4-73 所示。

   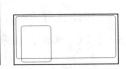

图 4-70　指定另一个角点　　图 4-71　矩形效果　　图 4-72　指定第一个角点　　图 4-73　绘制的矩形效果

05 执行 RECTANG(矩形)命令，设置矩形的圆角半径为 50，然后根据如下操作绘制另一个矩形。

```
命令: RECTANG↙                        //执行命令
当前矩形模式:   圆角=50.0000
指定第一个角点或 [倒角(C)/标高(E)/圆角(F)/厚度(T)/宽度(W)]: from↙      //选择"捕捉自"选项
基点:                         //指定绘制矩形的基点位置,如图 4-74 所示
 <偏移>: @50,0↙               //指定偏移基点的位置,如图 4-75 所示
指定另一个角点或 [面积(A)/尺寸(D)/旋转(R)]: @710,-830↙      //指定矩形的另一个坐标,绘制的矩形效果如
图 4-76 所示
```

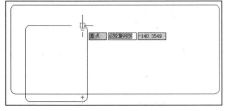

图 4-74　指定基点

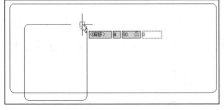

图 4-75　指定偏移距离

06 继续执行 REC(矩形)命令,使用同样的方法绘制另一个矩形,效果如图 4-77 所示。

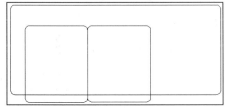

图 4-76　绘制的矩形效果

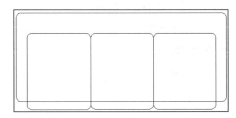

图 4-77　绘制的矩形效果

07 在命令提示行中输入 TRIM(修剪)命令并确定,当命令提示行中提示"选择剪切边..."时,选择左右两方小矩形的边为剪切边,如图 4-78 和图 4-79 所示。

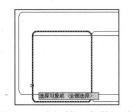

图 4-78　选择第一条剪切边

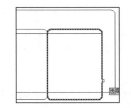

图 4-79　选择第二条剪切边

08 当命令提示行中提示"选择要修剪的对象,或按住 Shift 键选择要延伸的对象,或[栏选(F)/窗交(C)/投影(P)/边(E)/删除(R)/放弃(U)]:时,选择修剪的对象,如图 4-80 所示。

09 继续修剪剩下的两条线段,完成沙发的绘制,如图 4-81 所示。

图 4-80　选择修剪的对象

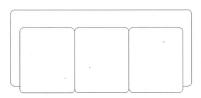

图 4-81　绘制的沙发效果

提示

"修剪"命令的具体使用方法将在第 7 章进行详细讲解。

4.6 上机实战

学习完本章内容后,读者需要掌握 AutoCAD 2014 绘制基本图形的方法。下面通过实例操作来巩固本章所介绍的知识,并对知识进行延伸扩展。

实战 1: 绘制画框

实例文件	光盘\实例\第 4 章\装饰画
素材文件	光盘\素材\第 4 章\画
① 根据素材路径打开"画.dwg"文件。 ② 使用矩形命令绘制不同大小的矩形。 ③ 使用直线命令绘制线段,连接矩形的 4 个角点,效果如图 4-82 所示。	图 4-82 装饰画

实战 2: 绘制吸顶灯

实例文件	光盘\实例\第 4 章\吸顶灯
① 执行 L(直线)命令,绘制两条长度为 300 且互相垂直的线段。 ② 执行 C(圆)命令,然后以线段的交点为圆心,分别绘制半径为 30、80 和 100 的圆形,效果如图 4-83 所示。	图 4-83 吸顶灯

第5章　绘制常用图形

本章导读：

　　AutoCAD 中提供了大量的绘图命令，除前面学习的基本图形命令之外，还包括构造线、多段线、多线、样条曲线、多边形和椭圆等较为常用的图形命令。在本章将介绍较为常用图形的绘制与应用。

本章知识要点：

- 绘制多边形
- 绘制椭圆
- 绘制圆弧
- 创建多段线
- 创建多线
- 创建样条曲线
- 绘制填充型对象
- 绘制修订云线

精通AutoCAD 2014中文版

5.1 绘制多边形

多边形包括内接于圆和外切于圆两种多边形，执行 POLYGON(多边形)命令可以绘制由 3~1024 条边所组成的多边形。

- 命令：输入 POLYGON(简化命令 POL)并确定。
- 工具：单击"绘图"工具栏或"绘图"面板中的"多边形"按钮◯。
- 菜单：选择"绘图→多边形"命令。

执行 POLYGON 命令绘制多边形的过程中，其命令行提示及操作如下所示：

```
命令: POLYGON↙         //执行命令
输入侧面数<4>:         //指定多边形的侧面数(即边数)，默认状态为四边形
指定正多边形的中心点或 [边(E)]:  //确定多边形的一条边来绘制多边形，由边数和边长确定
输入选项 [内接于圆(I)/外切于圆(C)] <I>: //选择多边形的创建方式
指定圆的半径:          //指定创建多边形时的内接于圆或外切于圆的半径
```

5.1.1 绘制内接多边形

内接多边形是指定所绘制多边形的各个顶点外接一个半径与多边形半径相等的圆。

【练习 5-1】绘制内接五边形。

01 执行 POLYGON(多边形)命令，然后输入并确定多边形的边数，如图 5-1 所示。

02 指定正多边形的中心点，然后在弹出的菜单中选择"内接于圆(I)"选项，如图 5-2 所示。

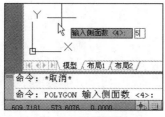

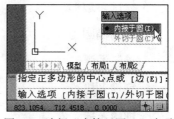

图 5-1 设置边数　　　　　　　　图 5-2 选择"内接于圆(I)"选项

03 当系统提示"指定圆的半径:"时，输入圆的半径值，如图 5-3 所示，然后按空格键进行确定，即可创建一个指定边数和大小的内接多边形，效果如图 5-4 所示。

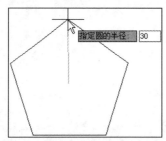

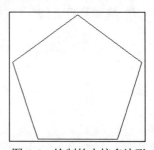

图 5-3 指定半径　　　　　　　　图 5-4 绘制的内接多边形

5.1.2　绘制外切多边形

外切多边形是指定所绘制多边形的各个边相切于一个与多边形半径相等的圆。

【练习5-2】绘制外切五边形。

01 输入并执行POLYGON(多边形)命令，输入并确定多边形的边数。

02 指定正多边形的中心点，在弹出的菜单中选择"外切于圆(C)"选项，如图5-5所示。

03 当系统提示"指定圆的半径:"时，输入圆的半径值，然后按空格键进行确定，即可绘制一个外切多边形，效果如图5-6所示。

使用"多边形"命令绘制的外切于圆多边形与内接于圆多边形时，尽管设置相同的边数和半径，但是其大小却不同。外切多边形和内接多边形与指定圆之间的关系示意图如图5-7所示。

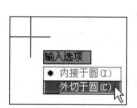
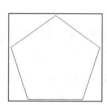
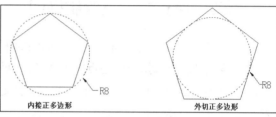

图5-5　选择"外切于圆(C)"选项　图5-6　绘制的外切多边形　　　图5-7　示意图

5.2　绘制椭圆

绘制椭圆是由定义其长度和宽度的两条轴决定的，当两条轴的长度相等时，形成的对象为正圆形，当两条轴的长度不相等时，则形成椭圆。

- 命令：输入ELLIPSE(简化命令EL)并确定。
- 工具：单击"绘图"工具栏中的"椭圆"按钮 ◐ 。
- 菜单：选择"绘图→椭圆"命令，然后选择其中的子命令。

输入并执行 EL(椭圆)命令后，将提示"指定椭圆的轴端点或[圆弧(A)/中心点(C)]:"，其中各选项的含义如下所示。

- 轴端点：以椭圆轴端点绘制椭圆。
- 圆弧(A)：用于创建椭圆弧。
- 中心点(C)：以椭圆圆心和两轴端点绘制椭圆。

5.2.1　通过轴端点绘制椭圆

通过轴端点绘制椭圆，首先要以两个固定点确定椭圆的一条轴长，然后再指定椭圆的另一条半轴长。

【练习5-3】通过指定轴端点的方式绘制椭圆。

01 输入并执行EL(椭圆)命令，当系统提示"指定椭圆的轴端点或[圆弧(A)/中心点(C)]:"时，指定椭圆轴的第一个端点，如图5-8所示。

02 当系统提示"指定轴的另一个端点:"时，指定椭圆轴的另一个端点，如图 5-9 所示。

03 指定另一个端点后，系统将提示"指定另一条半轴长度或[旋转(R)]:"，此时需要指定另一条半轴长度，如图 5-10 所示，指定后即可创建一个椭圆，绘制的椭圆效果如图 5-11 所示。

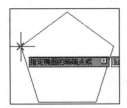 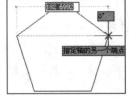 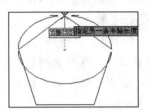 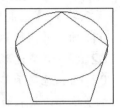

图 5-8　指定第一个端点　　图 5-9　指定另一个端点　图 5-10　指定另一条半轴长度　图 5-11　绘制的椭圆效果

5.2.2　通过中心点绘制椭圆

通过中心点绘制椭圆，首先要确定椭圆的中心点，然后再指定椭圆的两条轴的长度。

【练习 5-4】通过指定中心点的方式绘制椭圆。

01 执行 EL(椭圆)命令，当系统提示"指定椭圆的轴端点或[圆弧(A)/中心点(C)]:"时，输入 C 并确定，选择"中心点(C)"选项。

02 当系统提示"指定椭圆的中心点:"时，指定椭圆的中心点，如图 5-12 所示；系统提示"指定轴的端点:"时，指定轴的端点，如图 5-13 所示。

03 指定轴的端点后，系统将提示"指定另一条半轴长度或[旋转(R)]:"，此时需要指定另一条半轴长度，如图 5-14 所示，指定后即可创建一个椭圆，绘制的椭圆效果如图 5-15 所示。

 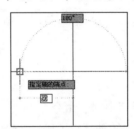 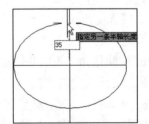

图 5-12　指定中心点　　图 5-13　指定轴的端点　图 5-14　指定另一条半轴长度　图 5-15　绘制的椭圆效果

5.2.3　绘制椭圆弧

执行 ELLIPSE(EL)命令，然后输入参数 A 并确定，选择"圆弧(A)"选项，或者单击"绘图"工具栏中的"椭圆弧"按钮 ，即可绘制椭圆弧线条。

【练习 5-5】绘制弧度为 225 的椭圆弧。

01 执行 ELLIPSE(EL)命令，根据系统提示"指定椭圆的轴端点或[圆弧(A)/中心点(C)]:"，输入 a 并确定，选择"圆弧"选项，如图 5-16 所示。

02 依次指定椭圆的第一个轴端点、另一个轴端点和另一条半轴的长度，在系统提示"指定起点角度或[参数(P)]:"时，指定椭圆弧的起点角度为 0，如图 5-17 所示。

图 5-16　输入 a 并确定

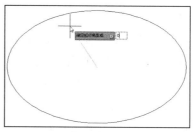

图 5-17　指定起点角度

03 输入椭圆弧的端点角度为 225，如图 5-18 所示，按空格键进行确定，完成椭圆弧的绘制，如图 5-19 所示。

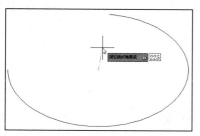

图 5-18　指定端点角度

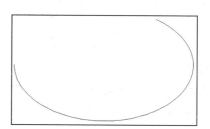

图 5-19　绘制的椭圆弧

5.3　绘制圆弧

使用 ARC(圆弧)命令可以绘制包含一定角度的圆弧图形。绘制圆弧可以通过起点、方向、中点、包角、终点和弦长等参数进行确定。

- 命令：输入 ARC(简化命令 A) 并确定。
- 工具：单击"绘图"工具栏中的"圆弧"按钮。
- 工具：单击"绘图"面板中的"圆弧"按钮，在其中可以选择绘制圆弧的方式，如图 5-20 所示。
- 菜单：选择"绘图→圆弧"命令，然后在弹出的子菜单中选择绘制圆弧的方式，如图 5-21 所示。

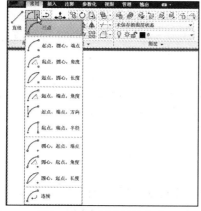

图 5-20　绘制圆弧的方式

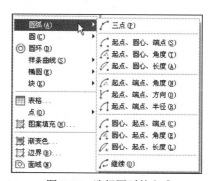

图 5-21　选择圆弧的方式

执行 ARC(圆弧)命令后，系统将提示"指定圆弧的起点或[圆心(C)]:"，指定起点或圆心后，接着系统将提示"指定圆弧的第二点或[圆心(C)/端点(E)]:"，其中各项的含义如下所示。

● 圆心(C)：用于确定圆弧的中心点。

● 端点(E)：用于确定圆弧的终点。

● 弦长(L)：用于确定圆弧的弦长。

● 方向(D)：用于定义圆弧起始点处的切线方向。

5.3.1 通过三点绘制圆弧

执行 ARC(圆弧)命令后，系统将提示"指定圆弧的起点或 [圆心(C)]:"，指定起点或圆心后，接着系统将提示"指定圆弧的第二点或[圆心(C)/端点(E)]:"。用户可以根据系统提示，采用指定起点或指定圆心的方式创建一条圆弧线。

【练习5-6】通过三点绘制圆弧。

01 使用"直线"命令绘制一个三角形。

02 执行 ARC(A)命令，在三角形左下角的端点处单击指定圆弧的起点，如图 5-22 所示。

03 在三角形上方的端点处指定圆弧的第二个点，如图 5-23 所示。

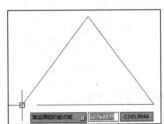

图 5-22 指定圆弧的起点

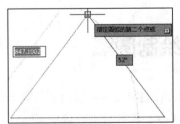

图 5-23 指定圆弧的第二个点

04 在三角形右下方的端点处指定圆弧的端点，如图 5-24 所示，即可创建一个圆弧，效果如图 5-25 所示。

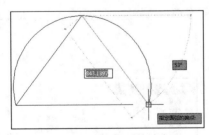

图 5-24 指定圆弧的端点

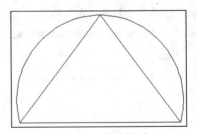

图 5-25 创建圆弧

5.3.2 通过圆心绘制圆弧

执行 ARC(圆弧)命令时，系统将提示"指定圆弧的起点或[圆心(C)]:"，输入参数 C(圆心)并按空格键确定，然后根据提示先确定圆弧的圆心，再确定圆弧的端点，从而以指定圆心的方式绘制圆弧线。

【练习 5-7】绘制指定圆心的圆弧。

01 执行"直线"命令绘制两条相互垂直的线段。

02 执行 ARC(A)命令，根据系统提示"指定圆弧的起点或[圆心(C)]:"，然后输入 C 并确定，选择"圆心"选项。

03 在线段的交点处指定圆弧的圆心，如图 5-26 所示。

04 在垂直线段的上端点处指定圆弧的起点，如图 5-27 所示。

图 5-26　指定圆弧的圆心　　　　　图 5-27　指定圆弧的起点

05 在水平线段的左端点处指定圆弧的端点，如图 5-28 所示，即可创建一个圆弧，如图 5-29 所示。

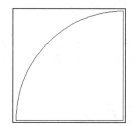

图 5-28　指定圆弧的端点　　　　　图 5-29　创建圆弧

5.3.3　绘制指定角度的圆弧

执行 ARC(圆弧)命令时，输入 C 并按空格键，系统提示"指定圆弧的圆心:"时，在绘图区指定圆心的位置，完成后，系统将提示"指定圆弧的端点或[角度(A)/弦长(L)]:"，用户可以通过输入圆弧的角度或弦长来绘制圆弧线。

【练习 5-8】绘制弧度为 140 的圆弧。

01 执行"直线"命令绘制一条线段。

02 执行 ARC(A)命令，输入 c 并确定，选择"圆心"选项，如图 5-30 所示。

03 在线段的中点处指定圆弧的圆心，如图 5-31 所示。

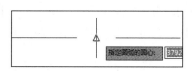

图 5-30　输入 c 并确定　　　　　图 5-31　指定圆弧的圆心

04 在线段的右端点处指定圆弧的起点，如图 5-32 所示。

05 根据系统提示"指定圆弧的端点或 [角度(A)/弦长(L)]："，输入 A 并确定，选择"角度"选项，如图 5-33 所示。

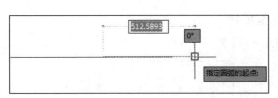

图 5-32　指定圆弧的起点

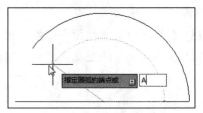

图 5-33　输入 A 并确定

06 输入圆弧所包含的角度为 140，如图 5-34 所示，按空格键即可创建一个包含角度为 140 的圆弧，效果如图 5-35 所示。

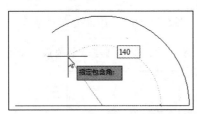

图 5-34　输入圆弧包含的角度

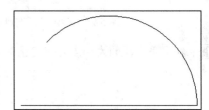

图 5-35　创建指定角度的圆弧

5.4　绘制多段线

使用 PLINE(多段线)命令，可以创建相互连接的序列线段，创建的对象可以是直线段、弧线段或两者组合的线段。多段线是由直线和弧线组合成的线条，由多段线所创建的图形对象是一个整体，而不是由多个线段简单地组合在一起。

- 命令：输入 PLINE(简化命令 PL)并确定。
- 工具：单击"绘图"工具栏或"绘图"面板中的"多段线"按钮。
- 菜单：选择"绘图→多段线"命令。

执行 PLINE 命令后，系统将提示"指定下一点或[圆弧(A)/闭合(C)/半宽(H)/长度(L)/放弃(U)/宽度(W)]："，其中各选项的含义如下所示。

- 圆弧(A)：输入 A，以绘圆弧的方式绘制多段线。选择该选项后，系统将提示："指定圆弧的端点或[角度(A)/圆心(CE)/闭合(CL)/方向(D)/半宽(H)/直线(L)/半径(R)/第二点(S)/放弃(U)/宽度(W)]："，在该提示下，用户可以根据需要选择创建圆弧的方式。
- 闭合(C)：选择该选项后，AutoCAD 自动将多段线闭合，并结束多段线(PLINE)命令。
- 半宽(H)：用于指定多段线的半宽值，AutoCAD 将提示输入多段线段的起点半宽值与终点半宽值。
- 长度(L)：指定下一段多段线的长度。

- 放弃(U)：输入该命令将取消刚绘制的一段多段线。
- 宽度(W)：输入该命令将设置多段线的宽度值。

【练习 5-9】绘制直线与曲线结合的多段线。

01 执行 PL(多段线)命令，单击指定多段线的起点，然后向上移动光标指定多段线的下一个点，如图 5-36 所示。

02 当系统提示"指定下一个点或[圆弧(A)/半宽(H)/长度(L)/放弃(U)/宽度(W)]:"时，输入 a 并按空格键确定，选择"圆弧(A)"选项，如图 5-37 所示。

03 向右移动光标指定圆弧的端点，如图 5-38 所示。

 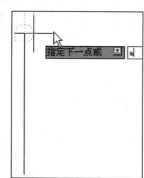 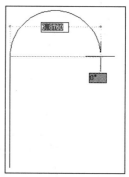

图 5-36　指定下一点　　　　图 5-37　输入 a　　　　图 5-38　指定圆弧端点

04 当系统将提示"[角度(A)/圆心(CE)/闭合(CL)/方向(D)/半宽(H)/直线(L)/半径(R)/第二个点(S)/放弃(U)/宽度(W)]:"时，输入 l 并按空格或 Enter 键确定，选择"直线(L)"选项，如图 5-39 所示。

05 向下移动光标继续指定多段线的下一个点，如图 5-40 所示，然后按空格键即可结束多段线的绘制，完成效果如图 5-41 所示。

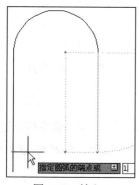 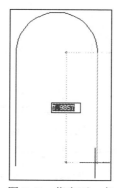 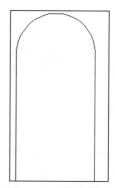

图 5-39　输入 l　　　　图 5-40　指定下一点　　　　图 5-41　多段线图形

【练习 5-10】绘制带箭头的多段线。

01 执行 PLINE(PL)命令，单击指定多段线的起点，然后依次向右和向右指定多段线的下一个点，如图 5-42 所示。

02 根据系统提示"指定下一点或[圆弧(A)/闭合(C)/半宽(H)/长度(L)/放弃(U)/宽度(W)]:"，输入 w 并按空格键，选择"宽度(W)"选项，如图 5-43 所示。

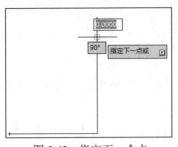

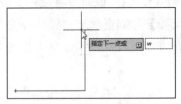

| 图 5-42 指定下一个点 | 图 5-43 输入 w 并确定 |

03 根据系统提示"指定起点宽度 <0.0000>:"时，输入起点宽度为 0.5 并确定，如图 5-44 所示。

04 根据系统提示"指定端点宽度 <0.5000>:"时，输入端点宽度为 0 并确定，如图 5-45 所示。

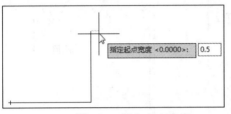

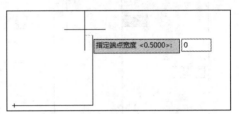

| 图 5-44 输入起点宽度 | 图 5-45 输入端点宽度 |

05 根据系统提示指定多段线的下一个点，如图 5-46 所示，然后按空格键进行确定，即可绘制带箭头的多段线，效果如图 5-47 所示。

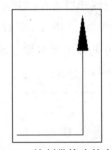

| 图 5-46 指定下一个点 | 图 5-47 绘制带箭头的多段线 |

提示

执行 PLINE(PL)命令，默认状态绘制的线条为直线，输入参数 A(圆弧)并确定，可以创建圆弧线条，如果要重新切换到直线的绘制中，则需要输入参数 L(直线)并确定。在绘制多段线时，AutoCAD 将按照上一线段的方向绘制新的一段多段线。若上一段是圆弧，将绘制出与此圆弧相切的线段。

5.5 绘制多线

多线是多条相互平行的线，而且每条线的颜色和线型可以相同也可以不同；其线宽、偏移、比例、样式和端头交接方式，都可以用 MLINE 和 MLSTYLE 命令控制。

5.5.1　设置多线样式

执行"多线样式"命令，可以在打开的"多线样式"对话框中控制多线的线型、颜色、线宽、偏移等特性。

【练习 5-11】新建多线样式，并设置多线为不同的颜色。

01 选择"格式→多线样式"菜单命令，或输入 MLSTYLE 命令并确定。

02 在打开的"多线样式"对话框的"样式"区域中列出了目前存在的样式，在预览区域中显示所选样式的多线效果，单击"新建"按钮，如图 5-48 所示。

03 在打开的"创建新的多线样式"对话框中输入新的样式名称，如图 5-49 所示。

图 5-48　单击"新建"按钮

图 5-49　输入新样式名

04 单击"继续"按钮，打开"新建多线样式：机械"对话框，在"图元"选栏项中选择多线中的一个对象，然后单击"颜色"下拉按钮，在下拉列表中选择该对象的颜色为红色，如图 5-50 所示。

05 在"图元"选栏项中选择多线中的另一个对象，然后在"颜色"下拉列表中选择该对象的颜色为蓝色，然后进行确定，如图 5-51 所示。

图 5-50　创建新的多线样式

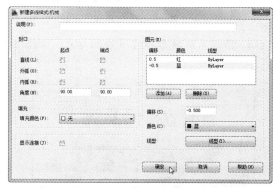

图 5-51　设置多线一条线的颜色

5.5.2　绘制多线

使用 MLINE(多线)命令可以绘制由直线段组成的平行多线；并可以是水平多线或转角多线；还

可以用 EXPLODE 命令将多线分解成单个独立的线段。MLINE 命令不能绘制弧形的平行线。

命令：输入 MLINE(简化命令 ML)并确定。

菜单：选择"绘图→多线"命令。

【练习 5-12】绘制宽度为 240 的多线。

01 执行 MLINE 命令并确定，系统提示"指定起点或 [对正(J)/比例(S)/样式(ST)]:"时，输入 s 并确定，选择"比例(S)"选项，如图 5-52 所示。

02 输入多线的比例值为 240 并按空格键，如图 5-53 所示。

图 5-52　输入 s 并确定

图 5-53　输入多线的比例

03 输入 j 并确定，选择"对正(J)"选项，如图 5-54 所示，在弹出的菜单中选择"无(Z)"选项，如图 5-55 所示。

图 5-54　输入 j 并确定

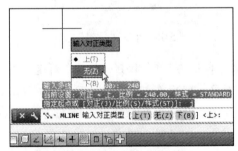

图 5-55　选择"无(Z)"选项

04 根据系统提示指定多线的起点，如图 5-56 所示，然后指定多线的下一点，并输入多线的长度，如图 5-57 所示。

图 5-56　指定多线的起点

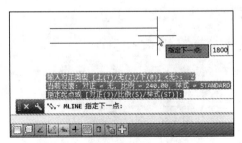

图 5-57　指定多线下一个点 1

05 继续指定多线的下一个点，如图 5-58 所示。按空格键进行确定，完成多线的创建，效果如图 5-59 所示。

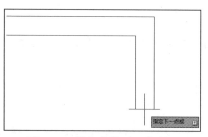
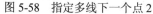
图 5-58   指定多线下一个点 2

图 5-59   创建的多线

执行 MLINE(ML)命令后，系统将提示"指定起点或 [对正(J)/比例(S)/样式(ST)]:"，其中各项的含义如下所示。

- 对正(J)：用于控制多线相对于输入端点的偏移位置。
- 比例(S)：该选项控制多线比例。用不同的比例绘制，多线的宽度不一样。提示：负比例将偏移顺序反转。
- 样式(ST)：该选项用于定义平行多线的线型。在"输入多线样式名或[?]"提示后输入已定义的线型名。输入？，则可列表显示当前图中已有的平行多线样式。

在绘制多线的过程中，选择"对正(J)"选项后，系统将继续提示"输入对正类型[上(T)/无(Z)/下(B)]< >:"，其中各选项含义如下所示。

- 上(T)：多线顶端的线将随着光标进行移动。
- 无(Z)：多线的中心线将随着光标点移动。
- 下(B)：多线底端的线将随着光标点移动。

5.6   绘制样条曲线

在建筑制图中常用样条曲线绘制纹理图案，如窗户木纹、地面纹路等曲线图元对象，样条曲线还可以供其他三维命令作为旋转或延伸的对象。使用 SPLINE(样条曲线)命令可以绘制各类光滑的曲线图元，这种曲线是由起点、终点、控制点和偏差来控制的。

- 命令：输入 SPLINE(简化命令 SPL)并确定。
- 工具：单击"绘图"工具栏或"绘图"面板中的"样条曲线"按钮～。
- 菜单：选择"绘图→样条曲线"命令。

输入并执行 SPL(样条曲线)命令后，命令提示行提示及操作如下所示：

```
命令：SPL↙              //执行简化命令
SPLINE
指定第一个点或 [对象(O)]:    //选择"对象(O)"选项，可以将一条由多段线拟合生成样条曲线
指定下一点或 [闭合(C)/拟合公差(F)] <起点切向>:  // "闭合(C)"选项用于生成一条闭合的样条曲线；"拟
合公差(F)"用于输入曲线的偏差值。值越大，曲线离指定的点越远；值越小，曲线离指定的点越近
指定起点切向:        //指定样条曲线起点处的切线方向
指定端点切向:        //指定样条曲线端点处的切线方向
```

【练习5-13】绘制流线型曲线。

01 输入并执行SPL(样条曲线)命令，在绘图区指定样条曲线的第一个点，然后移动光标指定样条曲线的下一个点，如图5-60所示。

02 当系统提示"指定下一点或[闭合(C)/拟合公差(F)]<起点切向>:"时，移动光标指定另一个点，如图5-61所示。

03 继续指定样条曲线的其他点，如图5-62所示，然后按空格键进行确定，结束样条曲线的绘制，最终效果如图5-63所示。

 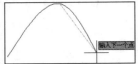 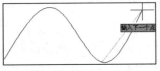 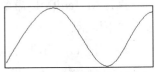

图5-60 指定下一个点　图5-61 指定另一个点　　图5-62 指定其他点　　图5-63 流线型曲线效果图

5.7 绘制填充型对象

在AutoCAD 2014中，绘制填充型的命令是指与FILL直接相关的绘图命令，如绘制圆环命令，使用FILL的开/关状态可以直接影响填充型图形的显示。

5.7.1 绘制圆环

使用DONUT(圆环)命令可以绘制一定宽度的空心圆环或实心圆，执行"绘图→圆环"命令，或者输入并执行DONUT(简化命令DO)命令，在命令行提示如下所示：

```
命令: DONUT           //执行命令
指定圆环的内径 <>:  指定第二点:
指定圆环的外径 <>:  指定第二点:
指定圆环的中心点或 <退出>:
```

● 指定圆环的内径：可以输入一个数值或两点间的距离来确定圆环的内径大小。当预设值为0且FILL处于"开"状态时，将绘制实心圆。

● 指定圆环的外径：可以输入一个数值或两点确定圆环的外径，外径必须大于内径。

执行DONUT命令在绘制完一个圆环后，"指定圆环的中心点"提示会不断出现，从而可以继续绘制多个相同圆环，直到按Enter键结束为止。使用DONUT命令绘制的圆环在FILL处于"开"状态时填充，否则，只有两个同心圆以及同心圆间的放射线。

【练习5-14】绘制圆环图形。

01 输入并执行DONUT命令，当系统提示"指定圆环的内径<1.0000>:"时，设置圆环的内径值，如图5-64所示。

02 系统提示"指定圆环的外径<10.0000>:"时，设置圆环的外径值，如图5-65所示。

图 5-64　设置圆环的内径值

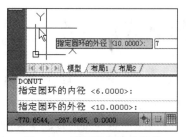
图 5-65　设置圆环的外径值

03 当系统提示"指定圆环的中心点或<退出>:"时，在绘图区指定绘制圆环的中心点，如图 5-66 所示，然后按空格键确定，绘制的圆环效果如图 5-67 所示。

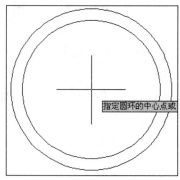
图 5-66　指定圆环的中心点

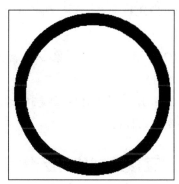
图 5-67　绘制的圆环效果

提示

使用 DONUT 命令绘制的圆环实际上是多段线，因此可以用 PEDIT 命令的"宽度(W)"选项修改圆环的宽度。另外，使用 DONUT 命令生成的图形可以被修剪。

5.7.2　填充控制

使用 FILL(填充)命令可以控制多段线、多线、实体填充线和轨迹线的显示，可以控制的命令包括 SOLID、DONUT、RECTANGLE、POLYGON、PLINE 和 MLINE 等。

输入并执行 FILL(填充)命令后，系统将提示"输入模式[开(ON)/关(OFF)] <当前>:"，其中各选项的含义如下所示。

- 开(ON)：选择该选项，将打开填充模式，宽多段线、多线、实体填充和轨迹线以及有宽度的多边形以实体填充模式显示。
- 关(OFF)：选择该选项，将关闭填充模式，宽多段线、多线、实体填充和轨迹线以及有宽度的多边形以外轮廓显示。

在图形文件中，消隐后的填充对象不被显示，刷新前存在的对象也不受其影响，进行开/关转换操作后，需要进行视图重显或视图重生后才可以显示转换结果。另外，在三维视图中，对象所在的平面必须平行于当前视图的方向，以便使填充线的对象可见。

5.8 绘制修订云线

执行"修订云线"命令，可以自动沿被跟踪的形状绘制一系列圆弧。修订云线用于在红线圈阅或检查图形时的标记。

执行"修订云线"命令通常有如下 3 种方法。

- 命令：输入 REVCLOUD 命令并确定。
- 菜单：选择"绘图→修订云线"命令。
- 工具：单击"绘图"工具栏中的"修订云线"按钮▨。

执行 REVCLOUD 命令，系统将提示"指定起点或[弧长(A)/对象(O)]< >:"。该提示中各选项的含义如下所示：

- 对象(O)：用于将闭合对象(圆、椭圆、闭合的多段线或样条曲线)转换为修订云线。甚至可以创建外观一致的修订云线。
- 弧长(A)：用于设置修订云线中圆弧的最大长度和最小长度。更改弧长时，可以创建具有手绘外观的修订云线。

5.8.1 直接绘制修订云线

执行 REVCLOUD 命令，系统将提示"指定起点或[弧长(A)/对象(O)]<对象>:"，输入 A 并确定，然后根据提示设置最小弧长和最大弧长，当系统提示"指定起点或[弧长(A)/对象(O)/样式(S)]<对象>:"时，单击并拖动鼠标即可绘制出修订云线图形，如图 5-68 所示。

执行 REVCLOUD 命令，在绘制修订云线的过程中按空格键，可以终止执行 REVCLOUD 命令，并生成开放的修订云线，如图 5-69 所示。

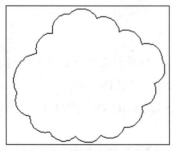

图 5-68　封闭的修订云线　　　　图 5-69　开放的修订云线

5.8.2 将对象转换为修订云线

执行 REVCLOUD 命令，也可以将多段线、样条曲线、矩形、圆等对象转换为修订云线。

【练习 5-15】将矩形转换为修订云线。

01 执行"矩形"命令绘制一个矩形。

02 执行 REVCLOUD 命令，根据系统提示"指定起点或[弧长(A)/对象(O)]<对象>:"，输入 O 并确定，选择"对象(O)"选项。

03 根据系统提示"选择对象:"，选择矩形对象，如图 5-70 所示，即可将选择的矩形转换为修订云线图形，效果如图 5-71 所示。

图 5-70　选择对象

图 5-71　将矩形转换为修订云线

高手指点:

执行 REVCLOUD 命令，通过选择"弧长(A)"选项，可以设置绘制修订云线中圆弧的最大长度和最小长度。

5.9　融会贯通

本小节综合应用所学的 AutoCAD 绘制常用图形的知识，练习多边形、椭圆、多线、多段线等命令的具体使用方法。

5.9.1　绘制六角螺母

本例将使用"圆"、"多边形"命令绘制六角螺母图形，完成后的效果如图 5-72 所示。

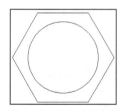

图 5-72　绘制六角螺母

实例文件	光盘\实例\第 5 章\六角螺母
视频教程	光盘\视频教程\第 5 章\绘制六角螺母

01 执行 C(圆)命令，然后在绘图区绘制一个半径为 25 的圆形，效果如图 5-73 所示。

02 执行 POL(正多边形)命令，系统提示"输入边的数目<当前>:"时，设置多边形的侧面数(即边数)为 6，如图 5-74 所示，然后按空格或 Enter 键进行确定。

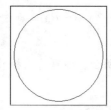

图 5-73　绘制圆形效果

图 5-74　执行正多边形命令

03 当系统提示"指定正多边形的中心点或[边(E)]:"时，在圆心位置指定正六边形的中心，如图 5-75 所示，然后在弹出的菜单中选择"外切于圆(C)"选项，如图 5-76 所示。

04 当系统提示"指定圆的半径:"时，输入外切圆半径值为 25，如图 5-77 所示，然后按空格键进行确定，创建一个外切正六边形，完成六角螺母的绘制。

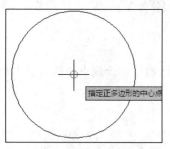

图 5-75　指定中心点

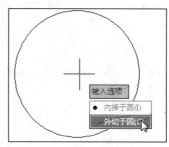

图 5-76　选择"外切于圆(C)"选项

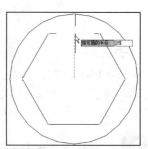

图 5-77　设置半径

5.9.2　绘制洗面盆

本例主要使用"圆"和"椭圆"命令绘制洗面盆图形，完成后的效果如图 5-78 所示。

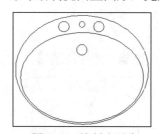

图 5-78　绘制洗面盆

实例文件	光盘\实例\第 5 章\洗面盆
视频教程	光盘\视频教程\第 5 章\绘制洗面盆

01 执行 L(直线)命令，绘制一条长为 520 的水平线段和一条长为 420 的垂直线段，效果如图 5-79 所示。

02 执行 O(偏移)命令，设置偏移的距离为 30，将水平线段向下偏移，偏移效果如图 5-80 所示。

03 继续执行 O(偏移)命令，将上方水平线段向上偏移 140，效果如图 5-81 所示，将垂直线段分别向左右偏移 240，效果如图 5-82 所示。

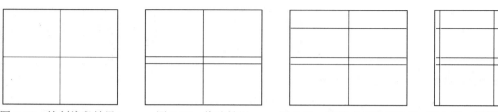

图 5-79 绘制线段效果　　　图 5-80 偏移效果　　　图 5-81 偏移水平线段效果　图 5-82 偏移垂直线段效果

04 执行 EL(椭圆)命令，当系统提示"指定椭圆的轴端点或[圆弧(A)/中心点(C)]:"时，输入 C 并确定，选择"中心点(C)"选项，如图 5-83 所示。

05 当系统提示"指定椭圆的中心点:"时，在如图 5-84 所示的中点位置指定椭圆的中心点，然后按空格或 Enter 键进行确定；当系统提示"指定轴的端点:"时，在如图 5-85 所示的位置指定椭圆轴的端点。

图 5-83 选择"中心点(C)"选项　　　图 5-84 指定椭圆的中心点　　　图 5-85 指定轴的端点

06 当系统提示"指定另一条半轴长度或[旋转(R)]:"时，参照如图 5-86 所示指定另一条半轴，绘制的椭圆效果如图 5-87 所示。

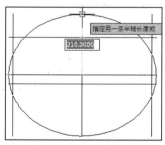

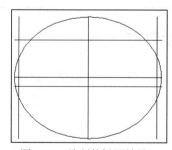

图 5-86 指定另一条半轴长度　　　图 5-87 绘制的椭圆效果

07 继续执行 EL(椭圆)命令，当系统提示"指定椭圆的轴端点或[圆弧(A)/中心点(C)]:"时，指定椭圆的轴端点，如图 5-88 所示。

08 当系统提示"指定轴的另一个端点:"时，参照如图 5-89 所示的位置指定轴的另一个端点。

09 当系统提示"指定另一条半轴长度或[旋转(R)]:"时，指定另一条半轴长度，如图 5-90 所示，绘制的椭圆效果如图 5-91 所示。

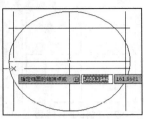
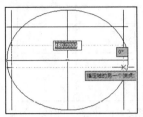
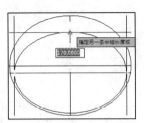
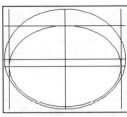

图 5-88　指定轴端点　　图 5-89　指定另一个端点　　图 5-90　指定另一条半轴长度　　图 5-91　绘制的椭圆效果

10 执行 C(圆)命令，在如图 5-92 所示的位置指定圆的圆心，然后绘制一个半径为 11 的圆形，效果如图 5-93 所示。

11 执行 C(圆)命令绘制 3 个半径为 25 的圆形，效果如图 5-94 所示。

12 执行 E(删除)命令，将辅助线删除，完成洗面盆的绘制，最终效果如图 5-95 所示。

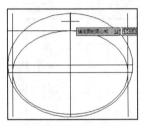
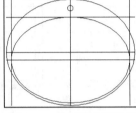
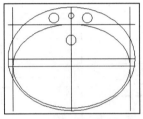
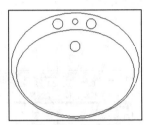

图 5-92　指定圆的圆心　　图 5-93　绘制的圆形效果　　图 5-94　绘制 3 个半径为 25　　图 5-95　洗面盆效果
　　　　　　　　　　　　　　　　　　　　　　　　　　　　的圆形效果

提示

"偏移"和"删除"命令的具体使用方法将在第 6 章进行详细讲解。

5.9.3　绘制欧式窗户

本例主要使用"矩形"和"圆弧"命令绘制欧式窗户图形，完成后的效果如图 5-96 所示。

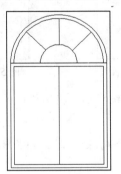

图 5-96　绘制欧式窗户

实例文件	光盘\实例\第 5 章\欧式窗户
视频教程	光盘\视频教程\第 5 章\绘制欧式窗户

01 执行 REC(矩形)命令，绘制一个长度为 1100、宽度为 1200 的矩形，效果如图 5-97 所示。

02 执行 O(偏移)命令，设置偏移距离为 40，将矩形向内偏移，效果如图 5-98 所示。

03 执行 L(直线)命令，以矩形上下边的中点为端点绘制一条直线，效果如图 5-99 所示。

04 执行 ARC(圆弧)命令，当系统提示"指定圆弧的起点或[圆心(C)]:"时，在绘图区指定圆弧的起点，如图 5-100 所示。

  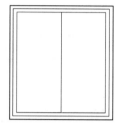 

图 5-97　绘制的矩形效果　　图 5-98　偏移矩形效果　　图 5-99　绘制的线段效果　　图 5-100　指定圆弧起点

05 当系统提示"指定圆弧的第二个点或[圆心(C)/端点(E)]:"时，将光标移至矩形的中点，如图 5-101 所示，然后再向上移动光标指定圆弧的第二个点，如图 5-102 所示。

06 当系统提示"指定圆弧的端点:"时，在矩形的右上角指定圆弧的端点，如图 5-103 所示，即可绘制一个圆弧图形，效果如图 5-104 所示。

07 执行 O(偏移)命令，将圆弧向内分别偏移 40 和 300，效果如图 5-105 所示。

08 执行 L(直线)命令，绘制 3 条线段作为边框线条，完成实例的绘制，最终效果如图 5-106 所示。

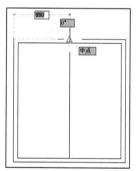 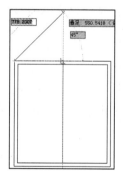 

图 5-101　移动光标至矩形中点　　图 5-102　指定第二个点　　图 5-103　指定圆弧的端点

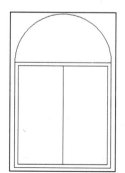 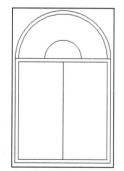 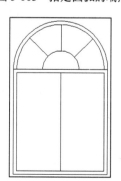

图 5-104　绘制的圆弧效果　　图 5-105　偏移的圆弧效果　　图 5-106　欧式窗户效果

5.10 上机实战

学习完本章内容后，读者需要掌握 AutoCAD 2014 绘制各种图形的方法。下面通过实例操作来巩固本章所介绍的知识，并对知识进行延伸扩展。

实战 1：绘制圆桌椅

实例文件	光盘\实例\第 5 章\圆桌椅
① 执行 C(圆)命令，绘制一个半径为 500 的圆形作为圆桌图形。 ② 执行 REC(矩形)命令，设置圆角半径为 40，然后绘制一个长宽为 380 的矩形作为椅子图形。 ③ 结合执行REC(矩形)和A(圆弧)命令绘制椅子的靠背图形。 ④ 使用同样的方法，继续绘制其他椅子图形，最终完成效果如图 5-107 所示。	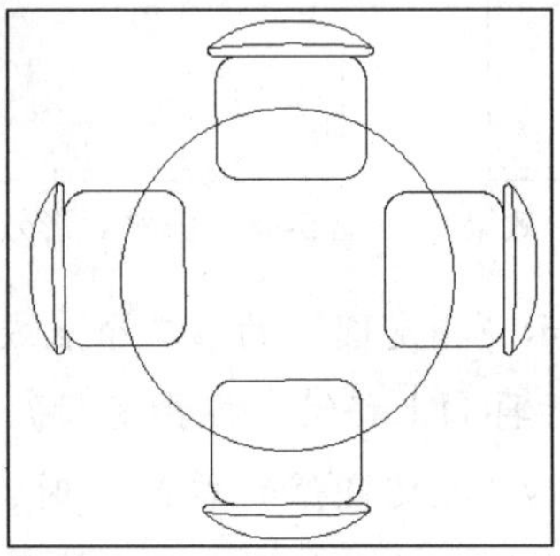 图 5-107　圆桌椅

实战 2：绘制花盆

实例文件	光盘\实例\第 5 章\花盆
① 执行 PL(多段线)命令，绘制花盆的轮廓，效果如图 5-108 所示。 ② 执行 REC(矩形)命令，绘制一个圆角矩形，效果如图 5-109 所示。 ③ 继续绘制其他圆角矩形。 ④ 执行 PL(多段线)命令绘制花盆底部的花纹，最终效果如图 5-110 所示。	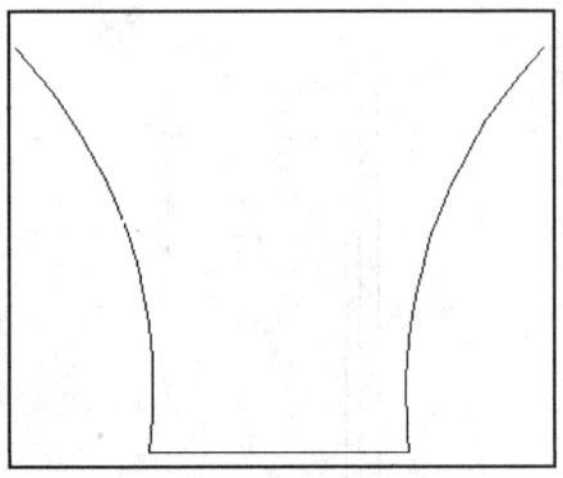 图 5-108　绘制轮廓效果 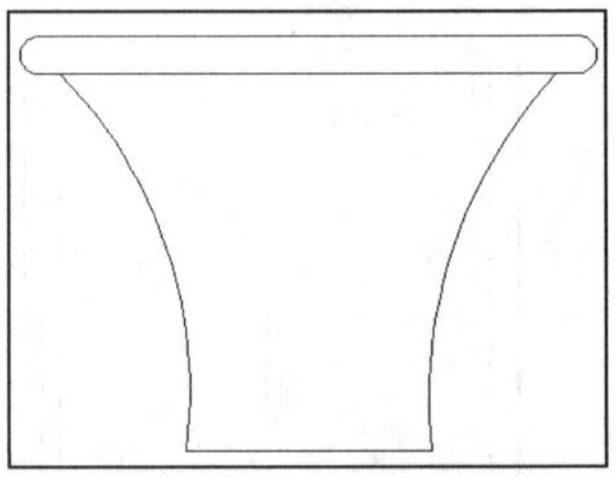　　图 5-109　绘制圆角矩形 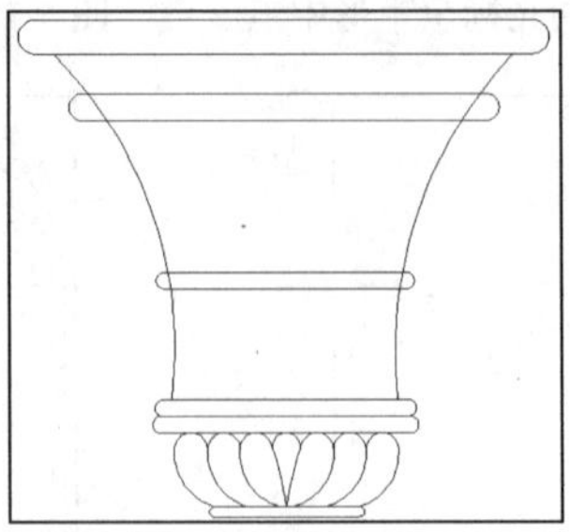 图 5-110　花盆

第6章 常用编辑命令

本章导读：

在绘图操作中，经常需要对图形的位置和角度进行调整，以便将其放置在正确的位置。另外，在绘制大量相同或相似的对象时，可以采用相应的复制功能来创建需要的对象，以便提高绘图速度。

本章知识要点：

- 选择对象
- 调整图形
- 复制图形
- 阵列图形
- 偏移图形
- 镜像图形

精通 AutoCAD 2014 中文版

6.1 选择对象

对图形进行编辑操作，首先需要对所要编辑的图形进行选择。AutoCAD 提供的选择方式包括使用鼠标选择、窗口选择、交叉选择、快速选择和栏选对象等多种方式。

6.1.1 鼠标选择

对图形进行编辑前，使用鼠标单击选择对象，如图 6-1 所示，即可将其选中。使用鼠标单击对象的选择方法，一次只能选择一个实体，被选中的目标将以带有夹点的虚线形式显示，如图 6-2 所示。

在编辑过程中，当选择要编辑的对象时，十字光标将变成一个小正方形框，这个小正方形框叫做拾取框，如图 6-3 所示。将拾取框移至要编辑的目标上并单击，即可选中目标。被选中的目标将以虚线形式显示，如图 6-4 所示。

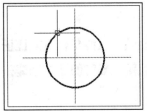 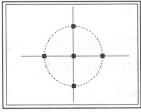 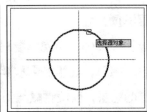 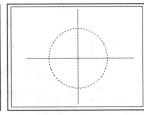

图 6-1　单击选择对象　　图 6-2　已选中的圆形效果　　图 6-3　小正方形状的拾取框　　图 6-4　已选中的圆形效果

提示

通过单击对象来选择实体的方式具有准确、快速的特点。但是这种选择方式一次只能选择图中的某一个实体。如果要选择多个实体，则必须依次单击各个对象进行逐个选取。

6.1.2 窗口选择

窗口选择对象的方法，是自左向右拖动光标拉出一个矩形，将被选择的对象全部都框在矩形内，即可选中对象。在使用窗口选择方式选择目标时，拉出的矩形方框为实线，如图 6-5 所示。在使用窗口选择对象时，只有被完全框取的对象才能被选中；如果只框取对象的一部分，则无法将其选中。如图 6-6 所示为已选择对象的效果。

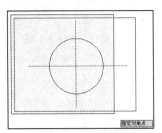 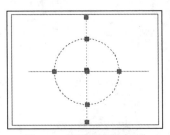

图 6-5　窗口选择对象　　　　　　　图 6-6　已选择对象效果

6.1.3　交叉选择

交叉选择的操作方法与窗选的操作方法相反，即在绘图区内自右到左拖动光标拉出一个矩形。在使用交叉选择方式选择目标时，拉出的矩形方框呈虚线显示，如图 6-7 所示。通过交叉选择方式，可以将矩形框内的图形对象以及与矩形边线相触的图形对象全部选中。已选择对象的效果如图 6-8 所示。

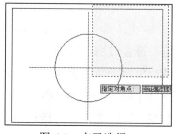

图 6-7　交叉选择

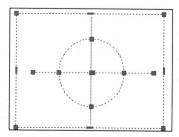

图 6-8　已选择对象的效果

6.1.4　快速选择

AutoCAD 2014 还提供了快速选择功能，运用该功能可以一次性选择绘图区中具有某一属性的所有图形对象。快速选择的方法有以下 3 种。

- 命令：输入 QSELECT。
- 菜单：选择"工具→快速选择"命令。
- 右击，在弹出的快捷菜单中选择"快速选择"选项，如图 6-9 所示。

执行"快速选择"命令后，将打开如图 6-10 所示的"快速选择"对话框，可以从中根据所要选择目标的属性，一次性选择绘图区具有该属性的所有实体。

要使用快速选择功能对图形进行选择，可以在"快速选择"对话框的"应用到"下拉列表中选择要应用到的图形，或单击该下拉列表框右侧的 ▣ 按钮，返回绘图区中选择需要的图形，然后右击返回到"快速选择"对话框中，在"特性"列表框内选择图形特性，在"值"下拉列表框选择指定的特性，然后单击"确定"按钮即可。

图 6-9　选择"快速选择"选项

图 6-10　"快速选择"对话框

"快速选择"对话框中各选项的含义如下所示。

- 应用到：确定是否在整个绘图区应用选择过滤器。
- 对象类型：确定用于过滤的实体的类型(如直线、矩形、多段线等)。
- 特性：确定用于过滤的实体的属性。此列表框中将列出"对象类型"列表中实体的所有属性(如颜色、线性、线宽、图层、打印样式等)。
- 运算符：控制过滤器值的范围。根据选择到的属性，其过滤值的范围分为"等于"和"不等于"两种类型。
- 值：确定过滤的属性值，可在列表中选择一项或输入新值，根据不同属性显示不同的内容。
- 如何应用：确定选择的是符合过滤条件的实体还是不符合过滤条件的实体。
- 包括在新选择集中：选择绘图区中(关闭、锁定、冻结层上的实体除外)所有符合过滤条件的实体。
- 排除在新选择集之外：选择所有不符合过滤条件的实体(关闭、锁定和冻结层上的实体除外)。
- 附加到当前选择集：确定当前的选择设置是否保存在"快速选择"对话框中。

6.1.5 栏选对象

栏选对象的操作是指在编辑图形的过程中，当系统提示"选择对象"时，输入 f 并按 Enter 键确定，如图 6-11 所示，然后单击即可绘制任意折线，效果如图 6-12 所示，与这些折线相交的对象都被选中。栏选对象在 TR(修剪)命令和 EX(延伸)命令的操作中使用非常方便。

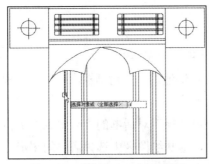

图 6-11　系统提示"选择对象"

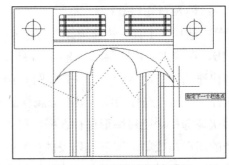

图 6-12　绘制任意折线效果

6.1.6 其他选择方式

除了前面的选择方式外，还有许多目标选择方式，下面介绍几种常用的目标选择方式。

- Multiple：用于连续选择图形对象。该命令的操作是在编辑图形的过程中，输入 M 后按空格键，再连续单击所要的实体。该方式在未按空格键前，选定目标不会变为虚线；按空格键后，选定目标将变为虚线，并提示选择和找到的目标数。
- Box：指框选图形对象方式，等效于 Windows(窗口)或 Crossing(交叉)方式。
- Auto：用于自动选择图形对象。这种方式是指在图形对象上直接单击选择，若在操作中没有选中图形，命令行中会提示指定另一个确定的角点。

- Last：用于选择前一个图形对象(单一选择目标)。
- Add：用于在执行 REMOVE 命令后，返回到实体选择添加状态。
- All：可以直接选择绘图区中除冻结层以外的所有目标。

6.2　调整图形

在使用 AutoCAD 绘制图形的过程中，通常需要调整对象的位置和角度，以便将其放置到正确的位置。当所绘制图形的位置或方向不正确时，可以通过移动和旋转对象来调整。

6.2.1　移动图形

移动操作是指在指定方向上按指定距离移动对象。使用 MOVE(移动)命令可以移动对象且不改变其方向和大小。移动图形的方式有以下 3 种。

- 命令：输入 MOVE(简化命令 M)并确定。
- 菜单：选择"修改→移动"命令。
- 工具：单击"修改"面板中的"移动"按钮 ✛。

执行 MOVE(移动)命令后，即可选择要移动的图形，然后将其按指定的位置和方向移动，命令行提示及操作如下所示：

```
命令:M↙            //执行移动的简化命令
MOVE               //启动移动命令
选择对象:          //使用鼠标在绘图区内选择需要移动的图形对象
指定基点或位移:    //使用鼠标在绘图区内指定移动基点
  指定位移的第二点或 <用第一点作位移>:    //使用鼠标指定对象移动的目标位置或使用键盘输入对象位移位置。完成移动要求后，按空格键或 Esc 键结束移动操作
```

高手指点：

在移动图形的操作中，可以结合坐标和对象捕捉功能，从而将图形快速、准确地移动到指定的位置。

【练习 6-1】移动沙发图形中的台灯和电话对象。

素材文件	光盘\素材\第 6 章\沙发

01 根据素材路径打开"沙发.dwg"素材文件，执行 M(移动)命令，选择图形文件中的台灯图形，如图 6-13 所示，然后按空格键进行确定。

02 系统提示"指定基点或[位移(D)] <位移>:"时，在任意位置单击指定基点位置，如图 6-14 所示。

03 系统提示"指定第二个点或<使用第一个点作为位移>:"时，向右移动光标并输入要移动对象的距离(如 220)，如图 6-15 所示。按空格键进行确定，移动后的效果如图 6-16 所示。

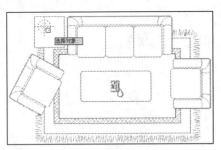

图 6-13　选择台灯图形

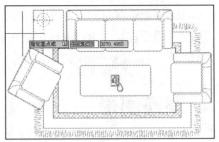

图 6-14　指定移动的基点

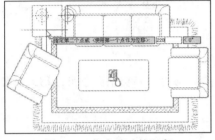

图 6-15　指定移动的距离

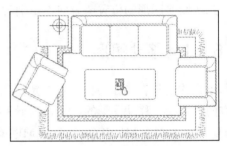

图 6-16　移动后的效果

04 重复执行"移动"命令，选择图形文件中的电话图形，如图 6-17 所示，再按 Enter 键确定。

05 系统提示"指定基点或[位移(D)]<位移>:"时，在电话中心位置单击指定基点位置，如图 6-18 所示。

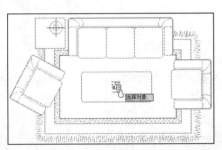

图 6-17　选择电话图形

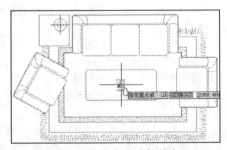

图 6-18　指定移动的基点

06 系统提示"指定第二个点或<使用第一个点作为位移>:"时，移动光标到如图 6-19 所示的位置，然后单击，完成电话的移动操作，效果如图 6-20 所示。

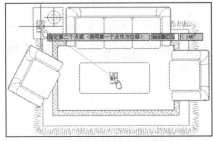

图 6-19　指定放置的位置

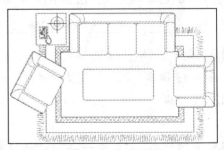

图 6-20　完成效果

6.2.2　旋转图形

旋转图形的操作是以某一点为旋转基点，将选定的图形对象旋转一定的角度。ROTATE(旋转)命令主要用于转换图形对象的方位。

- 命令：输入 ROTATE(简化命令 RO)并确定。
- 菜单：选择"修改→旋转"命令。
- 工具：单击"修改"面板中的"旋转"按钮◯。

执行"旋转"命令后，选择要旋转的图形，然后将其按指定的角度旋转即可，命令提示行及操作如下所示：

命令: ROTATE✓	//执行旋转命令
选择对象:	//使用鼠标在绘图区内选择需要旋转的图形对象
指定基点:	//需要用户在绘图区内指定一定点，进行旋转
指定旋转角度，或 [复制(C)/参照(R)]]:	//拖动鼠标光标旋转图形或输入旋转角度值，也可以选择其他选项

【练习 6-2】旋转餐桌图形中的椅子图形。

素材文件	光盘\素材\第 6 章\桌椅

01 根据素材路径打开"桌椅.dwg"素材文件，输入 RO(旋转)命令并按 Enter 键确定，选择左上方的椅子图形，如图 6-21 所示，然后在椅子的中心位置单击指定旋转基点，如图 6-22 所示。

02 系统提示"指定旋转角度，或[复制(C)/参照(R)] <0>:"时，输入旋转的角度为-45，如图 6-23 所示，然后按空格键进行确定，完成椅子的旋转。效果如图 6-24 所示。

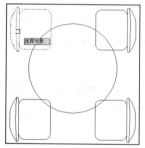 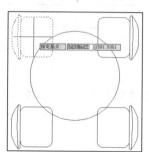 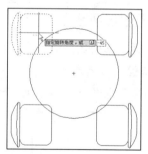 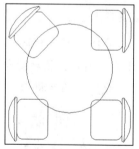

图 6-21　选择椅子图形　　图 6-22　指定旋转基点　　图 6-23　指定旋转角度　　图 6-24　椅子旋转的效果

03 重复执行"旋转"命令，选择图形中右上方的椅子，然后在椅子的中心处指定旋转的基点，设置旋转的角度为 45，旋转后的效果如图 6-25 所示。

04 使用"旋转"命令将左下方的椅子旋转 45°，将右下方的椅子旋转 -45°，最终完成效果如图 6-26 所示。

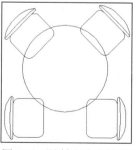 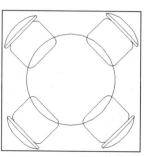

图 6-25　旋转右上方椅子　　　　图 6-26　最终旋转效果

高手指点:

在旋转图形时,如果需要将对象旋转 90° 或 90° 的倍数,可以在开启正交模式后,直接拖动光标旋转对象,即可完成对象旋转。

6.2.3 缩放图形

使用 SCALE(缩放)命令可以将对象按指定的比例因子改变实体尺寸大小,在改变对象的尺寸的同时不改变其状态。在缩放图形时,可以把整个对象或者对象的一部分沿 X、Y 和 Z 方向以相同的比例缩放,由于 3 个方向上的缩放率相同,从而保证对象的形状不变。

- 命令:输入 SCALE(简化命令 SC)并确定。
- 菜单:选择"修改→缩放"命令。
- 工具:单击"修改"面板中的"缩放"按钮 ▣。

执行 SCALE(缩放)命令后,选择要缩放的图形,然后将其按指定的大小缩放即可,其命令提示行及操作如下所示:

```
命令: SCALE↙              //执行缩放命令
选择缩放对象:    //选择进行缩放的对象
指定基点:        //指定缩放对象的目标点位置
指定比例因子或 [参照(R)]:    //指定缩放的比例,或按参照长度和指定的新长度比例缩放所选对象,如果
新长度大于参照长度,对象将放大
```

【练习 6-3】缩放沙发立面图中的台灯图形。

素材文件	光盘\素材\第 6 章\立面图

01 根据素材路径打开"立面图.dwg"素材文件,执行"SC(缩放)"命令,选择台灯图形,如图 6-27 所示,然后按空格键进行确定。

02 当系统提示"指定基点:"时,在台灯下方的中点处单击以指定缩放基点,如图 6-28 所示。

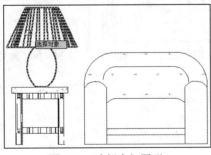
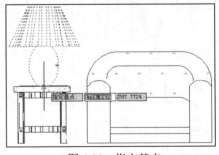

图 6-27 选择台灯图形   图 6-28   指定基点

03 当系统提示"指定比例因子或[复制(C)/参照(R)]<当前>:"时,设置缩放的比例因子为 0.6,如图 6-29 所示。

04 按空格键进行确定,完成对台灯图形的缩放操作,效果如图 6-30 所示。

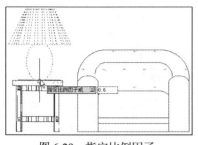

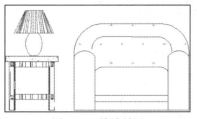

图 6-29　指定比例因子　　　　　　　　　　图 6-30　缩放效果

提示

　　SCALE(缩放)命令有别于 ZOOM(缩放)命令，前者用于改变实体的尺寸大小，后者用于缩放显示实体，但不改变实体的尺寸大小。

6.2.4　删除图形

使用 ERASE(删除)命令可以将选定的图形对象从绘图区中删除。另外，在绘图区选中对象后，按 Delete 键也可以将其删除。

- 命令：输入 ERASE(简化命令 E)并确定。
- 菜单：选择"修改→删除"命令。
- 工具：单击"修改"面板中的"删除"按钮 。

执行 ERASE(删除)命令后，选择要删除的对象，按空格键进行确定，即可将其删除。操作过程中要取消删除操作，按 Esc 键即可退出操作。

6.2.5　分解图形

使用 EXPLODE(分解)命令可以将多个组合实体分解为单独的图元对象。例如，使用"分解"命令可以将矩形、多边形等图形分解成多条线段，将图块分解为单个独立的对象等。分解图形的方式有以下 3 种。

- 命令：输入 EXPLODE(简化命令 X)并确定。
- 菜单：选择"修改→分解"命令。
- 工具：单击"修改"面板中的"分解"按钮 。

执行 EXPLODE 命令后，AutoCAD 提示选择操作对象，用鼠标选择方式中的任意一种方法选择操作对象，然后按空格键进行确定，即可将选择的对象分解。

提示

　　具有一定宽度的多段线被分解后，AutoCAD 将放弃多段线的宽度和切线信息，分解后的多段线的宽度、线型和颜色将变为当前层的属性。

6.3 复制图形

使用 COPY(复制)命令可以为对象在指定的位置创建一个或多个副本，该操作是以选定对象的某一基点将其复制到绘图区内的其他位置，如图 6-31 和图 6-32 所示为选定的复制对象和复制对象后的效果。

- 命令：输入 COPY(简化命令 CO 或 CP) 并确定。
- 菜单：选择"修改→复制"命令。
- 工具：单击"修改"面板中的"复制"按钮 。

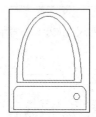
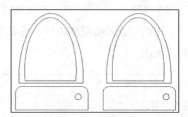

图 6-31　原图形　　　　　　　　　　图 6-32　复制对象

6.3.1　直接复制

在复制图形的过程中，可以直接使用鼠标将图形复制到指定位置，也可以在指定复制的方向后，输入复制对象的距离，精确指定复制对象的位置。

【练习6-4】使用"复制"命令按指定距离复制圆。

01 绘制一个长为 50、宽为 25 的矩形，然后以矩形左上线段中点为圆心绘制一个半径为 5 的圆，如图 6-33 所示。

02 执行 COPY 命令，选择圆形并确定，然后在圆心处指定复制的基点，如图 6-34 所示。

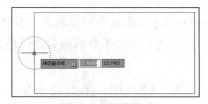

图 6-33　绘制图形　　　　　　　　　图 6-34　指定基点

03 开启"正交模式"功能，然后向右移动鼠标，并输入第二个点的距离为 50，如图 6-35 所示。按空格键进行确定，结束"复制"命令，效果如图 6-36 所示。

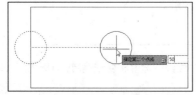

图 6-35　指定复制的间距　　　　　　图 6-36　复制圆后的效果

6.3.2　多次复制

在默认状态下，执行 COPY(复制)命令只能对图形进行一次直接复制，如果要对图形进行多次复制，则需要在选择复制对象后输入"M(多个)"参数并确定，然后可以对图形进行多次复制。

【练习 6-5】连续复制图形。

01 输入 COPY 命令并确定，选择如图 6-37 所示的圆形作为复制对象。

02 在系统提示下输入 m 参数并确定，如图 6-38 所示。

03 根据系统提示指定复制图形的基点，如图 6-39 所示。移动鼠标指定复制图形的第二个点，如图 6-40 所示。

04 继续指定复制图形的第二个点，如图 6-41 所示。结束复制对象时，按空格键进行确定，结束复制操作，效果如图 6-42 所示。

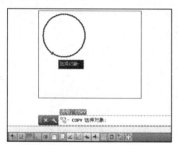

图 6-37　选择复制的对象

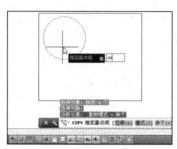

图 6-38　输入 m 参数

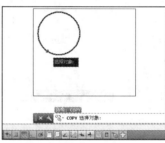

图 6-39　指定复制的基点

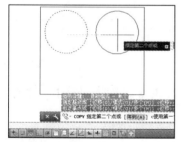

图 6-40　指定复制的第二点 1

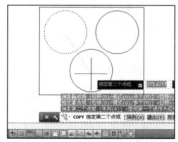

图 6-41　指定复制的第二点 2

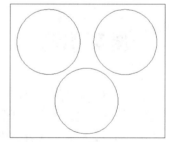

图 6-42　复制圆形后的效果

6.3.3　阵列复制

在 AutoCAD 2014 中，使用 COPY(复制)命令除了可以对图形进行常规的复制操作外，还可以在复制图形的过程中通过使用"阵列(A)"参数对图形进行阵列复制操作。

【练习 6-6】阵列复制图形。

01 执行 REC(矩形)命令绘制一个矩形作为阵列复制的操作对象，如图 6-43 所示。

02 执行 COPY(复制)命令，选择绘制的图形，然后指定复制的基点，如图 6-44 所示。

03 当系统提示"指定第二个点或[阵列(A)] <使用第一个点作为位移>:"时，输入 a 并确定，启用"阵列"功能，如图 6-45 所示。

04 当系统提示"输入要进行阵列的项目数:"时,输入阵列的项目数量(如 4)并确定,如图 6-46 所示。

05 当系统提示"指定第二个点或[布满(F)]:"时,指定复制的第二个点,如图 6-47 所示,阵列复制图形后的效果如图 6-48 所示。

图 6-43 绘制矩形

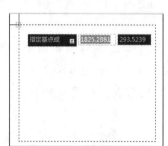

图 6-44 指定基点

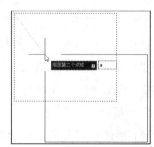

图 6-45 输入 a 并确定

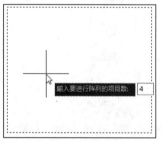

图 6-46 输入数量并确定

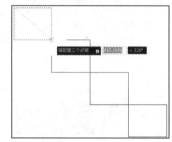

图 6-47 指定第二点

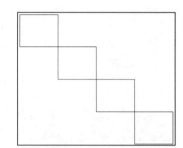

图 6-48 阵列复制图形

6.4 阵列图形

在 AutoCAD 2014 中,使用 ARRAY(阵列)命令可以对选定的图形对象进行阵列操作,对图形进行阵列操作的方式包括矩形方式和极轴(即环形)方式的排列复制。

- 命令:输入 ARRAY(简化命令 AR)并确定。
- 菜单:选择"修改→阵列"命令,在子菜单中选择需要的阵列方式。
- 工具:单击"修改"面板中的"阵列"按钮。

6.4.1 矩形阵列图形

矩形阵列图形是指将阵列的图形按矩形进行排列,可以根据需要设置阵列的行数和列数。

【练习 6-7】按矩形的方式阵列图形。

01 执行 REC(矩形)命令绘制一个边长为 100 的正方形作为操作对象。

02 选择"修改→阵列"命令,然后选择刚绘制的正方形作为要阵列的对象。

03 根据系统提示输入 cou 并按 Enter 键确定,选择"计数(COU)"选项,如图 6-49 所示。然后输入阵列对象的列数(如 5)并按 Enter 键确定,如图 6-50 所示。

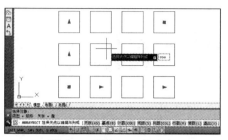
图 6-49 输入 cou 并确定

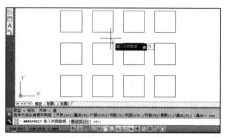
图 6-50 输入列数

高手指点：

　　矩形阵列对象时，默认参数的行数为 3、列数为 4，对象间的距离为原对象尺寸的 1.5 倍，如果阵列结果正好符合默认参数，可以在该操作步骤时直接按空格键进行确定，完成矩形阵列操作。

　　04 输入阵列对象的行数(如 4)并按 Enter 键确定，如图 6-51 所示。

　　05 输入 S 并按 Enter 键确定，选择"间距(S)"选项，如图 6-52 所示，然后依次指定阵列对象之间的行距和列距(如 150)并按 Enter 键确定。

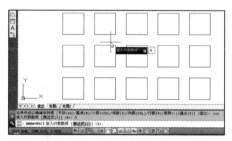
图 6-51 输入行数

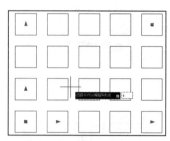
图 6-52 输入 S 并确定

　　06 根据系统提示执行"退出"命令，如图 6-53 所示，完成阵列操作，得到的矩形阵列效果如图 6-54 所示。

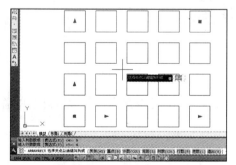
图 6-53 执行"退出"命令

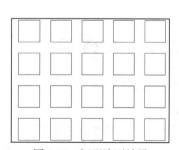
图 6-54 矩形阵列效果

6.4.2 极轴阵列图形

　　极轴阵列图形是指将阵列的图形按环形进行排列，可以根据需要设置阵列的总数和填充的角度。其具体的操作步骤如下所示。

【练习6-8】按环形的方式阵列图形。

01 执行 L(直线)和 C(圆)命令绘制如图 6-55 所示的图形作为极轴阵列的操作对象。

02 输入 AR(阵列)命令并按 Enter 键确定，然后选择绘制的图形并按 Enter 键确定，如图 6-56 所示。

03 在弹出的列表菜单中选择"极轴(PO)"选项，如图 6-57 所示，然后指定阵列的中心点，如图 6-58 所示。

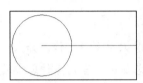 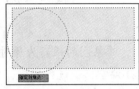 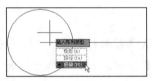 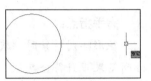

图 6-55　绘制图形　　图 6-56　选择阵列图形　　图 6-57　选择"极轴(PO)"选项　　图 6-58　指定阵列的中心点

04 输入"项目"参数 I 并确定，然后输入阵列的项目数(如 8)并确定，如图 6-59 所示。得到的环形阵列效果如图 6-60 所示。

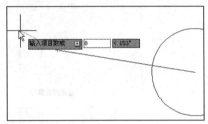 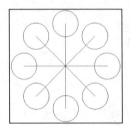

图 6-59　输入阵列总数　　　　　　图 6-60　环形阵列效果

高手指点：

极轴阵列对象时，默认参数的阵列总数为 6，如果阵列结果正好符合默认参数，可以在指定阵列中心点后直接按空格键进行确定，完成极轴阵列操作。

6.4.3　路径阵列图形

路径阵列图形是指将阵列的图形按指定的路径进行排列，可以根据需要设置阵列的总数和间距。具体的操作方法如下所示。

【练习6-9】根据路径阵列图形。

01 执行 C(圆)和 SPL(样条曲线)命令绘制如图 6-61 所示的图形作为路径阵列的操作对象。

02 输入 AR(阵列)命令并确定，然后选择圆形并确定，如图 6-62 所示。

03 在弹出的列表菜单中选择"路径(PA)"选项，如图 6-63 所示，然后选择样条曲线作为路径的曲线，如图 6-64 所示。

04 输入参数 I，选择"项目(I)"选项，如图 6-65 所示，然后输入阵列中项目之间的距离(如 3)并确定，如图 6-66 所示。

05 根据系统提示输入项目的数量(如 9)并确定，如图 6-67 所示，得到的路径阵列效果如图 6-68 所示。

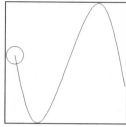

图 6-61 绘制图形

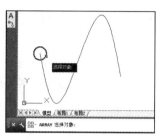

图 6-62 选择阵列图形

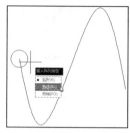

图 6-63 设置阵列方式

图 6-64 选择路径图形

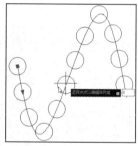

图 6-65 输入参数 I

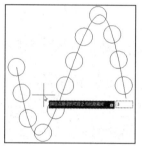

图 6-66 设置阵列的间距

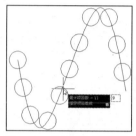

图 6-67 设置阵列的数量

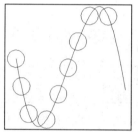

图 6-68 路径阵列效果

提示

进行阵列操作时，如果选择了多个对象，则在进行阵列操作过程中，这些被选中的对象将被视为一个整体进行处理。在 AutoCAD 2014 中，对图形进行阵列后，原图形与阵列得到的图形将成为一个整体。如果要对其中的个体进行单独编辑，需要先将其分解。

6.5 偏移图形

使用 OFFSET(偏移)命令可以将选定的图形对象以一定的距离增量值单方向复制一次，偏移图形通常包括通过指定距离、通过指定点和通过指定图层 3 种方式。

- 命令：输入 OFFSET(简化命令 O)并确定。
- 菜单：选择"修改→偏移"命令。
- 工具：单击"修改"面板中的"偏移"按钮⌘。

执行 OFFSET (偏移)命令后，偏移对象的命令行提示及操作如下所示：

命令：OFFSET ✓	//执行偏移命令
指定偏移距离或 [通过(T)] <通过>:	//输入偏移距离值，或选择其他方式偏移对象
选择要偏移的对象或 <退出>:	//选择 AutoCAD 图形对象
指定点以确定偏移所在一侧:	//使用鼠标在绘图区内选择偏移方向

6.5.1 按指定距离偏移图形

通过"指定偏移距离"方式偏移图形可以准确、快速地将图形偏移到需要的位置。

【练习6-10】 按指定的距离偏移图形。

01 输入 OFFSET(O)命令并按 Enter 键确定，选择"偏移"命令，系统提示"指定偏移距离或[通过(T)/删除(E)/图层(L)]<当前>:"时，输入偏移的距离，如图6-69所示，然后按空格键进行确定。

02 在确定偏移距离后，系统将提示"选择要偏移的对象，或<退出>:"，此时就要选择需要偏移的图形对象，如图6-70所示。

03 系统提示"指定要偏移的那一侧上的点，或[退出(E)/多个(M)/放弃(U)]<退出>:"时，在偏移的方向上单击指定偏移的方向，完成偏移操作的效果如图6-71所示。

 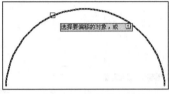 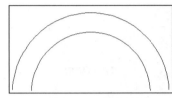

图 6-69　指定偏移距离　　　　　图 6-70　选择偏移对象　　　　　图 6-71　偏移效果

6.5.2 使用"通过"方式偏移图形

使用"通过"方式偏移图形是将图形以通过某个点进行偏移，该方式需要指定偏移对象所要通过的点。

【练习6-11】 通过某个点偏移图形。

01 执行 O(偏移)命令，当系统提示"指定偏移距离或[通过(T)/删除(E)/图层(L)]<当前>:"时，输入 e 并按空格键，即可选择"通过(T)"选项，如图6-72所示。

02 当系统提示"选择要偏移的对象，或<退出>:"时，选择要偏移的图形对象，如图6-73所示。

03 当系统提示"指定通过点或[退出(E)/多个(M)/放弃(U)]<退出>:"时，指定偏移对象需要通过的点，如图6-74所示，系统将根据指定的点偏移选择对象，偏移效果如图6-75所示。

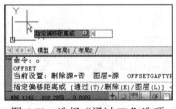 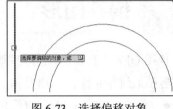

图 6-72　选择"通过(T)"选项　　　　图 6-73　选择偏移对象

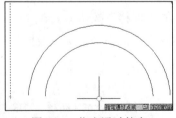 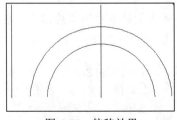

图 6-74　指定通过的点　　　　　图 6-75　偏移效果

6.5.3　使用"图层"方式偏移图形

使用"图层"方式偏移图形是将图形以指定的距离或通过指定的点进行偏移，偏移后的图形将存放于指定的图层中。

执行"偏移"命令 O，当系统提示"指定偏移距离或[通过(T)/删除(E)/图层(L)]<当前>："时，输入 L 并按空格键，即可选择"图层(L)"选项，系统将继续提示"输入偏移对象的图层选项[当前(C)/源(S)]<源>："其中各选项的含义如下所示。

- 当前：用于将偏移对象创建在当前图层上。
- 源：用于将偏移对象创建在源对象所在的图层上。

【练习 6-12】将图形偏移到指定图层。

01 执行 O(偏移)命令，当系统提示"指定偏移距离或[通过(T)/删除(E)/图层(L)]<当前>："时，输入 L 并按空格键，选择"图层(L)"选项，如图 6-76 所示。

02 在弹出的菜单中选择要偏移到的图层，如选择"当前"选项，如图 6-77 所示。

03 当系统提示"指定偏移距离或[通过(T)/删除(E)/图层(L)]<当前>："时，设置偏移的距离，然后选择要偏移的对象，如图 6-78 所示。

04 当系统提示"指定要偏移的那一侧上的点，或[退出(E)/多个(M)/放弃(U)]<退出>："时，指定偏移的方向，偏移得到的图形将转换到当前图层中，效果如图 6-79 所示。

 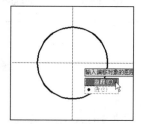 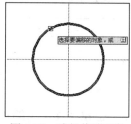 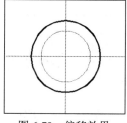

图 6-76　选择"图层(L)"选项　图 6-77　选择要偏移到的图层　图 6-78　选择偏移对象　图 6-79　偏移效果

6.6　镜像图形

使用 MIRROR(镜像)命令可以将选定的图形对象以某一对称轴镜像到该对称轴的另一边，还可以使用镜像复制功能将图形以某一对称轴进行镜像复制，如图 6-80、图 6-81 和图 6-82 所示分别为镜像对象、镜像效果和镜像复制效果。

- 命令：输入 MIRROR(简化命令 MI)并确定。
- 菜单：选择"修改→镜像"命令。
- 工具：单击"修改"面板中的"镜像"按钮。

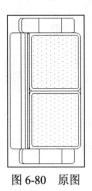

图 6-80 原图

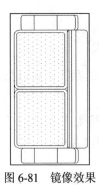

图 6-81 镜像效果

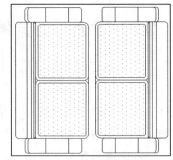

图 6-82 镜像复制效果

执行 MIRROR(镜像)命令后，命令提示行及操作如下所示：

命令:MIRROR↙	//执行镜像命令
选择对象：	//选择镜像的图形对象
指定镜像线的第一点：	//使用鼠标指定镜像线的起点
指定镜像线的第二点：	//使用鼠标指定镜像线的终点
是否删除源对象？[是(Y)/否(N)] <N>：	//执行 Y 命令将删除源对象；执行 N 命令将保留源对象

提示

在镜像过程中，系统提示"是否删除源对象？[是(Y)/否(N)]"时，默认情况下是为了保留源对象的设置。如果要保留源对象，直接按空格键进行确定即可；如果要删除源对象，则选择"是(Y)"选项进行删除即可。

6.7 融会贯通

本小节综合应用所学的 AutoCAD 常用编辑命令的知识，练习阵列、偏移、旋转等命令的具体使用方法。

6.7.1 绘制吊灯图形

本例将绘制吊灯图形，主要练习使用"阵列"命令创建环形阵列对象的操作，完成后的效果如图 6-83 所示。

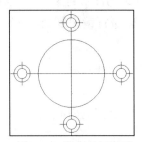

图 6-83 绘制吊灯图形

实例文件	光盘\实例\第 4 章\吊灯
视频教程	光盘\视频教程\第 4 章\创建吊灯图形

01 执行 C(圆)命令绘制一个半径为 200 的圆形，效果如图 6-84 所示。

02 执行 L(直线)命令，然后通过捕捉圆心确定线段的起点，绘制两条长度为 300 且互相垂直的线段，效果如图 6-85 所示。

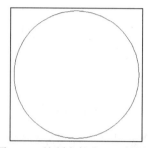

图 6-84　绘制半径为 200 的圆形

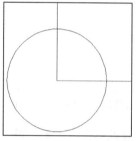

图 6-85　绘制线段效果

03 执行 LEN(拉长)命令，然后输入 DE 并按 Enter 键确定，选择"增量(DE)"选项，设置拉长的增量值为 300，如图 6-86 所示。

04 在水平线段的左方位置单击，选择要拉长的线段将线段向下拉长，如图 6-87 所示，拉长线段后的效果如图 6-88 所示。

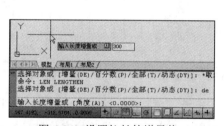

图 6-86　设置拉长的增量值

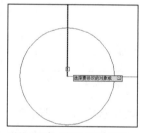

图 6-87　选择拉长对象

05 继续执行 LEN(拉长)命令将水平线段向左拉长 300 个单位，效果如图 6-89 所示。

06 执行 C(圆)命令，以水平线段的左端点为圆心绘制一个半径为 50 的圆形，效果如图 6-90 所示。

07 执行 L(直线)命令通过捕捉圆心，绘制两条长为 70 且相互垂直的线段，如图 6-91 所示。

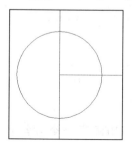

图 6-88　向下拉长效果

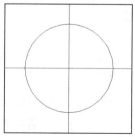

图 6-89　向左拉长效果

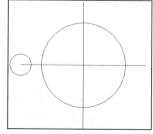

图 6-90　绘制半径为 50 的圆形

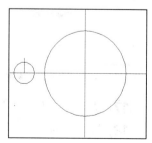

图 6-91　绘制线段效果

08 执行 LEN(拉长)命令将刚绘制的线段反向拉长 70 个单位，效果如图 6-92 所示。

09 执行 C(圆)命令，以左方线段的交点为圆心绘制一个半径为 30 的圆，效果如图 6-93 所示。

10 执行 TR(修剪)命令，选择小圆为修剪边界，如图 6-94 所示，然后对小圆内的线段进行修剪，效果如图 6-95 所示。

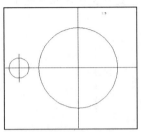 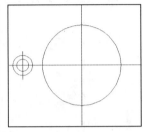  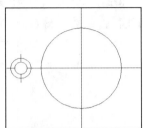

图 6-92　反向拉长线段　　图 6-93　绘制半径为 30 的圆形　　图 6-94　选择修剪边界　　图 6-95　修剪效果

11 单击"修改"面板中的"阵列"下拉按钮，然后选择"环形阵列"选项，如图 6-96 所示。

12 使用窗口选择方式在绘图区中选择如图 6-97 所示的图形，然后按空格键进行确定。

13 根据系统提示在图形中的大圆圆心处指定阵列的中心点，如图 6-98 所示。

图 6-96　选择"环形阵列"选项　　图 6-97　选择对象　　图 6-98　指定阵列中心点

14 根据系统提示输入阵列的参数 i 并确定，选择"项目(I)"命令，如图 6-99 所示。

15 根据系统提示输入阵列的项目数为 4，如图 6-100 所示。然后按空格键进行确定。

16 当系统提示"退出"操作时，直接按空格键进行确定，如图 6-101 所示。

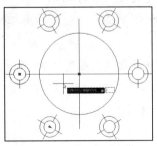 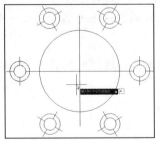 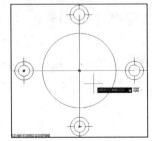

图 6-99　输入阵列参数　　图 6-100　设置阵列的项目数　　图 6-101　执行"退出"命令

17 执行"退出"命令后，即可完成阵列的操作，阵列效果如图 6-102 所示。

18 执行 X(分解)命令，然后选择阵列的对象并确定，将其分解。再使用 TR(修剪)命令对各个小圆内多余的线段进行修剪，完成吊灯的绘制，效果如图 6-103 所示。

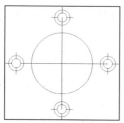

图 6-102　阵列效果

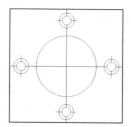

图 6-103　吊灯效果

提示

"拉长"和"修剪"命令的具体使用方法将在第 7 章进行详细讲解。

6.7.2　绘制棋牌桌图形

本例将绘制棋牌桌图形，练习使用"镜像"命令进行镜像复制和使用"旋转"命令进行旋转复制的操作，完成后的效果如图 6-104 所示。

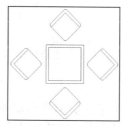

图 6-104　绘制棋牌桌图形

实例文件	光盘\实例\第 6 章\棋牌桌
视频教程	光盘\视频教程\第 6 章\创建棋牌桌图形

01 执行 REC(矩形)命令，绘制一个长为 750 的正方形，效果如图 6-105 所示。

02 执行 O(偏移)命令，将矩形向内偏移 50，其命令提示行及操作如下所示：

```
命令：O ✓              //执行简化命令
OFFSET
指定偏移距离或 [通过(T)] <通过>:50✓    //设置偏移距离为 50
选择要偏移的对象或 <退出>：          //选择矩形
指定点以确定偏移所在一侧：          //在矩形内单击，指定偏移的方向，如图 6-106 所示，偏移效果如图 6-107 所示
```

图 6-105　绘制矩形

图 6-106　指定偏移方向

图 6-107　偏移效果

03 执行 RECTANG 命令，绘制一个旋转角度为 45、圆角半径为 50 的正方形，其命令提示行及操作如下所示：

```
命令: RECTANG↙            //执行命令
指定第一个角点或 [倒角(C)/标高(E)/圆角(F)/厚度(T)/宽度(W)]: f↙      //选择"圆角(F)"选项
指定矩形的圆角半径 <0.0000>: 50↙     //设置圆角半径为 50
指定第一个角点或 [倒角(C)/标高(E)/圆角(F)/厚度(T)/宽度(W)]:     //指定第一个角点的位置，如图 6-108 所示
指定另一个角点或 [面积(A)/尺寸(D)/旋转(R)]: r↙     //选择"旋转(R)"选项
指定旋转角度或 [拾取点(P)] <45>: 45↙      //设置旋转角度为 45
指定另一个角点或 [面积(A)/尺寸(D)/旋转(R)]: @0,650     //指定另一个角点的位置，完成效果如图 6-109 所示
```

04 执行 O(偏移)命令，将圆角矩形向内偏移 60，效果如图 6-110 所示。

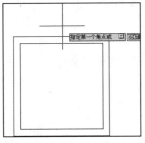 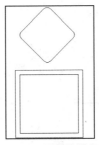 

图 6-108　指定第一个角点　　　图 6-109　绘制旋转矩形　　　图 6-110　偏移矩形效果

05 执行 X(分解)命令，将偏移得到的矩形分解，然后选择如图 6-111 所示的两条线段。

06 执行 E(删除)命令，将选择的线段删除，效果如图 6-112 所示。

07 执行 EX(延伸)命令，以圆角矩形的边为延伸边界，对圆角矩形内的两条线段进行延伸，效果如图 6-113 所示。

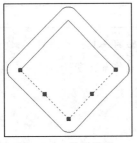  

图 6-111　选择线段　　　图 6-112　删除线段　　　图 6-113　延伸线段

提示

"延伸"命令的具体使用方法将在第 7 章进行详细讲解。

08 执行 MI(镜像)命令，使用窗口选择方式选择图形上方的椅子对象并确定，在桌子的垂直线中点处捕捉镜像线的第一点，如图 6-114 所示。然后水平向右移动光标捕捉镜像线的第二点，如图 6-115 所示，按空格键进行确定，镜像复制后的效果如图 6-116 所示。

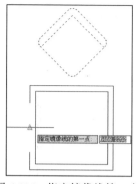

图 6-114 指定镜像线第一点

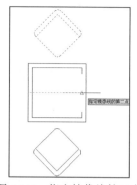

图 6-115 指定镜像线第二点

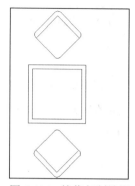

图 6-116 镜像复制效果

09 执行 RO(旋转)命令，对两个椅子图形进行旋转复制操作，其命令行提示及操作如下所示：

```
命令: RO ✓          //执行简化命令
ROTATE
UCS 当前的正角方向： ANGDIR=逆时针   ANGBASE=0
选择对象: 指定对角点: 找到 3 个           //窗口选择上方的椅子
选择对象: 指定对角点: 找到 3 个，总计 6 个    //再次窗口选择下方的椅子
指定基点:                              //在桌子中心处指定基点位置，如图 6-117 所示
指定旋转角度，或 [复制(C)/参照(R)] <0>: c✓   //输入 c 并确定，选择"复制(C)"选项
指定旋转角度，或 [复制(C)/参照(R)] <0>: 90✓   //设置旋转角度，旋转复制效果如图 6-118 所示
```

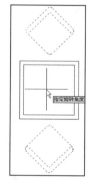

图 6-117 指定旋转基点

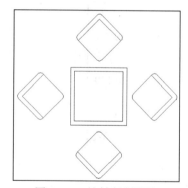

图 6-118 旋转复制效果

6.8 上机实战

学习完本章内容后，读者需要掌握 AutoCAD 2014 调整和复制图形的方法。下面通过实例操作来巩固本章所介绍的知识，并对知识进行延伸扩展。

实战 1：旋转办公桌椅

实例文件	光盘\实例\第 6 章\办公桌椅
素材文件	光盘\素材\第 6 章\办公桌椅

① 打开"办公桌椅.dwg"文件。

② 执行 RO(旋转)命令，选择要旋转的办公椅图形。

③ 在椅子中心处指定旋转的中心点。

④ 设置旋转的角度为 90，旋转椅子后的效果如图 6-119 所示。

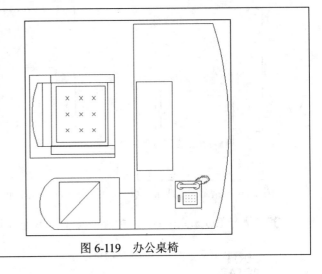

图 6-119　办公桌椅

实战 2：阵列建筑剖面图

实例文件	光盘\实例\第 6 章\建筑剖面
素材文件	光盘\素材\第 6 章\建筑剖面

① 打开"建筑剖面.dwg"文件。

② 执行 AR(阵列)命令，选择楼梯、楼板对象并确定。

③ 设置阵列方式为"矩形"、行数为 3、行距离为 3300。

④ 执行"退出"操作，阵列效果如图 6-120 所示。

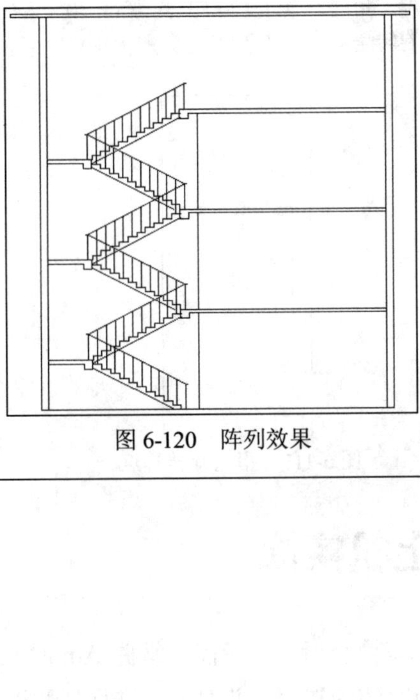

图 6-120　阵列效果

第7章　高级编辑命令

本章导读：

前面学习了编辑图形的常用命令，本章将继续讲解编辑图形的其他命令，包括拉长、拉伸、圆角、倒角、修剪、延伸、打断、合并、编辑特定图形和使用夹点编辑图形等。

本章知识要点：

- 圆角与倒角图形
- 修改图形的长度
- 打断与合并图形
- 编辑特定图形
- 使用夹点编辑图形

7.1 圆角与倒角图形

在 AutoCAD 绘图过程中，FILLET(圆角)命令和 CHAMFER(倒角)命令是较常见的修改命令，其分别用于对直角图形进行圆角和倒角处理。

7.1.1 圆角图形

使用 FILLET(圆角)命令可以用一段指定半径的圆弧将两个对象连接在一起，还可以将多段线的多个顶点一次性圆角。使用此命令应先设定圆弧半径，再进行圆角，如图 7-1 和图 7-2 所示为圆角前和圆角后的图形效果。

图 7-1　圆角前的图形效果

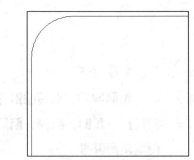

图 7-2　圆角后的图形效果

使用 FILLET(圆角)命令可以选择性地修剪或延伸所选对象，以便更圆滑地过渡。该命令可以对直线、多段线、样条曲线、构造线和射线等进行处理，但是不能对圆、椭圆和封闭的多段线等对象进行圆角处理。圆角图形的方式有以下 3 种。

- 命令：FILLET(简化命令 F)。
- 菜单：选择"修改→圆角"命令。
- 工具：单击"修改"面板中的"圆角"按钮 ⌓。

执行 FILLET 命令后，系统将提示"选择第一个对象或 [放弃(U)/多段线(P)/半径(R)/修剪(T)/多个(M)]:"，其中各选项的含义如下所示。

- 选择第一个对象：在此提示下选择第一个对象。该对象是用来定义二维圆角的两个对象之一，或者是要加圆角的三维实体的边。
- 多段线(P)：在两条多段线相交的每个顶点处插入圆角弧。用点选的方法选中一条多段线后，会在多段线的各个顶点处进行圆角。
- 半径(R)：用于指定圆角的半径。
- 修剪(T)：用于控制 AutoCAD 是否修剪选定的边到圆角弧的端点。
- 多个(M)：可对多个对象进行重复修剪。

【练习 7-1】使用 FILLET(圆角)命令对如图 7-3 所示的直角矩形进行圆角处理。

01 执行 F(圆角)命令，然后输入 r 并按 Enter 键确定，选择"半径(R)"选项，如图 7-4 所示。

图 7-3　直角矩形

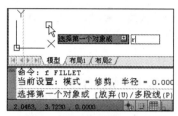

图 7-4　选择"半径(R)"选项

02 设置圆角的半径大小，如图 7-5 所示，然后选择矩形的左方线段作为圆角的第一个对象，如图 7-6 所示。

图 7-5　设置圆角半径

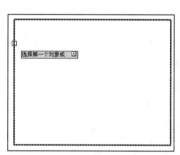

图 7-6　选择第一个对象

03 选择矩形的上方线段作为圆角的第二个对象，如图 7-7 所示。完成圆角的效果如图 7-8 所示。

图 7-7　选择第二个对象

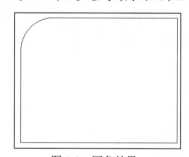

图 7-8　圆角效果

7.1.2　倒角图形

使用 CHAMFER(倒角)命令可以用延伸或修剪的方法将一条斜线连接两个非平行的对象。在使用该命令执行倒角操作时，首先设定倒角距离，然后指定倒角对象。倒角图形的方式有以下 3 种。

- 命令：CHAMFER(简化命令 CHA)。
- 菜单：选择"修改→倒角"命令。
- 工具：单击"修改"面板中的"倒角"按钮。

执行 CHAMFER 命令进行倒角图形的过程中，系统的命令行提示及操作如下所示：

命令: CHAMFER↙　　　　//执行倒角命令
("修剪"模式)当前倒角距离 1 = 10.0000，距离 2 = 10.0000 选择第一条直线或
[放弃(U)/多段线(P)/距离(D)/角度(A)/修剪(T)/方式(E)/多个(M)]:　　　　//可以直接点选倒角的一条直线，也可以根据需要选择其中的选项
选择第二条直线，或按住 Shift 键选择要应用角点的直线:　　　　//选择倒角的另一条直线，完成对两直线的倒角

命令提示中部分选项的含义如下所示。

- 选择第一条直线：指定倒角所需的两条边中的第一条边或要倒角的二维实体的边。
- 多段线(P)：将对多段线每个顶点处的相交直线段作倒角处理，倒角将成为多段线新的组成部分。
- 距离(D)：设置选定边的倒角距离值。执行该选项后，系统继续提示"指定第一个倒角距离和指定第二个倒角距离"。
- 角度(A)：用于通过第一条线的倒角距离和第二条线的倒角角度设定倒角距离。执行该选项后，命令行中提示"指定第一条直线的倒角长度和指定第一条直线的倒角角度"。
- 修剪(T)：用来确定倒角时是否对相应的倒角边进行修剪。执行该选项后，命令行中提示"执行修剪模式选项 [修剪(T)/不修剪(N)] <修剪>"。
- 方式(E)：控制 AutoCAD 是用两个距离还是用一个距离和一个角度的方式来倒角。
- 多个(M)：可重复对多个图形进行倒角修改。

【练习 7-2】使用"倒角"命令对如图 7-9 所示的矩形进行倒角处理。

01 执行 CHA(倒角)命令，然后输入 d 并按 Enter 键确定，选择"距离(D)"选项，如图 7-10 所示。

图 7-9　原图

图 7-10　输入 d 并确定

02 当系统提示"指定第一个倒角距离 <当前>:"时，设置第一个倒角距离为 15、第二个倒角距离为 18，如图 7-11 所示。

03 当系统提示"选择第一条直线或[放弃(U)/多段线(P)/距离(D)/角度(A)/修剪(T)/方式(E)/多个(M)]:"时，选择矩形的上方线段作为倒角的第一个对象，如图 7-12 所示。

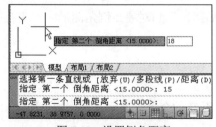

图 7-11　设置倒角距离

图 7-12　选择第一个对象

04 选择矩形的右方线段作为倒角的第二个对象，如图 7-13 所示。对矩形进行倒角后的效果如图 7-14 所示。

图 7-13　选择第二个对象

图 7-14　倒角效果

7.2　修改图形的长度

在绘制图形时，可以使用 LEN(拉长)、S(拉伸)、TR(修剪)和 EX(延伸)命令调整图形的长度。

7.2.1　拉长图形

使用 LENGTHEN(拉长)命令可以延伸和缩短直线，或改变圆弧的圆心角。使用该命令执行拉长操作，允许以动态方式拖拉对象终点，可以通过输入"增量"值、百分比值或输入对象总长的方法来改变对象的长度。拉长图形的方式有以下 3 种。

- 命令：LENGTHEN(简化命令 LEN)。
- 菜单：选择"修改→拉长"命令。
- 工具：单击"修改"面板中的"拉长"按钮 。

执行"拉长"命令后，系统将提示"选择对象或 [增量(DE)/百分数(P)/全部(T)/动态(DY)]:"，其中各选项的含义如下所示。

- 增量(DE)：将选定图形对象的长度增加一定的数值量。
- 百分数(P)：通过指定对象总长度的百分数设置对象长度。百分数也按照圆弧总包含角的指定百分比修改圆弧角度。执行该选项后，系统将继续提示"输入长度百分数<当前>:"，这里需要输入非零整数值。
- 全部(T)：通过指定从固定端点测量的总长度的绝对值来设置选定对象的长度。"全部"选项也按照指定的总角度设置选定圆弧的包含角。系统将继续提示"指定总长度或[角度(A)]<当前>"，此时可以指定距离、输入非零正值、输入 A 或按 Enter 键。
- 动态(DY)：打开动态拖动模式。通过拖动选定对象的端点之一来改变其长度。其他端点保持不变。系统继续提示"选择要修改的对象或[放弃(U)]"，选择一个对象或输入放弃命令 U 并按 Enter 键确定。

【练习 7-3】使用"增量"方式拉长对象。

01 执行 LENGTHEN 命令，然后输入 DE 并按 Enter 键确定，选择"增量(DE)"选项，如图 7-15 所示。

02 当系统提示"输入长度增量或[角度(A)] <0.0000>:"时，设置拉长的增量值，如图 7-16 所示。

图 7-15 执行"拉长"命令

图 7-16 设置增量值

03 选择如图 7-17 所示的上方线段作为要拉长的线条，拉长后的效果如图 7-18 所示。

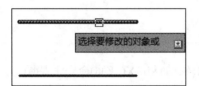

图 7-17 选择要拉长的线条

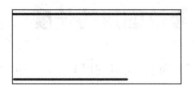

图 7-18 拉长效果

【练习 7-4】使用"百分数"方式拉长对象。

01 执行 LEN 命令，输入 P 并按 Enter 键确定，选择"百分数(P)"选项，如图 7-19 所示，然后设置长度的百分数(如 50)，如图 7-20 所示。

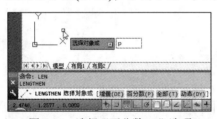

图 7-19 选择"百分数(P)"选项

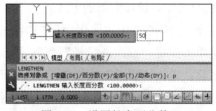

图 7-20 设置长度百分数

02 选择如图 7-21 所示的圆弧作为要拉长的对象，然后按 Enter 键确定，改变圆弧长度后的效果如图 7-22 所示。

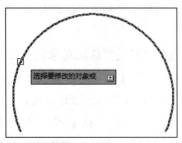

图 7-21 选择要拉长的对象

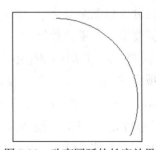

图 7-22 改变圆弧的长度效果

【练习 7-5】使用"全部"方式拉长对象。

01 执行"拉长"命令 LEN，输入 t 并按 Enter 键确定，选择"全部(T)"选项，如图 7-23 所示，设置总长度为 20，如图 7-24 所示。

图 7-23　选择"全部(T)"选项　　　　图 7-24　设置总长度

02 选择长度为 50 的线段作为要修改的对象，如图 7-25 所示，然后按 Enter 键确定。修改线段长度后的效果如图 7-26 所示。

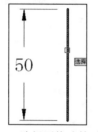
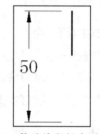

图 7-25　选择要修改的对象　　　　图 7-26　修改线段长度后的效果

【练习 7-6】使用"动态"方式拉长对象。

01 执行 LEN 命令，然后输入 dy 并按 Enter 键确定，选择"动态(DY)"选项，如图 7-27 所示。

02 选择一段角度为 90 的弧线作为拉长的对象，如图 7-28 所示。

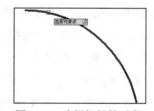

图 7-27　选择"动态(DY)"选项　　　　图 7-28　选择拉长的对象

03 当系统提示"指定新端点:"时，移动光标指定圆弧的新端点，如图 7-29 所示，然后单击进行确定，修改后的圆弧效果如图 7-30 所示。

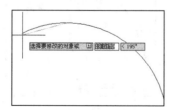
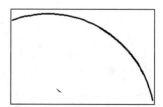

图 7-29　指定新端点　　　　图 7-30　修改后的圆弧效果

125

7.2.2 拉伸图形

使用 STRETCH(拉伸)命令可以按指定的方向和角度拉长或缩短实体，也可以调整对象大小，使其在一个方向上或是按比例增大或缩小；还可以通过移动端点、顶点或控制点来拉伸某些对象，将如图 7-31 所示的右上方顶点向下拉伸，得到拉伸后的效果如图 7-32 所示。

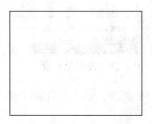

图 7-31   原图

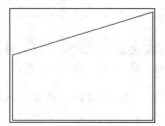

图 7-32   拉伸后的效果

- 命令：STRETCH(简化命令 S)。
- 菜单：选择"修改→拉伸"命令。
- 工具：单击"修改"面板中的"拉伸"按钮⬛。

执行 STRETCH 命令后，系统的提示和含义如下所示：

```
命令：STRETCH↙                //执行 STRETCH 命令
选择对象：                     //使用鼠标以交叉窗口或交叉多边形选择要拉伸的对象
指定基点或位移：               //使用鼠标在绘图区内指定拉伸基点或位移
指定位移的第二个点或 <用第一个点作位移>：    //使用鼠标指定另一点或使用键盘输入另一点坐标
```

执行 STRETCH 命令可以拉伸线段、弧、多段线和轨迹线等实体，但不能拉伸圆、文本、块和点。执行 STRETCH 命令改变对象的形状时，只能以窗口选择方式选择实体，与窗口相交的实体将被执行拉伸操作，窗口内的实体将随之移动。

【练习 7-7】拉伸圆弧图形。

01 执行 S(拉伸)命令，使用交叉选择的方式选择如图 7-33 所示弧线的左下点。

02 按空格键进行确定，然后单击指定拉伸的基点，如图 7-34 所示。

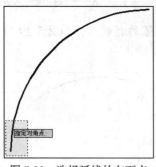

图 7-33   选择弧线的左下点

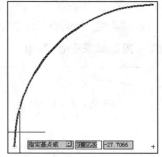

图 7-34   指定基点

03 向右移动光标指定拉伸的第二个点，如图 7-35 所示，拉伸后的效果如图 7-36 所示。

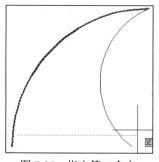

图 7-35　指定第二个点

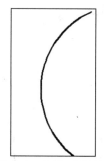

图 7-36　拉伸后的效果

7.2.3　修剪图形

使用 TRIM(修剪)命令可以通过指定的边界对图形对象进行修剪。使用该命令可以修剪的对象包括直线、圆、圆弧、射线、样条曲线、面域、尺寸、文本以及非封闭的多段线等对象；作为修剪的边界可以是除图块、网格、三维面和轨迹线以外的任何对象。修剪图形的方式有以下 3 种。

- 命令：TRIM(简化命令 TR)。
- 菜单：选择"修改→修剪"命令。
- 工具：单击"修改"面板中的"修剪"按钮 。

执行 TRIM 命令后，选择要修剪的边界，然后再选择要修剪的图形，系统将提示"选择要修剪的对象，或按住 Shift 键选择要延伸的对象，或[栏选(F)/窗交(C)/投影(P)/边(E)/删除(R)/放弃(U)]:"，其中部分选项的含义如下所示。

- 栏选(F)：用栏选的选择方式来选择对象。
- 投影(P)：确定命令执行的投影空间。执行该选项后，命令行中提示"输入投影选项 [无(N)/UCS (U)/视图(V)] <UCS>:"选择适当的修剪方式。
- 边(E)：用来确定修剪边的方式。执行该选项后，命令行中提示"输入隐含边延伸模式[延伸(E)/不延伸(N)] <不延伸>:"，然后选择适当的修剪方式。
- 放弃(U)：用于取消由 TRIM 命令最近所完成的操作。

【练习 7-8】使用 TRIM(修剪)命令修剪如图 7-37 所示的圆形。

[01] 执行 TRIM 命令，选择线段作为修剪边界，如图 7-38 所示。

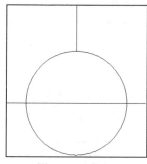

图 7-37　原图

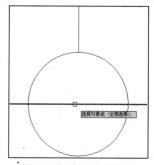

图 7-38　选择修剪边界

02 选择圆形下方的部分作为修剪对象，如图 7-39 所示，然后按空格键进行确定，完成修剪，效果如图 7-40 所示。

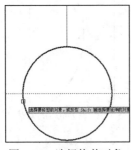

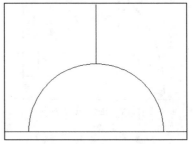

图 7-39　选择修剪对象　　　　　　　　图 7-40　修剪效果

高手指点：

当提示选择剪切边时，按空格键进行确定，可以忽略剪切边对象，在修剪对象时将以最靠近的候选对象作为剪切边。

7.2.4　延伸图形

使用 EXTEND(延伸)命令可以把直线、弧和多段线等图元对象的端点延长到指定的边界。通常，可以使用 EXTEND 命令延伸的对象包括圆弧、椭圆弧、直线和非封闭的多段线等。如果以一定宽度的 2D 多段线作为延伸边界，在执行延伸操作时会忽略其宽度，直接将延伸对象延伸到多段线的中心线上。延伸图形的方式有以下 3 种。

- 命令：EXTEND(简化命令 EX)。
- 菜单：选择"修改→延伸"命令。
- 工具：单击"修改"面板中的"延伸"按钮 ┤。

执行延伸操作时，系统提示中的各项含义与修剪操作中的命令相同。使用 EXTEND 命令时，一次可选择多个实体作为边界，选择被延伸实体时应该选取靠近边界的一端，选择要延伸的实体时，应该从拾取框靠近延伸实体边界的那一端来选择目标。

【练习 7-9】使用 EXTEND 命令对如图 7-41 所示的圆弧进行延伸。

01 执行 EX 命令，选择如图 7-42 所示的线段作为延伸边界。

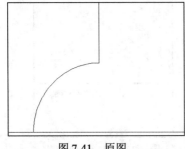

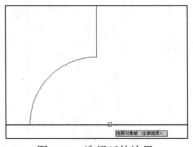

图 7-41　原图　　　　　　　　　　图 7-42　选择延伸边界

02 选择如图 7-43 所示的线段作为延伸线段，然后按空格键进行确定，完成延伸，效果如图 7-44 所示。

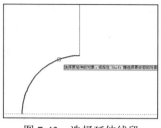

图 7-43　选择延伸线段

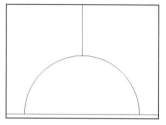

图 7-44　延伸效果

7.3　打断与合并图形

在 AutoCAD 2014 中，不仅可以对图形进行拉长、修剪和圆角等处理，还可以对图形进行打断、合并等处理，本节将介绍打断与合并图形的相关知识和具体应用方法。

7.3.1　打断图形

BREAK(打断)命令用于将对象从某一点处断开，从而使其分成两个独立的对象。常用于剪断图形，不删除对象。执行该命令可将直线、圆、弧、多段线、样条线及射线等对象分成两个实体。该命令可以通过指定两点，或者选择物体后再指定两点，这两种方式断开图形。

- 命令：BREAK(简化命令 BR)。
- 菜单：选择"修改→打断"命令。
- 工具：单击"修改"面板中的"打断"按钮 。

执行 BREAK 命令，然后选择要打断的对象，系统将提示"指定第二个打断点或[第一点(F)]:"信息，此时就可以指定第二个打断点，第一个打断点为选择对象时鼠标指定的位置；也可以输入 F 并确定，放弃第一断点(即选择点)，然后重新指定两个断点。

【练习 7-10】直接打断直线的具体操作步骤如下所示。

01 执行 BR(打断)命令，选择要打断的对象，如图 7-45 所示。

02 当系统提示"指定第二个打断点或 [第一点(F)]:"时，直接在对象上单击，系统将在单击的位置处指定为打断的第二个点，如图 7-46 所示，打断效果如图 7-47 所示。

　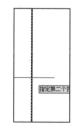　

图 7-45　选择打断对象　　　图 7-46　指定第二个打断点　　　图 7-47　打断效果

【练习 7-11】重新指定打断点对图形进行打断。

01 执行 BR(打断)命令，选择要打断的对象。

02 当系统提示"指定第二个打断点或[第一点(F)]:"时，输入 F 并按 Enter 键确定，从而放弃第一个断点。

03 根据系统提示，重新指定两个打断点，如图 7-48 和图 7-49 所示，打断对象后的效果如图 7-50 所示。

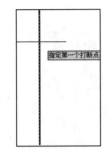 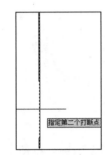 

图 7-48　指定第一个打断点　　　图 7-49　指定第二个打断点　　　图 7-50　打断效果

7.3.2　合并图形

使用 JOIN(合并)命令可以将相似的对象合并成一个完整的对象。使用 JOIN(合并)命令可以合并的对象包括：直线、多段线、圆弧、椭圆弧和样条曲线。使用 JOZN(合并)命令合并的对象必须是相似的对象，并且位于相同的平面上。合并图形的方式有以下 3 种。

- 命令：JOIN。
- 菜单：选择"修改→合并"命令。
- 工具：单击"修改"面板中的"合并"按钮。

【练习 7-12】使用 JOIN(合并)命令对如图 7-51 所示图形中的斜线进行合并。

执行 JOIN 命令，然后参照如下的命令提示及操作即可对指定的线段进行合并。

```
命令: JOIN↙       //执行命令
选择源对象:        //选择要合并的第一个对象，如图 7-52 所示
选择对象:以合并到源或进行 [闭合(L)]:  //选择要合并的另一个对象，如图 7-53 所示
选择要合并到源的对象:           //可以继续选择要合并的对象，也可以按空格键进行确定
已将 1 个对象合并到源:          //提示合并的结果，效果如图 7-54 所示
```

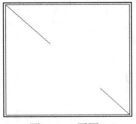 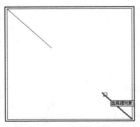 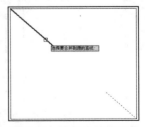 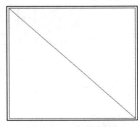

图 7-51　原图　　　　图 7-52　选择源对象　　　图 7-53　选择合并的对象　　　图 7-54　合并效果

7.4　编辑特定图形

除了可以使用各种编辑命令对图形进行修改外，也可以采用特殊的方式对特定的图形进行编辑，如编辑多段线、多线、样条曲线、阵列对象等。

7.4.1　编辑多段线

选择"修改→对象→多段线"菜单命令，或执行 PEDIT 命令，可以对绘制的多段线进行编辑修改。执行 PEDIT 命令，选择要修改的多段线，系统将提示"输入选项 [闭合(C) /合并(J)/宽度(W)/编辑顶点(E)/拟合(F)/样条曲线(S)/非曲线化(D)/线型生成(L)/反转(R)/放弃(U)]："，其中主要选项的含义如下所示。

- 闭合(C)：用于创建封闭的多段线。
- 合并(J)：将直线段、圆弧或其他多段线连接到指定的多段线。
- 宽度(W)：用于设置多段线的宽度。
- 编辑顶点(E)：用于编辑多段线的顶点。
- 拟合(F)：可以将多段线转换为通过顶点的拟合曲线。
- 样条曲线(S)：可以使用样条曲线拟合多段线。
- 非曲线化(D)：删除在拟合曲线或样条曲线时插入的多余顶点，并拉直多段线的所有线段。保留指定给多段线顶点的切向信息，用于随后的曲线拟合。
- 线型生成(L)：可以将通过多段线顶点的线设置成连续线型。
- 反转(R)：用于反转多段线的方向，使起点和终点互换。
- 放弃(U)：用于放弃上一次操作。

【练习 7-13】拟合编辑多段线。

01 执行"多段线(PL)"命令绘制一条多段线作为编辑对象。

02 执行 PEDIT 命令，选择绘制的多段线，在弹出的菜单列表中选择"拟合(F)"选项，如图 7-55 所示，

03 按空格键进行确定，拟合编辑多段线的效果如图 7-56 所示。

图 7-55　选择"拟合(F)"选项

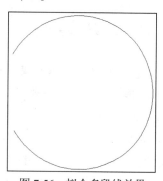

图 7-56　拟合多段线效果

131

7.4.2 编辑多线

执行"修改→对象→多线"命令，或者输入 MLEDIT 命令并确定，打开"多线编辑工具"对话框，在该对话框中提供了 12 种多线编辑工具。

【练习 7-14】打开多线的接头。

01 执行"多线"命令绘制如图 7-57 所示的两条多线。

02 执行 MLEDIT 命令，打开"多线编辑工具"对话框，选择"T 形打开"选项，如图 7-58 所示。

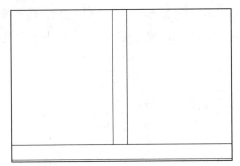

图 7-57　绘制多线

图 7-58　选择"T 形打开"选项

03 进入绘图区选择垂直多线作为第一条多线，如图 7-59 所示。

04 选择水平多线作为第二条多线，即可将其在接头处打开，效果如图 7-60 所示。

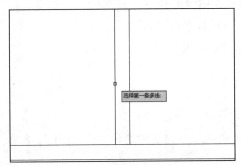

图 7-59　选择第一条多线

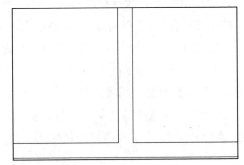

图 7-60　T 形打开多线

7.4.3 编辑样条曲线

选择"修改→对象→样条曲线"命令，或者执行 SPLINEDIT 命令，可以对样条曲线进行编辑，包括定义样条曲线的拟合点、移动拟合点以及闭合开放的样条曲线等。

执行 SPLINEDIT 命令，选择编辑的样条曲线后，系统将提示"输入选项 [闭合(C)/合并(J)/拟合数据(F)/编辑顶点(E)/转换为多段线(P)/反转(R)/放弃(U)/退出(X)]:"，其中主要选项的含义如下所示。

- 闭合(C)：如果选择打开的样条曲线，则闭合该样条曲线，使其再端点处切向连续(平滑)；如果选择闭合的样条曲线，则打开该样条曲线。

- 拟合数据(F)：用于编辑定义样条曲线的拟合点数据。
- 编辑顶点(E)：用于移动样条曲线的控制顶点并且清理拟合点。
- 反转(R)：用于反转样条曲线的方向，使起点和终点互换。
- 放弃(U)：用于放弃上一次操作。
- 退出(X)：退出编辑操作。

【练习 7-15】编辑样条曲线的顶点。

01 执行"样条曲线(SPL)"命令绘制一条样条曲线作为编辑对象。

02 执行 SPLINEDIT 命令，选择绘制的曲线，在弹出的下拉菜单中选择"编辑顶点(E)"选项，如图 7-61 所示。

03 在继续弹出的下拉菜单中选择"移动(M)"选项，如图 7-62 所示。

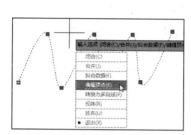
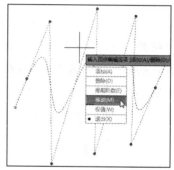

图 7-61 选择"编辑顶点(E)"选项　　　　图 7-62 选择"移动(M)"选项

04 拖动鼠标移动样条曲线的顶点，如图 7-63 所示。

05 当系统提示"指定新位置或[下一个(N)/上一个(P)/选择点(S)/退出(X)]:"时，输入 x 并确定，选择"退出(X)"选项，结束样条曲线的编辑，效果如图 7-64 所示。

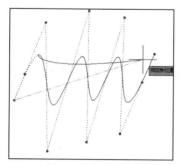
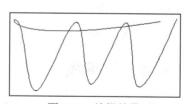

图 7-63 移动顶点　　　　　　图 7-64 编辑效果

7.4.4 编辑阵列对象

在 AutoCAD 2014 中，阵列的对象为一个整体对象，可以选择"修改→对象→阵列"命令，或者执行 ARRAYEDIT 命令并确定，对关联阵列对象及其源对象进行编辑。

【练习 7-16】修改阵列对象的行数。

01 绘制一个半径为 10 的圆，然后使用"阵列(AR)"命令对圆进行矩形阵列，设置行数为 3、列数为 4、行、列间的间距为 30，阵列效果如图 7-65 所示。

02 选择"修改→对象→阵列"命令，或者执行 ARRAYEDIT 命令，选择阵列图形作为编辑的对象，然后在弹出的下拉菜单中选择"行(R)"选项，如图 7-66 所示。

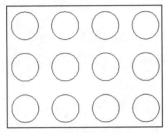

图 7-65　阵列圆形

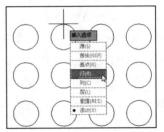

图 7-66　选择"行(R)"选项

03 根据系统提示重新输入阵列的行数为 4，如图 7-67 所示。

04 保持默认的行间距并确定，然后在弹出的下拉菜单中选择"退出(X)"选项，完成阵列图形的编辑，效果如图 7-68 所示。

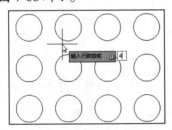

图 7-67　重新输入行数

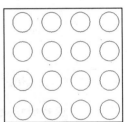

图 7-68　修改阵列行数

7.5　使用夹点修改图形

在 AutoCAD 中，可以通过拖动夹点的方式，改变图形的形状和大小。在拖动夹点时，可以根据系统提示对图形进行复制等操作。

7.5.1　夹点修改直线

在命令提示处于等待状态下，选择直线型线段，将显示对象的夹点，如图 7-69 所示。选择端点处的夹点，然后拖动该夹点即可调整线段的长度和方向，如图 7-70 所示。

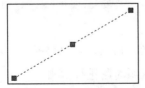

图 7-69　显示对象的夹点

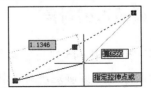

图 7-70　拖动夹点

7.5.2　夹点修改弧线

在命令提示处于等待状态下，选择弧线型线段，将显示对象的夹点，然后选择并拖动端点处的夹点，即可调整弧线的弧长和大小，如图 7-71 所示；选择并拖动弧线中间的夹点，将改变弧线的弧度大小，如图 7-72 所示。

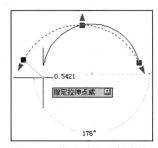

图 7-71　拖动端点处的夹点

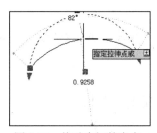

图 7-72　拖动中间的夹点

7.5.3　夹点修改多边形

在命令提示处于等待状态下，选择多边形图形，将显示对象的夹点，然后选择并拖动端点处的夹点，如图 7-73 所示，即可调整多边形的形状，效果如图 7-74 所示。

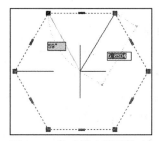

图 7-73　拖动端点处的夹点

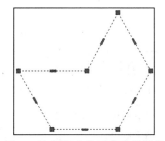

图 7-74　调整多边形形状的效果

7.5.4　夹点修改圆形

在命令提示处于等待状态下，选择圆形，将显示对象的夹点，选择并拖动圆上的夹点，将改变圆的大小，如图 7-75 所示；选择并拖动圆心处的夹点，将调整圆的位置，效果如图 7-76 所示。

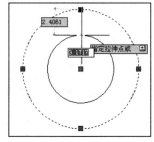

图 7-75　拖动圆上的夹点

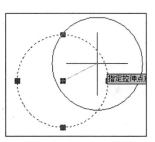

图 7-76　调整圆位置的效果

高手指点：

在命令提示处于等待状态时，选择线段或椭圆图形，可以通过选择并拖动对象的中心处的夹点直接移动对象。

7.6 融会贯通

本小节综合应用所学的 AutoCAD 其他编辑命令的知识，练习拉长、圆角、修剪、夹点编辑等操作的具体使用方法。

7.6.1 绘制筒灯图形

本例将绘制筒灯图形，主要练习二维绘图和夹点编辑图形的操作，完成后的效果如图 7-77 所示。

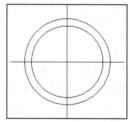

图 7-77　绘制筒灯图形

实例文件	光盘\实例\第 7 章\筒灯
视频教程	光盘\视频教程\第 7 章\创建筒灯图形

01 执行 C(圆)命令绘制一个半径为 50 的圆，效果如图 7-78 所示。

02 执行 L(直线)命令通过捕捉圆心为直线的起点，绘制两条长度为 80，相互垂直的线段，效果如图 7-79 所示。

03 选择水平线段并向右水平拖动线段的右方夹点，然后输入移动夹点的距离为 80，如图 7-80 所示，按空格键进行确定，改变线段长度后的效果如图 7-81 所示。

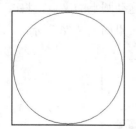 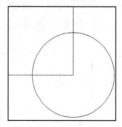 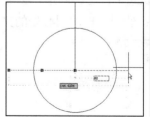 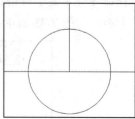

图 7-78　绘制半径为 50 的圆形　　图 7-79　绘制的线段　　图 7-80　指定距离　图 7-81　改变线段长度后的效果

04 选择垂直线段，并向下拖动下方的夹点，输入移动夹点的距离为 80 并按 Enter 键确定，完成后的效果如图 7-82 所示。

05 选择圆形并向外拖动其中的一个夹点，当系统提示"指定拉伸点或 [基点(B)/复制(C)/放弃(U)/退出(X)]:"时，输入 c 并按 Enter 键确定，选择"复制(C)"选项，如图 7-83 所示。

06 输入复制圆形的半径值为 60，如图 7-84 所示，并按 Enter 键确定，完成筒灯的绘制，效果如图 7-85 所示。

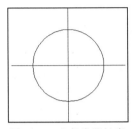 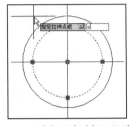 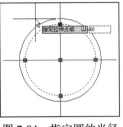 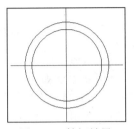

图 7-82 改变线段长度   图 7-83 选择"复制(C)"选项   图 7-84 指定圆的半径   图 7-85 筒灯效果

7.6.2 绘制组合沙发

本例将绘制组合沙发图形，主要练习二维绘图和圆角、修剪、拉长等编辑命令的操作，完成后的效果如图 7-86 所示。

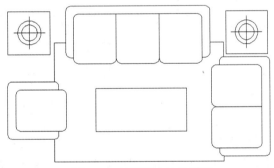

图 7-86 绘制组合沙发图形

实例文件	光盘\实例\第 7 章\组合沙发
视频教程	光盘\视频教程\第 7 章\创建组合沙发

01 执行 REC(矩形)命令绘制一个长 2220、宽 780 的矩形，效果如图 7-87 所示。

02 执行 F(圆角)命令，设置圆角半径为 80，对矩形进行圆角处理后的效果如图 7-88 所示。

```
命令: F✓  //执行简化命令
FILLET
当前设置: 模式 = 修剪，半径 = 0.0000
选择第一个对象或 [放弃(U)/多段线(P)/半径(R)/修剪(T)/多个(M)]:r ✓  //输入 r 并按 Enter 键，设置圆角
半径
指定圆角半径 <0.0000>:80✓  //设置圆角半径为 80
选择第一个对象或 [放弃(U)/多段线(P)/半径(R)/修剪(T)/多个(M)]:P✓  //选择"多段线(P)"选项
选择二维多段线:  //选择矩形，即可将矩形的 4 个角进行圆角处理
```

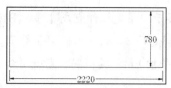

图 7-87　绘制的矩形效果

图 7-88　圆角矩形

03 执行 REC(矩形)命令，绘制一个长 660、宽 750 的矩形，命令行提示的操作如下所示：

```
命令: REC↙        //执行简化命令
RECTANG
指定第一个角点或 [倒角(C)/标高(E)/圆角(F)/厚度(T)/宽度(W)]: from ↙ //使用"捕捉自"功能
基点:                          //指定绘图基点位置，如图 7-89 所示
<偏移>: @40,-120 ↙            //指定偏移基点的距离，如图 7-90 所示
指定另一个角点或 [面积(A)/尺寸(D)/旋转(R)]: @660,-750 ↙ //指定矩形另一个角点的坐标，如图 7-91 所
示，按 Enter 键确定，绘制完成后的矩形效果如图 7-92 所示
```

图 7-89　指定基点

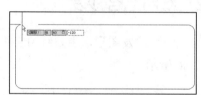

图 7-90　指定偏移距离

图 7-91　指定另一个角点的坐标

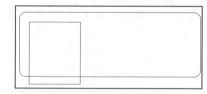

图 7-92　矩形效果

04 执行 F(圆角)命令，设置圆角半径为 80，对矩形的 3 个直角进行圆角处理，圆角后的效果如图 7-93 所示。

05 结合执行 REC(矩形)和 F(圆角)命令再创建两个长为 660、宽为 750 的圆角矩形，绘制完成的效果如图 7-94 所示。

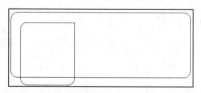

图 7-93　圆角后的效果

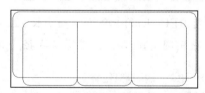

图 7-94　绘制的圆角矩形效果

06 执行 TR(修剪)命令对矩形中的线条进行修剪，在命令提示行中的提示及操作如下所示：

```
命令: TR↙    //执行简化命令
TRIM
当前设置:投影=UCS，边=无
选择剪切边...
```

选择对象或 <全部选择>:　找到 1 个　//选择左边界，如图 7-95 所示
选择对象: 找到 1 个，总计 2 个　　//选择右边界，如图 7-96 所示
选择对象:
选择要修剪的对象，按住 Shift 键选择要延伸的对象，或[栏选(F)/窗交(C)/投影(P)/边(E)/删除(R)/放弃(U)]:
//选择要修剪的线条，如图 7-97 所示，修剪后的效果如图 7-98 所示

图 7-95　选择左边界

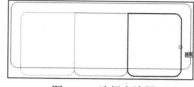

图 7-96　选择右边界

图 7-97　选择修剪对象

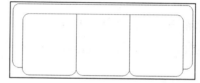

图 7-98　修剪后的效果

07 执行 REC(矩形)命令绘制一个长度为 650 的正方形，效果如图 7-99 所示。

08 执行 C(圆)命令在正方形中绘制两个半径分别为 120 和 180 的同心圆，如图 7-100 所示。

09 执行 L(直线)命令从圆心向外绘制两条长度为 240 的直线，效果如图 7-101 所示。

10 执行 LEN(拉长)命令将线段反向拉长 240，绘制出灯具的效果，如图 7-102 所示。

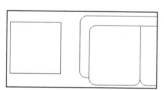
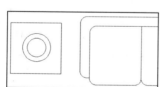
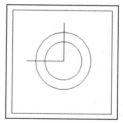
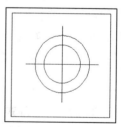

图 7-99　绘制正方形的效果　　图 7-100　绘制两个圆形的效果　　图 7-101　绘制线段的效果　　图 7-102　灯具效果

11 执行 CO(复制)命令将绘制好的小茶几和灯具图形复制到沙发的右方，如图 7-103 所示。

12 使用前面绘制沙发的方法，绘制两组沙发，尺寸和效果如图 7-104 所示。

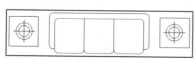

图 7-103　复制小茶几和灯具

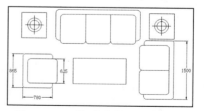

图 7-104　两组沙发的尺寸和效果

13 执行 REC(矩形)命令绘制一个长为 1400、宽为 650 的矩形和一个长为 2600、宽为 1400 的矩形，分别作为茶几和地毯的图形，效果如图 7-105 所示。

14 执行 TR(修剪)命令对图形进行修剪，完成组合沙发的绘制，效果如图 7-106 所示。

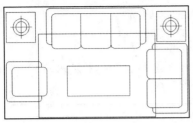

图 7-105　绘制地毯和茶几的效果

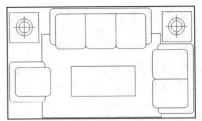

图 7-106　组合沙发的效果

7.7　上机实战

学习完本章内容后，读者需要掌握 AutoCAD 2014 修改图形的方法。下面通过实例操作来巩固本章所介绍的知识，并对知识进行延伸扩展。

实战 1：绘制射灯

实例文件	光盘\实例\第 7 章\射灯
① 执行 L(直线)命令绘制两条长度为 80 且相互垂直的线段。 ② 选择水平线段，然后拖动中点处的夹点，使水平线段的中点与垂直线段的中点对齐。 ③ 执行 C(圆)命令以线段的交点为圆心，绘制一个半径为 30 的圆形，完成后的效果如图 7-107 所示。	图 7-107　绘制射灯

实战 2：绘制双人沙发

实例文件	光盘\实例\第 7 章\双人沙发
① 执行 REC(矩形)命令绘制长 1500、宽 780 的矩形，然后将矩形分解。 ② 执行 X(分解)命令将矩形分解。 ③ 执行 F(圆角)命令对线段进行圆角。 ④ 继续执行 REC(矩形)、F(圆角)命令绘制沙发坐垫图形，最终效果如图 7-108 所示。	图 7-108　双人沙发

第8章 应用块与设计中心

本章导读：

在绘图过程中，经常会多次使用相同或类似的对象，如果每次都进行重新绘制，将花费大量的时间和精力。使用定义块和插入块方法可以解决这个问题从而提高绘图效率。本章将介绍块的应用方法，其中包括创建块、插入块、创建动态块、块属性和设计中心的应用。

本章知识要点：

- 创建块
- 插入块
- 动态块
- 块属性及编辑
- 应用设计中心

精通 AutoCAD 2014 中文版

8.1 创建块

块是由多个不同颜色、线型和线宽特性的对象组合而成，任意对象和对象集合都可以创建成块，当把光标放置到指向块对象上时，将显示块的相应信息，如图 8-1 所示。

块参照保存了包含在该块中对象的有关原图层、颜色和线型特性的信息，用户可以根据需要，控制块中的对象是保留其原特性还是继承当前的图层、颜色、线型或线宽特性。

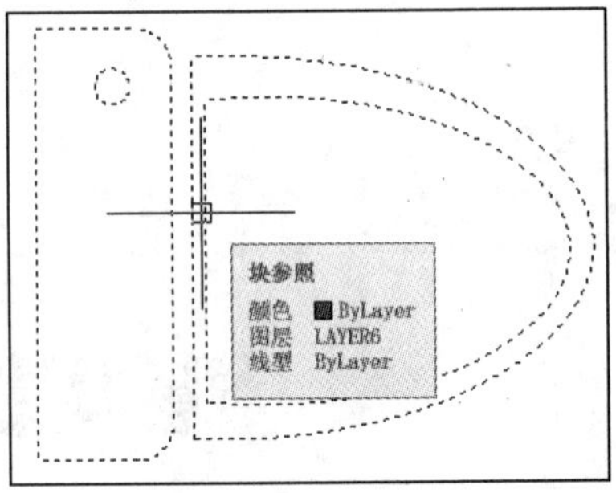

8.1.1 创建内部块

图 8-1 显示块信息

使用 BLOCK(块)命令可以将这些单独的对象组合在一起，存储在当前图形文件内部。可以对其进行移动、复制、缩放或旋转等操作。

- 命令：BLOCK(简化命令 B)。
- 菜单：选择"绘图→块→创建"命令。
- 工具：单击"绘图"面板中的"创建块"按钮 。

执行 B(创建块)命令后，将打开如图 8-2 所示的"块定义"对话框，在该对话框中可以进行定义内部块操作，其中常用选项的功能如下所示。

- 名称：在该文本框中输入将要定义的图块名。单击列表框右侧的下拉按钮 ，系统将显示图形中已定义的图块名，如图 8-3 所示。

图 8-2　"块定义"对话框

图 8-3　已定义的图块名

- "基点"区域：用于指定图块的插入基点。
- "对象"区域：用于指定新块中要包含的对象，以及选择创建块后是保留或删除选定的对象还是将该对象转换成块引用。
- "设置"区域：用于设置块的单位，在"块单位"下拉列表中可以选择需要使用的单位。
- 允许分解：该项可以对创建的块进行分解；如果取消该项，将不能对创建的块进行分解。

【练习 8-1】创建植物块。

素材文件	光盘\素材\第 8 章\竹子

01 根据素材路径打开"竹子.dwg"素材文件，如图 8-4 所示。

02 执行 B(块)命令，打开"块定义"对话框，在"名称"文本框中输入"竹子"块名称，如图 8-5 所示。

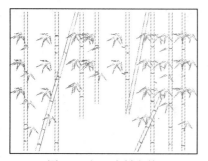

图 8-4　打开素材文件

图 8-5　输入块名称

03 单击"选择对象"按钮进入绘图区，选取要组成块的图形，如图 8-6 所示。

04 按空格键返回"块定义"对话框中，可以预览块的效果，然后单击"拾取点"按钮，如图 8-7 所示。

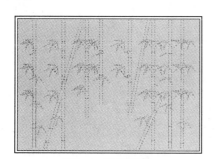

图 8-6　选择图形

图 8-7　单击"拾取点"按钮

05 进入绘图区指定创建块的基点位置，如图 8-8 所示，返回"块定义"对话框，设置"块单位"为"毫米"，然后单击"确定"按钮，即可完成定义块的操作，如图 8-9 所示。

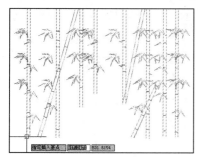

图 8-8　指定基点

图 8-9　设置块单位

8.1.2　创建外部块

使用 WBLOCK(写块)命令可以创建外部图形文件，该图块将作为独立存在的图形文件单独保存在指定的图形中。单个图形文件作为块定义源，便于创建块和管理块，AutoCAD 的符号集也可以作为单独的图形文件存储并编组到文件夹中。

执行 WBLOCK(简化命令 W)命令后，系统将打开如图 8-10 所示的"写块"对话框。"写块"对话框的"源"区域用于指定块和对象，可以将该图块保存为文件并指定插入点，其中各选项的含义如下所示。

- 块：在右方的下拉列表中可以将当前文件中现有的块写入外部块文件，如图 8-11 所示。

图 8-10 "写块"对话框

图 8-11 指定现有的块

- 整个图形：将整个图形写入外部块文件。
- 对象：用于在当前文件中选择指定写入外部块文件的对象。

"基点"区域：用于指定图块插入基点，该区域只在源实体为"对象"时有效。

"对象"区域：用于指定组成外部块的实体，以及生成块后源实体是保留、消除还是转换成内部块，该区域只在源实体为"对象"时有效。

"目标"区域：用于指定外部块文件的文件名、存储位置以及采用的单位制式，其中常用选项的含义如下所示。

- 文件名和路径：在列表框中可以指定保存块或对象的文件名。单击列表框右侧的浏览按钮 ，打开"浏览图形文件"对话框，如图 8-12 所示，在其中可以选择合适的文件路径。
- 插入单位：在该下拉列表框中可以指定新文件插入块时所使用的单位值，如图 8-13 所示。

图 8-12 "浏览图形文件"对话框

图 8-13 指定插入块时的单位

使用 WBLOCK(W)命令将图形文件中的整个图形定义成外部块写入一个新文件时，系统将自动删除文件中未用的层定义、块定义和线型定义等。

提示

在 AutoCAD 中，所有的 DWG 图形文件都可以视为外部块插入到其他的图形文件中。使用 WBLOCK(W)命令定义的外部块文件的插入基点是设置好的，或是默认的坐标原点(0,0,0)；但当插入到其他图形中时，将以坐标原点(0,0,0)作为其插入点。

【练习 8-2】创建浴缸外部块。

素材文件	光盘\素材\第 8 章\浴缸

01 根据素材路径打开"浴缸.dwg"素材文件，如图 8-14 所示。

02 执行 W(写块)命令，打开"写块"对话框，然后单击"选择对象"按钮，如图 8-15 所示。

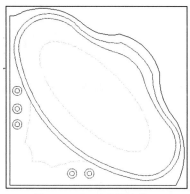

图 8-14　打开素材文件

图 8-15　单击"选择对象"按钮

03 在绘图区中选取要组成外部块的图形并按 Enter 键确定，然后返回"写块"对话框。单击"文件名和路径"列表框右方的"浏览"按钮，打开"浏览图形文件"对话框，设置好块的保存路径和块名称，如图 8-16 所示。

04 单击"保存"按钮返回"写块"对话框，然后单击"拾取点"按钮，进入绘图区指定块的基点位置，如图 8-17 所示。

图 8-16　设置块名和路径

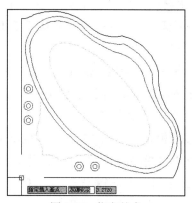

图 8-17　指定基点

05 确定后返回"写块"对话框，设置插入单位(如毫米)，然后单击"确定"按钮，完成创建外部块的操作，如图 8-18 所示，即可在相应位置找到创建的外部块，如图 8-19 所示。

图 8-18　设置插入单位　　　　　　　　　　图 8-19　创建的外部块

8.2　插入块

将图块作为一个实体插入到当前图形的应用过程中，AutoCAD 则将其作为一个整体的对象来操作，其中的实体，如线、面和三维实体等均具有相同的图层、线型等。

8.2.1　直接插入块

AutoCAD 只需保存图块的特征参数，无须保存图块中每一实体的特征参数，因此，在绘制相对复杂的图形时，使用 INSERT(插入)命令插入图块可以节省大量的时间。

- 命令：INSERT(简化命令 I)。
- 菜单：选择"插入→块"命令。
- 工具：单击"块"面板中的"插入"按钮 。

执行 I(插入)命令后，将打开如图 8-20 所示的"插入"对话框，其中常用选项的含义如下所示。

- 名称：在其中可以输入要插入的块名，或在该下拉列表框中选择要插入块对象的名称。
- 浏览：单击该按钮，可以在打开的"选择图形文件"对话框中选择要插入的外部块文件，如图 8-21 所示。
- 路径：用于显示插入外部块的路径。

"插入点"区域用于选择图块基点在图形中的插入位置；"比例"区域用于控制插入图块的大小。选中"统一比例"复选框，Y、Z 文本框呈灰色，在 X 轴文本框中输入比例因子，则在 Y、Z 文本框中显示相同的值；"旋转"区域用于控制图块在插入图形中时改变的角度；"分解"复选框用于确定是否将图块在插入时分解成原有组成实体。

外部块文件插入当前图形后，其中包含的所有块定义(外部嵌套块)也将同时带入当前图形，并生成同名的内部块，以后在该图形中可以随时调用。

图 8-20　"插入"对话框　　　　　　　　图 8-21　"选择图形文件"对话框

高手指点:

当插入的是内部块时,可以直接输入块名;当插入的是外部块时,则需要指定块文件的路径。如果在插入图块时选中了"分解"复选框,插入的图块会自动分解成单个实体,其特性如层、颜色和线型等也将恢复为生成块之前实体具有的特性。

【练习 8-3】在办公桌中插入电话块。

素材文件	光盘\素材\第 8 章\办公桌椅

01 根据素材路径打开"办公桌椅.dwg"素材文件,如图 8-22 所示。

02 执行 I(插入)命令,打开"插入"对话框,单击"浏览"按钮,如图 8-23 所示。

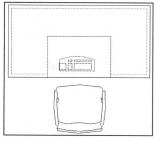

图 8-22　打开素材文件　　　　　　　　图 8-23　单击"浏览"按钮

03 在打开的"选择图形文件"对话框中选择并打开"电话"图块,如图 8-24 所示。

04 返回"插入"对话框,在"插入点"区域选择"在屏幕上指定"选项,然后选中"比例"区域的"统一比例"复选框,如图 8-25 所示。

图 8-24　选择并打开块对象　　　　　　图 8-25　选中"统一比例"复选框

05 单击"确定"按钮，然后在绘图区指定插入点，如图 8-26 所示，插入图块后的效果如图 8-27 所示。

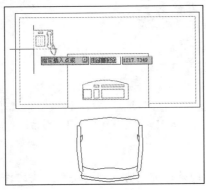

图 8-26　指定插入点

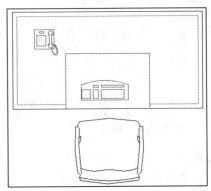

图 8-27　插入电话块后的效果图

8.2.2　阵列插入块

使用 MINSERT 命令可将图块以矩阵复制方式插入到当前图形中，并将插入的矩阵视为一个实体。在建筑设计中常用此命令插入室内柱子和灯具等对象。其命令行提示及操作如下所示：

```
命令：MINSERT↙            //执行 MINSERT 命令
输入块名或 [?] <>:         //输入块的名称
[基点(B)/比例(S)/X/Y/Z/旋转(R)]       //指定基点或输入 X、Y、Z 轴方向的图块缩放比例因子
指定插入点    //指定以阵列方式插入图块的插入点
指定旋转角度   //指定插入图块的旋转角度，控制每个图块的插入方向，也控制所有矩形阵列的旋转方向
输入行数(...)<>   //指定矩阵行数
输入列数(...)<>   //指定矩阵列数
```

如果输入的行数大于一行，系统将提示"输入行间距或指定单位单元(...):"，在该提示下可以输入矩阵行距；如果输入的列数大于一列，系统将提示"指定列间距(...):"，在该提示下可以输入矩阵列距。在进行阵列插入图块的过程中，也可以指定一个矩形区域来确定矩阵行距和列距，矩形 X 方向为矩阵行距长度，Y 方向为矩阵列距长度。

提示

执行 MINSERT 命令插入的块阵列是一个整体，不能被分解。但可以用 CH 命令修改整个矩阵的插入点，X、Y、Z 轴向上的比例因子，旋转角度，阵列的行数、列数、行间距和列间距。

【练习 8-4】使用 MINSERT 命令在如图 8-28 所示的圆形中阵列插入图块。

01 绘制一个长度为 100、宽度为 80 的矩形，并将其创建一个名为 0 的图块。

02 执行 MINSERT 命令，当系统提示"输入块名:"时，输入要插入的图块名称 0，然后按 Enter 键确定，如图 8-29 所示。

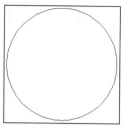

图 8-28　圆形

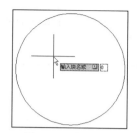

图 8-29　输入块名

03 当系统提示"指定插入点或[基点(B)/比例(S)/X/Y/Z/旋转(R)]:"时，指定插入图块的基点位置，如图 8-30 所示。

04 当系统提示"输入 X 比例因子，指定对角点，或[角点(C)/XYZ(XYZ)]<当前>:"时，设置 X 比例因子为 1，如图 8-31 所示。

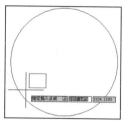

图 8-30　指定插入点

图 8-31　设置 X 比例因子

05 当系统提示"输入 Y 比例因子或<使用 X 比例因子>:"时，直接按 Enter 键确定；当系统提示"指定旋转角度<0>:"时，设置插入图块的旋转角度为 0，如图 8-32 所示。

06 当系统提示"输入行数(---) <1>:"时，设置行数为 4，如图 8-33 所示。

图 8-32　设置旋转角度

图 8-33　设置行数

07 当系统提示"输入列数 (|||) <1>:"时，设置列数为 5，如图 8-34 所示。

08 根据圆形的大小设置行间距为 150，如图 8-35 所示。

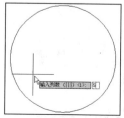

图 8-34　设置列数

图 8-35　设置行间距

09 设置列间距为 180，如图 8-36 所示，按空格键确定，完成阵列插入圆形图块的操作，效果如图 8-37 所示。

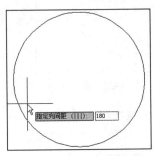

图 8-36　设置列间距

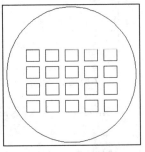

图 8-37　阵列效果

8.2.3　等分插入块

执行 DIVIDE(简化命令 DIV)命令可以通过沿对象的长度或周长实现等分插入块，在对象上标记相等长度的指定数目，可以定数等分的对象包括圆弧、圆、椭圆、椭圆弧、多段线和样条曲线。执行 DIVIDE(DIV)命令，在等分插入块的操作中，命令行提示及操作如下所示：

命令：DIVIDE↙	//执行 DIVIDE 命令
选择要定数等分的对象：	//选择要等分的实体
输入线段数目或[块(B)]：	//输入等分线段，或输入 B 指定将图块插入到等分点
是否对齐块和对象？[是(Y)/否(N)]<Y>：	//选择是否将插入图块旋转到与被等分实体平行

提示

当系统提示"是否对齐块和对象[是(Y)/否(N)]<Y>："时，输入 Y，插入图块以插入点为轴旋转至与被等分实体平行；若在提示后输入 N，则插入块将以原始角度插入。

【练习 8-5】使用 DIVIDE 命令在圆图形中等分插入图块。

01 创建一个名为 1 的圆形图块。

02 执行 DIVIDE 命令，选择圆形对象，如图 8-38 所示，当系统提示"输入线段数目或 [块(B)]："时，输入 b，如图 8-39 所示，然后按 Enter 键确定。

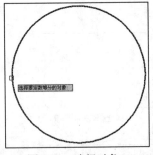

图 8-38　选择对象

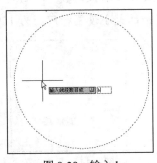

图 8-39　输入 b

03 当系统提示"输入要插入的块名:"时,输入要插入块的名称,如图 8-40 所示。

04 当系统提示"是否对齐块和对象? [是(Y)/否(N)] <Y>:"时,保持默认选项如图 8-41 所示,然后按 Enter 键确定。

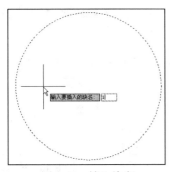

图 8-40　输入块名

图 8-41　保持默认选项

05 当系统提示"输入线段数目:"时,输入要插入块的数目(如 10),如图 8-42 所示,然后按 Enter 键确定,等分插入块图形后的效果如图 8-43 所示。

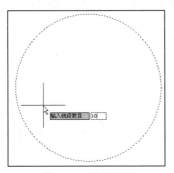

图 8-42　设置数目

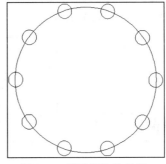

图 8-43　等分插入块效果

8.2.4　等距插入块

执行 MEASURE(简化命令 ME)命令可在图形上等距插入点或图块。可以定距等分的对象包括圆弧、圆、椭圆、椭圆弧、多段线和样条曲线。用 DIVIDE 命令等分图形插入的图块每单个为一整体,可对其进行整体编辑,修改被等分的实体不会影响插入的图块。

执行 MEASURE(ME)命令,在等距插入块的过程中,命令窗口提示及其含义如下所示:

```
命令: MEASURE↙            //执行 DIVIDE 命令
选择要定距等分的对象:      //选择要等分的对象
指定线段长度或 [块(B)]:B↙  //输入 B
输入要插入的块名:          //指定插入块的名称
是否对齐块和对象? [是(Y)/否(N)]<Y>:  //若输入 Y,块将围绕插入点旋转,水平线与测量的对象对齐并
相切;如果输入 N,则块以零度旋转角插入
指定线段长度:             //指定线段长度,AutoCAD 将按照指定的间距插入块。块具有可变的属性时,
插入的块中不包含这些属性
```

151

【练习 8-6】使用 MEASURE 命令在椭圆图形中等距插入图块。

01 创建一个名为 2 的圆形图块。

02 执行 MEASURE(ME)命令，然后选择矩形对象，如图 8-44 所示。

03 当系统提示"指定线段长度或[块(B)]:"时，输入 b，如图 8-45 所示，然后按 Enter 键确定。

04 当系统提示"输入要插入的块名:"时，输入需要插入块的名称 2，如图 8-46 所示。

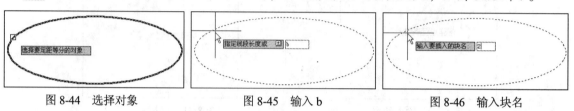

图 8-44　选择对象　　　　　图 8-45　输入 b　　　　　图 8-46　输入块名

05 当系统提示"是否对齐块和对象? [是(Y)/否(N)] <Y>:"时，保持默认选项，然后按 Enter 键确定，如图 8-47 所示。

06 当系统提示"指定线段长度:"时，输入要插入对象的间距，如图 8-48 所示，然后按 Enter 键确定，等距插入块图形后的效果如图 8-49 所示。

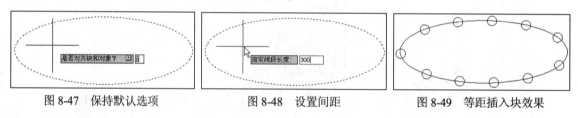

图 8-47　保持默认选项　　　　　图 8-48　设置间距　　　　　图 8-49　等距插入块效果

8.3　动态块

应用动态块功能，可以通过自定义夹点或自定义特性操作动态块参照中的几何图形，而无须搜索要插入的其他块或重新定义现有块。下面将介绍动态块的应用方法。

8.3.1　动态块的应用

在绘图过程中，经常使用相互类似的块，这些块会以各不同的比例和角度插入。例如，以不同角度插入各种尺寸的门，有时需要从左边打开，有时需要从右边打开。动态块就是一种具有智能和高灵活度特点的块，可以使用各种方式插入的块。

动态块可以让用户指定每个块的类型和各种变化量，可以使用"块编辑器"创建动态块，要使块变为动态块，必须包含至少一个参数，如图 8-50 所示为使用线性参数的例子，而每个参数之间通常又有关联的动作，如图 8-51 所示为使用了拉伸动作的效果。

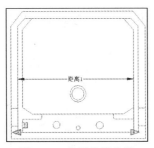

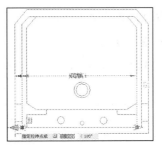

图 8-50 使用线性参数　　　　　　　图 8-51 使用拉伸动作的效果

提示

> 参数可以定义动态块的特殊属性，包括其位置、距离和角度等，还可以将数值强制在参数功能范围之内。

8.3.2　添加动态参数

可以从添加参数开始创建动态块。单击"块"面板中的"编辑"按钮，如图 8-52 所示，将打开"编辑块定义"对话框，在"要创建或编辑的块"列表中选择需要的块，如图 8-53 所示。

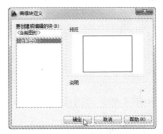

图 8-52 单击"编辑"按钮　　　　　　图 8-53 选择需要的块

单击"确定"按钮，将打开块编写选项板，其中包括参数、动作、参数集和约束 4 个部分的内容，如图 8-54、图 8-55、图 8-56 和图 8-57 所示。

图 8-54 参数　　　　图 8-55 动作　　　　图 8-56 参数集　　　　图 8-57 约束

在"参数"选项卡中常用选项的含义如下所示。

- 点：点参数为图形中的块定义 X 和 Y 位置。在块编辑器中，点参数类的外观与坐标标注类似，如图 8-58 所示。

- 线性：线性参数显示两个目标点之间的距离。插入线性参数时，夹点移动被约束为只能沿预设角度进行。在块编辑器中，线性参数类似于线性标注，如图 8-59 所示。

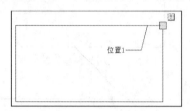

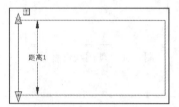

图 8-58　添加点参数　　　　　　　图 8-59　添加线性参数

- 极轴：极轴参数显示两个目标点之间的距离和角度值。可以使用夹点和"特性"选项板同时更改块参照的距离和角度。在块编辑器中，极轴参数类似于对齐标注，如图 8-60 所示。

- XY：XY 参数显示距参数基点的 X 距离和 Y 距离。在块编辑器中，XY 参数显示为水平标注和垂直标注，如图 8-61 所示。

图 8-60　添加极轴参数　　　　　　　图 8-61　添加 XY 参数

- 旋转：旋转参数用于定义角度。在块编辑器中，旋转参数显示为一个圆，如图 8-62 所示。

- 对齐：对齐参数定义 X、Y 位置和角度。其允许块参照自动围绕一个点旋转，以便与图形中的另一对象对齐，该参数会影响块参照的旋转特性，如图 8-63 所示。

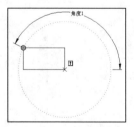

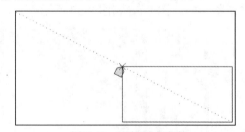

图 8-62　添加旋转参数　　　　　　　图 8-63　添加对齐参数

- 翻转：翻转参数用于翻转对象。在块编辑器中，翻转参数显示为投影线。可以围绕这条投影线翻转对象。该参数显示的值用于表示块参照是否已翻转。

【练习 8-7】为图块添加动态参数。

01 根据素材路径打开"座便器"素材文件，如图 8-64 所示。

02 单击"块"面中的"编辑"按钮，打开"编辑块定义"对话框，选择"座便器"选项，如图 8-65 所示，然后单击"确定"按钮。

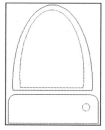

图 8-64　素材图块

图 8-65　选择块对象

03 打开的块编写选项板中选择"参数"选项卡，然后单击"翻转"参数按钮 ，如图 8-66 所示。

04 当系统提示"指定投影线的基点或[名称(N)/标签(L)/说明(D)/选项板(P)]:"时，拾取座便器下方的中点作为基点，如图 8-67 所示。

05 当系统提示"指定投影线的端点:"时，拾取座便器上方的中点作为端点，如图 8-68 所示，当系统提示"指定标签位置"时，向下拖动光标到适合位置上并单击，以指定标签的位置，如图 8-69 所示。

图 8-66　单击"翻转"按钮

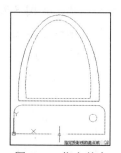

图 8-67　指定基点

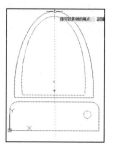

图 8-68　指定投影线端点

06 为图形添加参数后的效果如图 8-70 所示，然后单击"打开/保存"面板中的"保存块"按钮 ，如图 8-71 所示，对块参数进行保存。

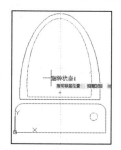

图 8-69　指定标签位置

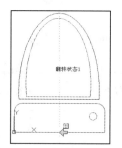

图 8-70　添加参数后的效果

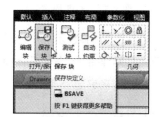

图 8-71　单击"保存块"按钮

8.3.3　添加参数集

使用参数集将通常配对使用的参数与动作添加到动态块定义中。向块中添加参数集与添加参数所使用的方法相同。参数集中包含的动作将自动添加到块定义中，并与添加的参数相关联。接着，必须将选择集(几何图形)与各个动作相关联。

首次向动态块定义添加参数集时，每个动作旁边都会显示一个黄色警告图标。这表示需要将选择集与各个动作相关联。双击黄色警示图标(或执行 BACTIONSET 命令)，然后按照命令提示将动作与选择集关联。在块编写选项板的"参数集"选项卡中，列出了可以与各个动作相关联的参数集。

8.3.4 添加动态动作

动作定义了在图形中操作动态块参照时，该块参照中的几何图形将如何移动或更改。通常情况下，向动态块定义中添加动作后，必须将该动作与参数、参数上的关键点以及几何图形相关联。关键点是参数上的点，编辑参数时该点将会驱动与参数相关联的动作。与动作相关联的几何图形称为选择集。

添加参数后，即可添加关联的动作。在块编写选项板的"动作"选项卡中，列出了可以与各个参数关联的动作。

【练习 8-8】为带有翻转参数的图块添加翻转动作。

01 打开前面创建的带有翻转参数的图块，如图 8-72 所示。

02 在块编写选项板中选择"动作"选项卡，单击"翻转"按钮，如图 8-73 所示。

03 当系统提示"选择参数:"时，选择添加的翻转参数，如图 8-74 所示；当系统提示"选择对象"时，用窗口框选的方式选择整个图形，如图 8-75 所示，然后按空格键进行确定。

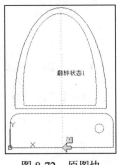
图 8-72　原图块

图 8-73　单击"翻转"按钮

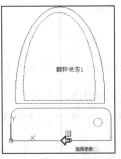
图 8-74　选择参数

04 保存添加的块动作并关闭块编写选项板。然后选择图形，将显示添加动作的效果，如图 8-76 所示；然后单击翻转点图标 ➡，将翻转图块，效果如图 8-77 所示。

图 8-75　选择整个图形

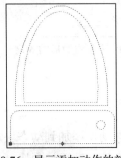
图 8-76　显示添加动作的效果

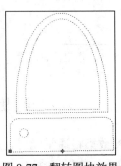
图 8-77　翻转图块效果

8.4　属性定义及编辑

为了增强图块的通用性，可以为图块增加一些文本信息，这些文本信息被称之为属性。属性从属于块的文本信息，是块的组成部分，不能独立存在及使用，在块插入时才会出现。

8.4.1　创建带属性的块

属性必须依赖于块存在，当用户对块进行编辑时，包含在块中的属性也将被编辑。在创建块属性之前，需要创建描述属性特征的定义，包括标记、插入块时提示值的信息、文字格式、位置和可选模式。

要使用具有属性的块，必须首先对属性进行定义。只有用 BLOC 或 WBLOCK 命令将属性定义成块后，才能将其以指定的属性值插入到图形中。

- 命令：ATTDEF。
- 菜单：选择"绘图→块→定义属性"命令。
- 工具：单击"块"面板中的"定义属性"按钮，如图 8-78 所示。

执行 ATTDEF(定义属性)命令后，将打开如图 8-79 所示的"属性定义"对话框，在该对话框中可定义块属性。

图 8-78　单击"定义属性"按钮

图 8-79　"属性定义"对话框

该对话框包括"模式"、"属性"、"插入点"和"文字设置"4 个区域，其中常用选项含义如下所示。

- 不可见：选中该复选框后，属性将不在屏幕上显示。
- 标记：可以输入所定义属性的标志。
- 提示：在该文本框中输入插入属性块时要提示的内容。
- 默认：可以输入块属性的默认值。
- 文字样式：在该下拉列表框中选择块文本的字体。
- 文字高度：单击该按钮在绘图区中指定文本的高度，也可在右侧的文本框中输入高度值。
- 旋转：单击该按钮在绘图区中指定文本的旋转角度，也可在右侧的文本框中输入旋转角度值。

在"插入点"区域中确定属性在块中的位置。单击"拾取点"按钮，在绘图区中拾取一点作为图块的插入点。定义属性是在没有生成块之前进行的，其属性标记只是文本文字，可用编辑文本的所有命令对其进行修改、编辑。当一个图形符号具有多个属性时，可重复执行属性定义命令；当命令提示"指定起点:"时，直接按空格键，即可将增加的属性标记存在已存在的标签下方。

8.4.2 显示块属性

选择"视图→显示→属性显示"命令，或者执行 ATTDISP(属性显示)命令，可以控制属性的显示状态。

执行 ATTDISP 命令后，系统将提示"输入属性的可见性设置[普通(N)/开(ON)/关(OFF)]<普通>:"，其中普通选项用于恢复属性定义时设置的可见性；ON/OFF 用于使属性暂时可见或不可见。

> **提示**
>
> 使用"属性显示"命令 ATTDISP 改变属性可见性后，图形将重新生成，而且不能使用 UNDO(恢复)命令返回前一步操作的显示状态，只能用"属性显示"命令 ATTDISP 恢复属性的显示。

8.4.3 编辑块属性值

使用块属性的编辑功能，可以对图块进行再定义。在 AutoCAD 中，每个图块都有自己的属性，如颜色、线型、线宽和层特性。在 AutoCAD 绘图区内将图块分解，然后修改其属性，完成后再次定义图块，这时产生的图块将替换原来的图块。

选择"修改→对象→属性→单个"命令，或者执行 DDATTE 或 EATTEDIT 命令，可以编辑块中的属性定义，并通过增强属性编辑器修改属性值。

【练习 8-9】使用 EATTEDIT 命令编辑图块属性值。

01 执行 EATTEDIT 命令，系统将提示"选择块:"，此时单击需要编辑的属性值的图块，选择块，如图 8-80 所示。

02 打开"增强属性编辑器"对话框，在"属性"列表框中选择要修改的属性项，在"值"文本框中输入新的属性值，或保留原属性值，如图 8-81 所示。

图 8-80　选择属性块

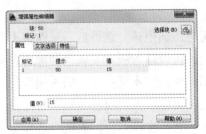

图 8-81　"增强属性编辑器"对话框

03 选择"文字选项"选项卡，在该选项卡的"文字样式"下拉列表框中，可重新选择文本样式；在"对正"下拉列表框中设置文本的对齐方式；在"高度"文本框中设置文本的高度；在"旋转"文本框中设置文本的旋转角度；在"宽度因子"文本框中设置文本的比例因子；在"倾斜角度"文本框中设置文本的倾斜状态，如图 8-82 所示。

04 选择"特性"选项卡，在"图层"下拉列表框中选择块将要放置的图层；在"线型"下拉列表框中选择块的线型；在"颜色"下拉列表框中设置属性文本的颜色；在"线宽"下拉列表框中设置块的线型宽度，如图 8-83 所示。设置完成后按 Enter 键确定，即可完成属性的编辑。

图 8-82　"文字选项"选项卡

图 8-83　"特性"选项卡

8.5 应用设计中心

通过设计中心可以快速地浏览计算机或网络上任何图形文件中的内容。其中包括图块、标注样式、图层、布局、线型、文字样式和外部参照。AutoCAD 设计中心的主要作用包括以下 3 个方面。

- 浏览图形内容，包括从经常使用的文件图形到网络上的符号等。
- 在本地硬盘和网络驱动器上搜索和加载图形文件，可将图形从设计中心拖到绘图区域并打开图形。
- 查看文件中图形和图块定义，并可将其直接插入、或复制粘贴到目前的操作文件中。

8.5.1 初识设计中心

可以使用设计中心从任意图形中选择图块，或从 AutoCAD 图元文件中选择填充图案，然后将其置于工具选项板中以备后用。

- 命令：ADC。
- 菜单：选择"工具→选项板→设计中心"命令。
- 按 Ctrl+2 组合键。

执行 ADC(设计中心)命令，即可打开"设计中心"选项板，如图 8-84 所示，左侧的树状视图窗口显示图形源的层次结构；右侧的控制板用于查看图形文件的内容。

展开文件夹标签，选择指定文件的块选项，在右边控制板中便显示该文件中的图块文件。在设计中心界面的上方有一排工具栏按钮，选择其中的图标按钮，即可显示相关内容，其中常用选项的作用如下所示。

- 加载：向控制板中加载内容。

- 搜索：搜索文件内容。
- 树状图切换：扩展或折叠子层次。
- 预览：预览图形。
- 田▼显示：控制图标显示形式，按右侧的下拉按钮可调出 4 种方式——大图标、小图标、列表和详细内容。

　　在树状图中选择图形文件，可以通过双击该图形文件在控制板中加载内容，另外，也可以通过加载按钮向控制板中加载内容。单击"加载"按钮，打开如图 8-85 所示的"加载"对话框，然后从列表中选择要加载的项目内容，在预览框中会显示选定的内容。确定加载的内容后，单击"打开"按钮，即可加载该文件的内容。

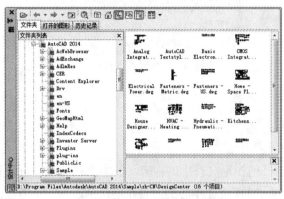

图 8-84　"设计中心"选项板

图 8-85　"加载"对话框

8.5.2　搜索需要的文件

　　使用 AutoCAD 设计中心搜索功能，可以搜索文件、图形、块和图层定义等，从 AutoCAD 设计中心的工具栏中单击"搜索"按钮，打开如图 8-86 所示的"搜索"对话框，在该对话框的查找栏中选择要查找的内容类型，包括标注样式、布局、块、填充图案、图层和图形等类型。

- 选定搜索的内容后，在"搜索"输入框中输入路径，或者单击"浏览"按钮指定搜索的位置，如图 8-87 所示。

图 8-86　"搜索"对话框

图 8-87　指定搜索的位置

- 单击"立即搜索"按钮可开始进行搜索，其结果显示在对话框的下部列表中。如果在完成全部搜索前就已经找到所要的内容，单击"停止"按钮即可停止搜索。
- 单击"新搜索"按钮可清除当前的搜索内容，重新进行搜索。在搜索到所需的内容后选定并双击则可以直接将其加载到控制板选项板上。

8.5.3 向图形中添加对象

在 AutoCAD 设计中心中，可以将搜索对话框中搜索的对象拖到打开的图形中，然后根据提示设置图形的插入点、图形的比例因子、旋转角度等，即可将选择的对象加载到图形中，也可以通过双击设计中心的块对象，在打开的"插入"对话框中单击"确定"按钮，将其添加到当前的图形中。

8.6 融会贯通

本小节综合应用所学的 AutoCAD 块和设计中心命令的知识，练习定义块、创建属性块、插入块和应用设计中心等操作的具体使用方法。

8.6.1 绘制建筑标高

本例将在建筑立面图中绘制标高图形，主要练习定义块、创建属性块、插入并编辑属性块等操作，完成后的效果如图 8-88 所示。

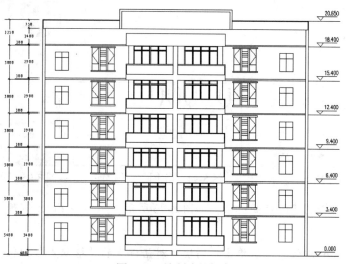

图 8-88 绘制建筑标高

实例文件	光盘\实例\第 8 章\建筑立面
素材文件	光盘\素材\第 8 章\建筑立面
视频教程	光盘\视频教程\第 8 章\应用标高属性块

01 执行 L(直线)命令，绘制一条长度为 2000 的线段，然后绘制两条斜线作为标高符号，效果如图 8-89 所示。

02 单击"块"面板中的"编辑"按钮，如图 8-90 所示，在打开的"编辑块定义"对话框中选择"当前图形"选项，如图 8-91 所示，然后单击"确定"按钮。

03 打开"块编辑器"对话框，单击该对话框"操作参数"面板中的"属性定义"按钮，如图 8-92 所示。

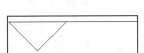

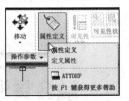

图 8-89　创建标高符号效果　图 8-90　单击"编辑"按钮　图 8-91　选择当前图形选项 图 8-92　单击"属性定义"按钮

04 在打开的"属性定义"对话框中设置标记为 0.000、提示为"标高"、文字高度为 200，如图 8-93 所示，然后单击"确定"按钮。

05 进入绘图区指定创建图形属性的位置，如图 8-94 所示，然后关闭"块编辑器"，并保存当前的更改。

06 执行 W(写块)命令，打开"写块"对话框，设置好保存块的路径和名称，然后单击"选择对象"按钮，如图 8-95 所示。

图 8-93　设置属性参数　　图 8-94　指定属性的位置　　图 8-95　单击"选择对象"按钮

07 进入绘图区选择创建的标高对象，如图 8-96 所示，然后按 Enter 键确定，并返回"写块"对话框。

08 设置好插入块的单位，然后单击"写块"对话框中的"拾取点"按钮，如图 8-97 所示，进入绘图区标高图块的基点位置，如图 8-98 所示，然后返回"写块"对话框进行确定，创建好带属性的标高块。

09 根据素材路径打开"建筑立面.dwg"素材文件，如图 8-99 所示，然后执行 I(插入)命令，打开"插入"对话框，如图 8-100 所示。

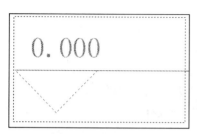

图 8-96　选择图形

图 8-97　单击"拾取点"按钮

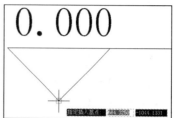

图 8-98　指定基点

图 8-99　打开素材文件

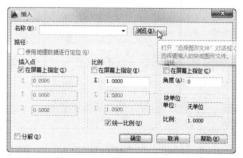

图 8-100　"插入"对话框

[10] 单击"浏览"按钮，打开"选择图形文件"对话框，选择并打开前面创建的标高属性块文件，如图 8-101 所示。

[11] 返回"插入"对话框进行确定，然后在绘图区指定插入位置，如图 8-102 所示。

图 8-101　选择属性块

图 8-102　指定插入位置

[12] 当系统提示"输入标高"时，输入此处的标高 0.000，如图 8-103 所示，然后按 Enter 键确定，插入标高的效果如图 8-104 所示。

[13] 执行 I(插入)命令，在如图 8-105 所示的位置插入标高动态图块，然后输入此处的标高值，如图 8-106 所示。

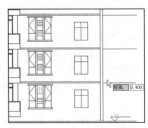

图 8-103　设置属性值　　图 8-104　插入标高效果　　图 8-105　指定插入位置　　图 8-106　设置标高

14 按 Enter 键确定，插入属性块后的效果如图 8-107 所示。然后使用同样的方法，参照如图 8-108 所示的效果，在其他位置插入标高，并修改标高值，完成实例的制作。

图 8-107　插入属性块效果

图 8-108　完成效果

8.6.2　在顶面图中添加灯具图形

本例将在装修顶面图中添加灯具图形，主要练习设计中心命令的使用，完成后的效果如图 8-109 所示。

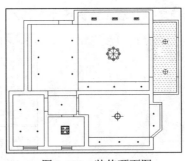

图 8-109　装修顶面图

实例文件	光盘\实例\第 8 章\装修顶面图
素材文件	光盘\素材\第 8 章\装修顶面图、灯具素材
视频教程	光盘\视频教程\第 8 章\在顶面图中添加灯具图形

01 根据素材路径打开 "装修顶面图.dwg" 素材文件，如图 8-110 所示。

02 执行 ADC(设计中心)命令，打开 "设计中心" 选项板，在左侧的资源管理器中，展开本章的 "灯具素材.dwg" 文件，双击 "块" 选项，然后双击选项板右侧的 "浴霸" 图块，如图 8-111 所示。

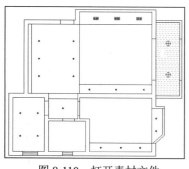

图 8-110　打开素材文件

图 8-111　选择添加对象

03 在打开的"插入"对话框中单击"确定"按钮，如图 8-112 所示。

图 8-112　单击"确定"按钮

04 关闭"设计中心"选项板，然后在绘图区中指定插入图形的位置，如图 8-113 所示，插入图形后的效果如图 8-114 所示。

05 执行 ADC(设计中心)命令，打开"设计中心"选项板，展开本章的"灯具素材.dwg"文件，双击"块"选项，然后将右侧的吊灯图块拖放到当前图形中，效果如图 8-115 所示。

06 继续将筒灯图块拖放到当前图形中，完成本例的制作。

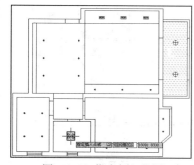

图 8-113　指定插入位置

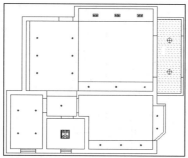

图 8-114　插入图形后的效果

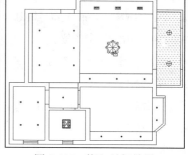

图 8-115　拖入吊灯效果

8.7　上机实战

学习完本章内容后，读者需要掌握 AutoCAD 2014 块应用的方法。下面通过实例操作来巩固本章所介绍的知识，并对知识进行延伸扩展。

实战 1：创建沙发外部块

实例文件	光盘\实例\第 8 章\沙发
素材文件	光盘\素材\第 8 章\沙发

① 打开"沙发.dwg"素材文件，如图 8-116 所示。

② 执行 W(写块)命令，打开"写块"对话框，并在"写块"文本框中输入图块名称"沙发"。

③ 单击"选择对象"按钮，进入绘图区选择沙发图形。

④ 返回"写块"对话框设置保存块的路径，然后单击"确定"按钮，完成外部块的创建。

图 8-116　沙发

实战 2：插入家居图块

实例文件	光盘\实例\第 8 章\家装平面图
素材文件	光盘\素材\第 8 章\家装平面图、组合沙发等

① 打开"家装平面图.dwg"素材文件。

② 执行 I(插入)命令，打开"插入"对话框，单击"浏览"按钮，选择"植物.dwg"图块文件，单击"确定"按钮。

③ 返回"选择图形文件"对话框进行确定，进入绘图区插入图块。

④ 使用同样的方法，插入组合沙发、餐桌图块，最终效果如图 8-117 所示。

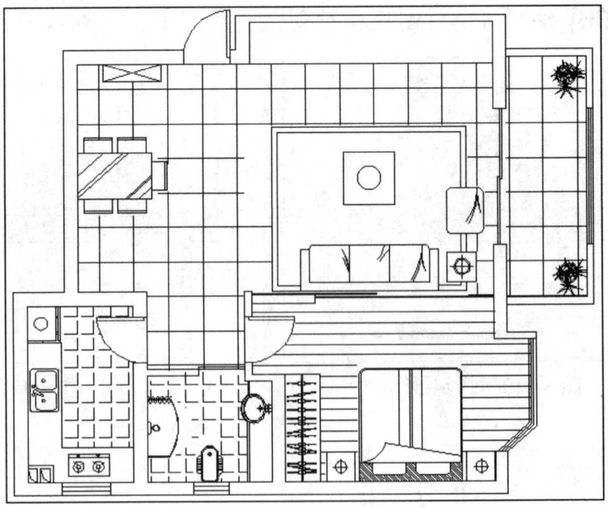

图 8-117　家装平面图

第9章 填充图案与渐变色

本章导读：

为了区别不同图形的各个组成部分，在绘图过程中经常需要用到图案或渐变色填充。使用 AutoCAD 的图案填充功能，可以方便地对图形进行图案填充及填充边界的设置。

本章知识要点：

- 认识图案与渐变色填充
- 填充图形图案
- 编辑填充图案

9.1 认识图案与渐变色参数

图案与渐变色填充通常用来表现组成对象的材质或区分工程的部件，可以使图形看起来更清晰，更具有表现力。在图案填充过程中，可以根据需要选用不同的填充方式和图案进行填充，也可以对填充图案进行编辑。如图 9-1 所示为电视墙装修中图案填充的材质表现效果。

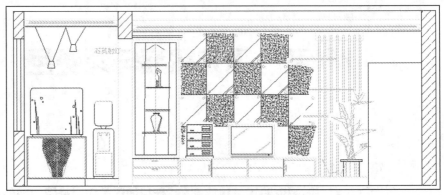

图 9-1　图案填充的电视墙效果

9.1.1　认识图案填充参数

对图形进行图案的填充，可以使用预定义的填充图案；也可以使用当前的线型定义简单的直线图案；还可以创建更加复杂的填充图案。

- 命令：BHATCH(简化命令 H 或 BH)。
- 菜单：选择"绘图→图案填充"命令。
- 工具：单击"绘图"工具栏或"绘图"面板中的"图案填充"按钮 。

在"草图与注释"工作空间中执行"图案填充"命令，系统将添加如图 9-2 所示的"图案填充创建"功能面板。

图 9-2　"图案填充创建"面板

在"AutoCAD 经典"工作空间中执行"图案填充"命令，将打开如图 9-3 所示的"图案填充和渐变色"对话框，该对话框中包括"图案填充"和"渐变色"两个选项卡。

在"图案填充和渐变色"对话框中，可以选择填充的图案，但这些图案所使用的颜色和线型将使用当前图层的颜色和线型，当完成图案填充后，也可以重新指定填充图案的颜色和线型。单击"图案填充"选项卡中右下角的"更多选项"按钮 ，可以将隐藏部分的内容打开，如图 9-4 所示。

图 9-3　"图案填充和渐变色"对话框　　　　图 9-4　展开隐藏部分的内容

在"类型和图案"区域中用于指定图案填充的类型和图案，其中常用选项的含义如下所示。

- 类型：在该下拉列表中可以选择图案的类型，如图 9-5 所示。其中，用户定义的图案基于图形中的当前线型；自定义图案是在任何自定义 PAT 文件中定义的图案，这些文件已添加到搜索路径中，可以控制任何图案的角度和比例。
- 图案：在该下拉列表中可以选择需要的图案。
- 样例：在该显示框中显示了当前使用的图案效果。
- 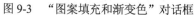按钮：用于打开如图 9-6 所示的"填充图案选项板"对话框，从中可以同时查看所有预定义图案的预览图像，这将有助于用户进行选择。

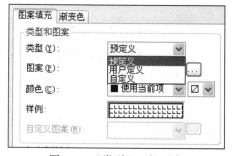

图 9-5　"类型"下拉列表

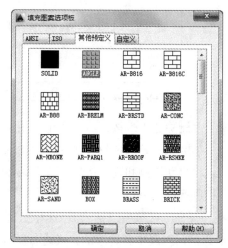

图 9-6　"填充图案选项板"对话框

在"角度和比例"区域中可以指定选定填充图案的角度和比例，其中常用选项的含义如下所示。

- 角度：在该下拉列表中可以设置图案填充的角度，如图 9-7 和图 9-8 所示是 ANSI31 图案分别为 0°和 45°时的效果。

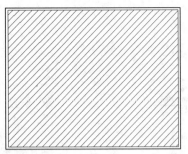

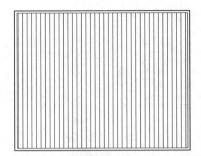

图 9-7　角度为 0°时的 ANSI31 图案　　　　图 9-8　角度为 45°时的 ANSI31 图案

- 比例：在该下拉列表中可以设置图案填充的比例。
- 双向：当使用"用户定义"方式填充图案时，此选项才可用，选择该项可自动创建两个方向相反并互成 90°的图样。
- 间距：指定用户定义图案中的直线间距。AutoCAD 将间距存储在 HPSPACE 系统变量中。只有将填充类型设置为"用户定义"方式，此选项才可用。

在"边界"区域中常用选项的含义如下所示。

- "添加：拾取点"按钮![]：在一个封闭区域内部任意拾取一点，AutoCAD 将自动搜索包含该点的区域边界，如图 9-9 所示。
- "添加：选择对象"按钮![]：用于选择实体，单击该按钮可选择组成区域边界的实体，如图 9-10 所示。

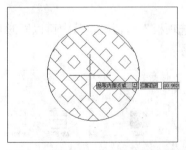

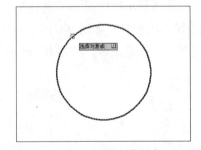

图 9-9　拾取包含点的区域边界　　　　　　图 9-10　选择实体对象

- "删除边界"按钮![]：用于取消边界，边界即为在一个大的封闭区域内存在的一个独立的小区域。该选项只有在使用"拾取一个内部点"按钮![]来确定边界时才起作用，AutoCAD 将自动检测和判断边界。单击该按钮后，AutoCAD 将忽略边界的存在，从而对整个大区域进行图案填充。

在"孤岛"区域中包括"孤岛检测"和"孤岛显示样式"两个选项。下面以填充如图 9-11 所示的图形为例，对其中各选项的含义进行解释。

- 孤岛检测：控制是否检测内部闭合边界。
- 普通：用普通填充方式填充图形时，是从最外层的外边界向内边界填充，即第一层填充，第二层则不填充，如此交替进行填充，直到选定边界填充完毕，普通填充效果如图 9-12 所示。
- 外部：该方式只填充从最外边界向内第一边界之间的区域，效果如图 9-13 所示。

- 忽略：该方式将忽略最外层边界包含的其他任何边界，从最外层边界向内填充全部图形，效果如图 9-14 所示。

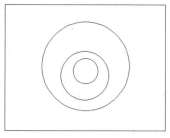

图 9-11　原图

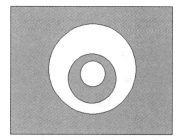

图 9-12　普通填充效果

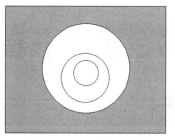

图 9-13　外部填充效果

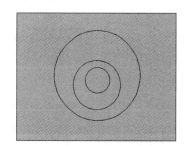

图 9-14　忽略填充效果

单击"预览"按钮将关闭对话框，并使用当前图案填充设置显示当前定义的边界。单击图形或按 Esc 键返回该对话框。右击或按 Enter 键接受图案填充。

9.1.2　认识渐变色填充参数

"渐变色"选项卡用于定义要应用渐变填充的图形。选择"绘图→渐变色"命令，打开"图案填充和渐变色"对话框，然后单击"渐变色"选项卡下方的"更多选项"按钮◉，将显示"渐变色"选项卡中的全部内容，如图 9-15 所示。

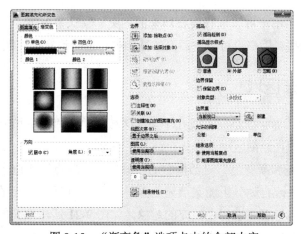

图 9-15　"渐变色"选项卡中的全部内容

- 单色：选中此单选按钮，渐变的颜色将从单色到透明进行过渡，效果如图 9-16 所示。
- 双色：选中此单选按钮，渐变的颜色将从第一种色到第二种色进行过渡，效果如图 9-17 所示。
- 颜色样本：用于快速指定渐变填充的颜色。单击浏览按钮 以显示"选择颜色"对话框，从中可以选择 AutoCAD 颜色为索引(ACI)颜色、真彩色或配色系统颜色。显示的默认颜色为图形的当前颜色。
- 居中：选中该复选框，颜色将从中心开始渐变，效果如图 9-18 所示；取消该选项，颜色将呈不对称渐变，效果如图 9-19 所示。
- 角度：用于设置渐变色填充的角度。

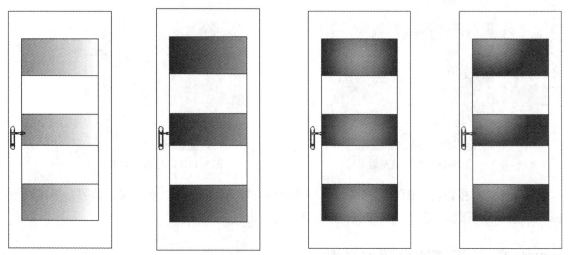

图 9-16　单色渐变填充效果　图 9-17　双色渐变填充效果　图 9-18　从中心渐变效果　图 9-19　不对称渐变效果

9.2　填充图形

在填充图案的过程中，用户可以选择需要填充的图案。默认情况下，这些图案的颜色和线型将使用当前图层的颜色和线型。用户也可以在后面的操作中，重新设置填充图案的颜色和线型。

9.2.1　定义填充区域

用于定义填充图案的边界必须是一个或几个封闭区域。单击"图案填充和渐变色"对话框中的"选择对象"按钮，然后在绘图区中选择一个或若干对象。

还可以单击"图案填充和渐变色"对话框中的"添加：拾取点"按钮，在需要填充图案的图形区域内拾取一个点，由系统自动分析图案填充边界，如图 9-20 所示填充的星形图形；如果需要填充的对象是一个整体，则可以直接选择要填充的对象，如图 9-21 所示填充的圆形图形，然后进行确定，返回"图案填充和渐变色"对话框进行相应设置即可。

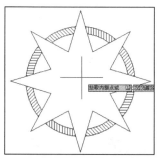
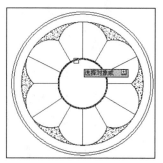

图 9-20　指定填充区域　　　　　　　　图 9-21　选择填充对象

9.2.2　设置填充图案

设置好填充区域后，可以在"图案填充和渐变色"对话框中选择需要填充的图案。AutoCAD 提供了如下 3 种类型的图案。

- 预定义：选用在文件 ACAD.PAT 中定义的图案。
- 自定义：选用在其他 PAT 文件中定义的图案。
- 用户定义：用户根据实际需要创建图案样式。

定义填充图案的区域后，返回"图案填充和渐变色"对话框，单击该对话框中的"图案"下拉列表右方的 按钮，或单击"样例"预览显示框，将打开如图 9-22 所示的"填充图案选项板"对话框，在该对话框中可以选择不同的图案样式。

在"填充图案选项板"对话框中显示了所有预定义和自定义图案的预览图像。其中包括 4 个选项卡，分别为 ANSI、ISO、"其他预定义"和"自定义"，每个选项卡中的预览图像按字母顺序排列。首先单击要选择的填充图案，然后单击"确定"按钮即可。

- ANSI：显示产品附带的所有 ANSI 图案。
- ISO：显示产品附带的所有 ISO 图案，如图 9-23 所示。

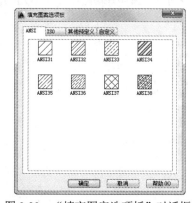

图 9-22　"填充图案选项板"对话框　　　　图 9-23　ISO 选项卡

- 其他预定义：显示产品附带的除 ISO 和 ANSI 之外的其他图案，如图 9-24 所示。
- 自定义：显示已添加到搜索路径中的自定义 PAT 文件列表，如图 9-25 所示。

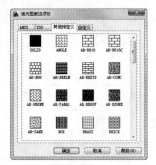

图 9-24　"其他预定义"选项卡　　　　图 9-25　"自定义"选项卡

选择好需要填充的图案后进行确定，返回"图案填充和渐变色"对话框，根据需要设置图案的填充角度和比例，即可得到所需的图案效果。

9.2.3　预览和应用图案

如果在选定图案填充区域、图案及相关参数后，需要预览图案填充效果，可以在"图案填充和渐变色"对话框中单击"预览"按钮，将暂时隐藏"图案填充和渐变色"对话框，并对填充的图案进行预览。

对填充图案的效果进行预览后，可以按 Enter 键返回"图案填充和渐变色"对话框，然后根据需要对图案参数进行调整，最后单击"确定"按钮结束图案填充。

9.3　编辑填充图案

关联填充图案和非关联填充图案，都可以在"图案填充编辑"对话框中进行编辑，选择"修改→对象→图案填充"命令，或者输入 HATCHEDIT(图案填充编辑)命令并确定，然后选择要编辑的图案，即可打开如图 9-26 所示的"图案填充编辑"对话框。在该对话框中可以重新设置填充的图案和图案的参数。

图 9-26　"图案填充编辑"对话框

9.3.1　编辑关联图案填充

关联图案填充的特点是图案填充区域与填充边界互相关联，当边界发生变动时，填充图形的区域也跟着自动更新。用编辑命令修改填充边界后，如果其填充边界继续保持封闭，则图案填充区域自动更新，并保持关联性；如果边界不再保持封闭，则消失关联性。

在填充图案对象所在的图层被锁定或冻结的情况下修改填充边界，其关联性消失。使用 X(分解) 命令可以分解填充的图案，使用该命令将一个填充图案分解后，其关联性也会消失。填充的图案是一种特殊的块。无论图案的形状多么复杂，其都可以作为一个单独的对象。

9.3.2　夹点编辑关联图案

AutoCAD 将关联图案填充对象作为一个块处理，其夹点位于填充区域的外接矩形的中心点上，且夹点只有一个。如果要对图案填充本身的边界轮廓直接进行夹点编辑，则要执行 DDGRIPS 命令，从弹出的"选项"对话框中选中"在块中显示夹点"复选框，如图 9-27 所示，即可选择边界进行编辑。

提示

> 用夹点方式编辑填充图案时，如果编辑后填充边界仍然保持封闭，那么其关联性继续保持；如果编辑后填充边界不再封闭，那么其关联性则消失，填充区域将不改变。

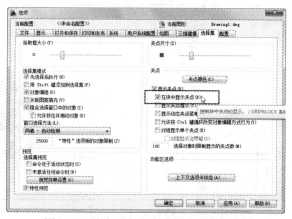

图 9-27　选中"在块中显示夹点"复选框

9.3.3　控制填充图案的可见性

使用 FILL 命令可以控制填充图案的可见性。执行 FILL 命令后，其命令行提示及含义如下所示：

```
命令:FILL↙        //执行命令
输入模式 [开(ON)/关(OFF)] < >:  //选择"开(ON)"时，填充图案可见；选择"关(OFF)"时，填充图案则不可见
```

更改 FILL 命令设置后，需要用 REGEN(重生成)命令重新生成才能更新填充图案的可见性。系统变量 FILLMODE 也可用来控制图案填充的可见性，当 FILLMODE=0 时，FILL 值为"关"；当 FILLMODE=1 时，FILL 值为"开"。

提示

当填充图案不可见时，对其填充边界进行编辑，编辑后填充边界仍然保持封闭，则仍然保持关联性；编辑后如果填充边界不再封闭，则消失关联性。

9.4 融会贯通

本小节综合应用所学的 AutoCAD 2014 图案填充和渐变色填充的知识，练习填充图案和渐变色、编辑填充对象等操作的具体使用方法。

9.4.1 填充客厅立面

本例将在客厅 A 立面中对图形的材质进行填充，练习对图形填充图案和渐变色等操作，完成后的效果如图 9-28 所示。

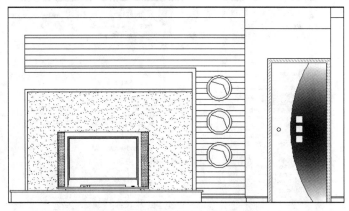

图 9-28　填充客厅立面的效果

实例文件	光盘\实例\第 9 章\客厅 A 立面
素材文件	光盘\素材\第 9 章\客厅 A 立面
视频教程	光盘\视频教程\第 9 章\填充客厅立面

01 根据素材路径打开"客厅 A 立面.dwg"素材文件，如图 9-29 所示。

02 选择"绘图→图案填充"命令，在打开的"图案填充和渐变色"对话框中设置类型为"用户定义"，设置间距为 800，如图 9-30 所示。

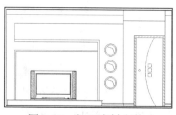

图 9-29　打开素材文件

图 9-30　设置图案参数

03 单击"图案填充和渐变色"对话框中的"添加：拾取点"按钮🔲进入绘图区，然后单击选择如图 9-31 所示的区域。

04 按空格键返回"图案填充和渐变色"对话框，然后单击"预览"按钮，可以预览图案填充效果，预览效果如图 9-32 所示。

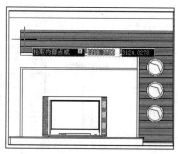

图 9-31　选择填充区域

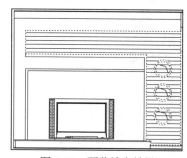

图 9-32　预览填充效果

05 按空格键确定，返回"图案填充和渐变色"对话框，单击该对话框右下角的"更多选项"按钮📎，展开被隐藏的部分，然后在"孤岛"区域中选中"外部"单选按钮，如图 9-33 所示。

06 设置好参数后，单击"确定"按钮，完成图形的填充，效果如图 9-34 所示。

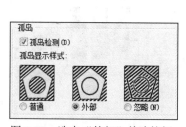

图 9-33　选中"外部"单选按钮

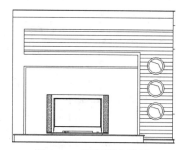

图 9-34　图案填充效果

07 执行 PL(多段线)命令，绘制一条多段线，效果如图 9-35 所示。

08 执行 H 命令，打开"图案填充和渐变色"对话框，单击"样例"预览小窗口，打开"填充图案选项板"对话框，在该对话框的"其他预定义"选项卡中选择 AR-SAND 样例，如图 9-36 所示。

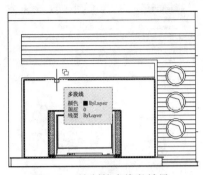

图 9-35　绘制的多线段效果

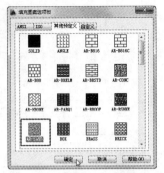

图 9-36　选择 AR-SAND 样例

09　单击"确定"按钮，返回"图案填充和渐变色"对话框，将图案的比例值设为 50，如图 9-37 所示。

10　单击"添加：选择对象"按钮，拾取多段线对象，此时多段线呈虚线显示，如图 9-38 所示。然后按 Enter 键确定，图案填充的效果如图 9-39 所示。

图 9-37　设置图案比例

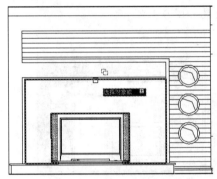

图 9-38　选择填充对象

11　输入 H 命令并确定，打开"图案填充和渐变色"对话框，选择"渐变色"选项卡。然后选中"单色"单选按钮，设置颜色为"索引颜色 14"，设置渐变方式为中心到四周，如图 9-40 所示。

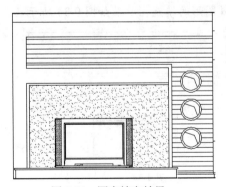

图 9-39　图案填充效果

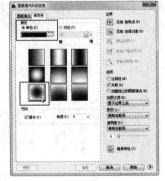

图 9-40　设置颜色

12　单击该对话框中的"添加：拾取点"按钮进入绘图区，接着单击指定要填充的区域，如图 9-41 所示。然后按空格键确定，完成电视立面墙的图案填充，最终效果如图 9-42 所示。

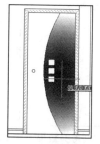

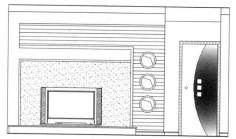

图 9-41　指定填充区域　　　　　　　图 9-42　最终填充效果

9.4.2　编辑被单图案

本例将在双人床图形中对被单的图案进行修改，主要练习通过夹点的方式对填充图案进行编辑操作，完成后的效果如图 9-43 所示。

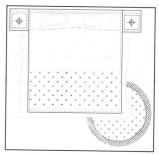

图 9-43　编辑被单图案

实例文件	光盘\实例\第 9 章\双人床
素材文件	光盘\素材\第 9 章\双人床
视频教程	光盘\视频教程\第 9 章\编辑被单图案

01 根据素材路径打开"双人床.dwg"素材文件，如图 9-44 所示。

02 单击被子左上角的顶点，然后向下移动光标至中点位置，效果如图 9-45 所示。

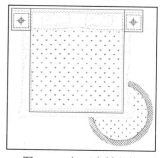

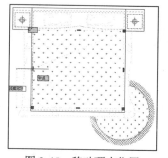

图 9-44　打开素材文件　　　　　　　图 9-45　移动顶点位置

03 单击进行确定，移动顶点后的效果如图 9-46 所示。然后将右上角的顶点向下移动到中点位置，最终效果如图 9-47 所示。

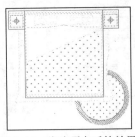

图 9-46　移动顶点后的效果

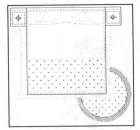

图 9-47　最终效果

9.5　上机实战

学习完本章内容后，读者需要掌握 AutoCAD 2014 填充图形的方法。下面通过实例操作来巩固本章所介绍的知识，并对知识进行延伸扩展。

实战 1：填充玻璃餐桌图形

实例文件	光盘\实例\第 9 章\餐桌
素材文件	光盘\素材\第 9 章\餐桌
① 打开"餐桌.dwg"图形文件。 ② 执行 H 命令，打开"图案填充和渐变色"对话框，然后选择 AR-RROOF 图案。 ③ 设置图案比例为 5、角度为 45°。 ④ 选择作为餐桌的圆角矩形，填充图案后的效果如图 9-48 所示。	 图 9-48　　填充餐桌

实战 2：填充地面拼花图案

实例文件	光盘\实例\第 9 章\地面拼花
素材文件	光盘\素材\第 9 章\地面拼花
① 打开"地面拼花.dwg"图形文件。 ② 执行 H 命令，打开"图案填充和渐变色"对话框，然后选择 AR-CONC 图案。 ③ 设置图案比例为 10，设置孤岛检测方式为"普通"。 ④ 在大圆内部单击拾取一个点指定填充区域，填充图案后的效果如图 9-49 所示。	 图 9-49　　地面拼花图案

第10章 创建文字与表格

本章导读：

图纸的结构、技术要求和机械的加工要求、零部件名称，以及建筑结构的说明、建筑体的空间标注等，都需要用文字进行标注说明。本章将介绍文字样式的设置、创建和编辑文字以及创建引线和表格等内容。

本章知识要点：

- 设置文字样式
- 创建文字
- 编辑文字
- 创建引线
- 创建表格

10.1 应用文字样式

文字样式是用来控制文字基本形状的一组设置。文字样式包括文字的字体、字型和大小。字体具有一定固有形状，是由若干个单词组成的描述库。字型是具有字体、大小、字符倾斜度、文本方向等特性的文本样式。

10.1.1 创建文字样式

在 AutoCAD 2014 中除了自带的文字样式外，还可以在"文字样式"对话框中创建新的文字样式。用户在 AutoCAD 中进行文字标注的，可以先创建需要的文字样式，然后进行文字的创建。

- 命令：DDSTYLE。
- 菜单：选择"格式→文字样式"命令。
- 工具：选择"注释"标签，单击"文字"面板中的"字体样式"按钮，如图 10-1 所示。

【练习 10-1】新建"说明"文字样式。

01 执行 DDSTYLE(文字样式)命令，打开"文字样式"对话框，在对话框左上方列出了文字样式类型，如图 10-2 所示。

图 10-1　单击"字体样式"按钮

图 10-2　"文字样式"对话框

02 单击该对话框右侧的"新建"按钮，打开"新建文字样式"对话框，在"样式名"文本框中输入新建文字样式的名称"说明"，如图 10-3 所示。

03 单击"确定"按钮即可创建新的文字样式。在样式名称列表框中将显示新建的文字样式，如图 10-4 所示。

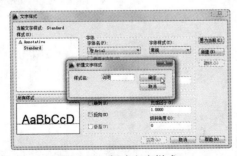

图 10-3　新建文字样式

图 10-4　显示新建的文字样式

提示

　　在"文字样式"文本框中选择一种文字样式，然后单击"置为当前"按钮，可以将所选的文字样式设置为当前应用的文字样式。如果要删除某种文字样式，可以在选择该文字样式后，单击"删除"按钮，将打开"acad 警告"对话框，然后进行确定，即可将所选的文字样式删除。

10.1.2　设置文字字体与大小

　　在"文字样式"对话框的"字体"区域中可以设置字体名和字体样式，在"大小"区域中可以设置文字的大小，如图 10-5 所示，可以在"字体名"列表中选择需要的字体，如图 10-6 所示。

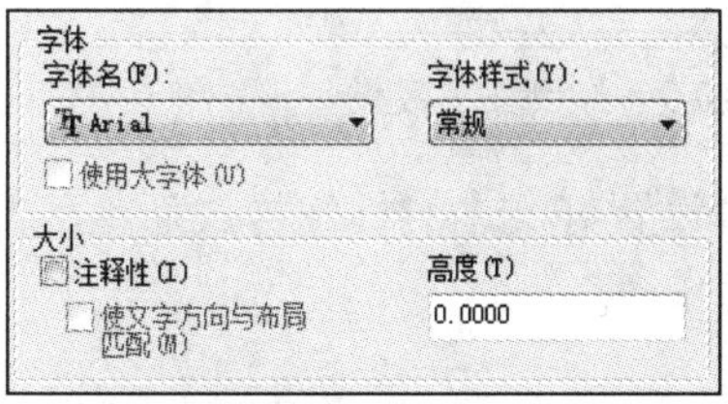

　　在"字体"和"大小"区域中各选项的含义如下所示。

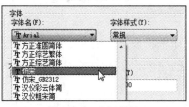

图 10-5　设置字体和大小

- 字体名：列出所有注册的中文字体和其他语言的字体名。从列表中选择名称后，该程序将读取指定字体的文件。
- 字体样式：在其中可以选择其他的字体样式。
- 注释性：指定文字为 annotative。单击信息图标以了解有关注释性对象的详细信息。

图 10-6　选择字体

- 使文字方向与布局匹配：指定图纸空间视口中的文字方向与布局方向匹配。当取消"注释性"复选框的选中状态时，该选项不可用。
- 高度：根据输入的值设置文字高度。如果输入 0.0，则每次用该样式输入文字时，文字的默认值都为 0.2 高度。输入大于 0.0 的高度值则为该样式设置固定的文字高度。

10.1.3　设置文字效果

　　在"文字样式"对话框的"效果"区域中可以修改字体的特性，如宽度因子、倾斜角以及是否颠倒、反向或垂直对齐显示，如图 10-7 所示。在"预览"区域中可以预览到文字的效果，如图 10-8 所示。

　　在"效果"区域中各选项的含义如下所示。

图 10-7　"效果"区域

图 10-8　预览效果

- 颠倒：选中该复选框，在用该文字样式来标注文字时，文字将被垂直翻转，效果如图 10-9 所示。
- 宽度因子：在"宽度比例"文本框中，可以输入作为文字宽度与高度的比例值。系统在标注文字时，会以该文字样式的高度值与宽度因子相乘来确定文字的高度。
- 反向：选中该复选框，可以将文字水平翻转，使其呈现镜像显示，效果如图 10-10 所示。

- 垂直：选中该复选框，标注文字将沿竖直方向显示，效果如图 10-11 所示。只有在选定字体支持双向时该选项才可用。
- 倾斜角度：在该文本框中输入的数值将作为文字旋转的角度，效果如图 10-12 所示。设置此数值为 0 时，文字将处于水平方向。文字的旋转方向为顺时针方向，即在该文本框中输入一个正值时，文字将会向右方倾斜。

图 10-9　颠倒文字效果

图 10-10　反向文字效果

图 10-11　垂直排列效果

图 10-12　倾斜文字效果

设置好文本的标注样式后，单击"文字样式"对话框右上方的"应用"按钮，该文字样式即可被应用。

10.2　创建文字

如果将设置好的文字样式设置为当前样式，在创建文字时将使用该文字样式。在 AutoCAD 中，可以创建单行文字和多行文字，也可以根据需要创建特殊的字符对象。

10.2.1　书写单行文字

DTEXT(单行文字)用于创建简短的文字内容，如图 10-13 所示为单行文字效果。用户在使用 DTEXT 命令对图形进行标注的同时，还可以对文本字体、大小、倾斜、镜像、对齐和文字间隔调整等内容进行设置。

- 命令：DTEXT(简化命令 DT)。
- 菜单：选择"绘图→文字→单行文字"命令。
- 工具：在"文字"面板中的"多行文字"下拉列表中单击"单行文字"按钮 ⒜，如图 10-14 所示。

图 10-13　单行文字效果

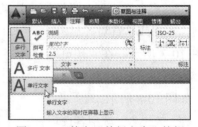
图 10-14　单击"单行文字"按钮

执行 DTEXT(单行文字)命令后，输入一个坐标点作为标注文本的起始点，并默认为左对齐方式。系统将提示"指定文字的起点或[对正(J)/样式(S)]:"，其中常用选项的含义如下所示。

- 对正：设置标注文本的对齐方式。
- 样式：设置标注文本的样式。

选择"对正"选项后，系统将提示"[对齐(A)/调整(F)中心(C)/中间(M)右(R)/左上(TL)中上(TC)/右上(TR)/左中(ML)/正中(MC)/右中(MR)左下(BL)/中下(BC)右下(BR)]:"，其中常用选项的含义如下所示。

- 对齐(A)：输入文本基线的起点和终点后，标注文本将在文本基线上均匀排列，字符的高度根据文本的多少自动调整。
- 中心(C)：指定一个坐标点，然后输入标注文本的高度和旋转角度，这样就确定了标注文本基线的中心和旋转角度。
- 中间(M)：指定一个坐标点，然后输入标注文本的高度和旋转角度，这样就确定了标注文本的中心和旋转角度。

选择"样式"选项后，命令提示行将提示"输入样式名或[?]<standard>:"，可以在该提示后输入定义的样式名，然后根据命令提示行的提示进行操作。

【练习 10-2】创建单行文字。

01 单击"文字"面板中的"单行文字"按钮 A，或执行 DTEXT 命令。

02 在绘图区单击以确定输入文字区域的第一个角点，系统将提示"指定高度<当前>:"。此时输入文字的高度，如图 10-15 所示，然后按空格键确定。

03 当系统提示"指定文字的旋转角度 <0>:"时，输入文字的旋转角度如图 10-16 所示。然后按空格键确定。

04 当绘图区出现如图 10-17 所示的标记时，输入单行文字内容，如图 10-18 所示。然后连续按两次 Enter 键，即可完成单行文字的创建。

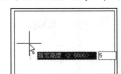
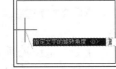

图 10-15　指定文字高度　　图 10-16　指定旋转角度　图 10-17　出现文字的标记　图 10-18　输入单行文字

10.2.2　书写多行文字

在 AutoCAD 2014 中，多行文字是由沿垂直方向任意数目的文字行或段落构成，可以指定文字行段落的水平宽度。用户可以对其进行移动、旋转、删除、复制、镜像或缩放操作。使用 MTEXT(多行文字)命令可以创建一些复杂的说明性文字。

- 命令：MTEXT(简化命令 MT 或 T)。
- 菜单：选择"绘图→文字→多行文字"命令。
- 工具：单击"文字"面板中的"多行文字"按钮 A。

【练习 10-3】创建多行文字。

01 选择"注释"标签，单击"文字"面板中的"多行文字"按钮 A，如图 10-19 所示。

02 在绘图区指定创建文字的区域，如图 10-20 所示，系统将提示"指定对角点或[高度(H)/对正(J)/行距(L)/旋转(R)/样式(S)/宽度(W)/栏(C)]:"，其中常用选项的含义如下所示。

- 高度(H)：用于确定文字的高度。
- 对正(J)：用于设置文字的对齐类型。
- 行距(L)：用于确定文字之间的距离。
- 旋转(R)：用于设置文字的旋转角度。
- 样式(S)：用于设置文字的样式。
- 宽度(W)：用于设置文字的宽度。
- 栏(C)：用于文字的分栏设置。

图 10-19　单击"多行文字"按钮

图 10-20　指定文字区域

03 在打开的"文字编辑器"对话框中设置好文字的高度、文字的字体和文字的颜色等主要参数，如图 10-21 所示。

图 10-21　设置字体各参数

04 在文字窗口中输入文字内容，如图 10-22 所示，关闭文字编辑器，即可完成多行文字的创建，效果如图 10-23 所示。

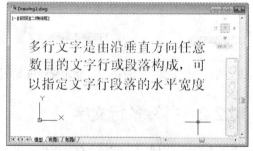

图 10-22　输入文字内容

图 10-23　创建的多行文字效果

提示

> MTEXT 命令与 DTEXT 命令的不同在于：使用 MTXET 输入的文本，无论行数多少，都将作为一个实体对其进行整体选择、编辑等操作；使用 DTEXT 命令输入多行文字时，每一行都是一个独立的实体，只能单独对每行进行选择、编辑等操作。

执行 T(多行文字)命令后，在绘图区指定一个区域，系统将打开设置文字格式的"文字编辑器"对话框，其中包括"样式"、"格式"、"段落"、"插入"、"拼写检查"、"工具"、"选项"和"关闭"面板，其中常用选项的含义如下所示。

1. "样式"面板

- 样式列表：用于设置当前使用的文本样式。可以从下拉列表框中选取一种已设置好的文本样式作为当前样式。
- 文字高度：用于设置当前使用的字体高度。可以在下拉列表框中选取一种需要的高度，也可以直接输入数值。

2. "格式"面板

- **B**、**I**、**U**、**ō**：用于设置标注文本是否加粗、倾斜、加下划线或加上划线。反复单击这些按钮，可以在打开与关闭相应功能之间进行切换。
- 宋体 字体：在该下拉列表中可以选择为当前使用的字体类型，如图 10-24 所示。
- ByLayer 颜色：在该下拉列表中可以选择为当前使用的文字颜色，如图 10-25 所示。

"背景遮罩"按钮：单击该按钮，将打开"背景遮罩"对话框，如图 10-26 所示，可以控制在多行文字后面使用不透明背景。

图 10-24　选择字体

图 10-25　选择颜色

图 10-26　"背景遮罩"对话框

3. "段落"面板

- 多行文字对正：显示如图 10-27 所示的"多行文字对正"菜单，并且有 9 个对齐选项可用，"左上"为默认对正方式。
- 项目符号和编号：显示如图 10-28 所示的"项目符号和编号"菜单，用于创建列表的选项。

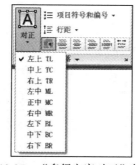

图 10-27　"多行文字对正"菜单

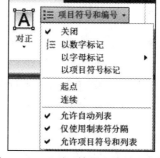

图 10-28　"项目符号和编号"菜单

- 行距：显示建议的行距选项，如图 10-29 所示，用于在当前段落或选定段落中设置行距。

- 默认、 左对齐、
  居中、 右对齐、
  对正和 分布：设置
  当前段落或选定段落
  的默认、左、中或右
  文字边界的对正和对
  齐方式。

- 设置段落：单击该
  按钮将打开用于设置
  段落参数的"段落"对话框，如图 10-30 所示。

图 10-29　选择行距

图 10-30　"段落"对话框

4. "插入"面板

- 分栏：单击该按钮，将弹出"分栏"菜单，该菜单包括不分栏、动态栏、静态栏、插入
  分栏符和分栏设置 5 个选项，如图 10-31 所示。

- @符号：单击该按钮，将弹出各种符号供用户选择，如图 10-32 所示。

- 字段：单击该按钮，将弹出如图 10-33 所示的"字段"对话框，从中可以选择要插入到
  文字中的字段。关闭该对话框后，字段的当前值将显示在文字中。

图 10-31　"分栏"菜单

图 10-32　各种符号

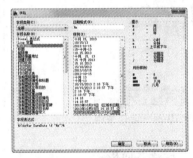

图 10-33　"字段"对话框

5. "拼写检查"面板

- 拼写检查：用于确定键入文字时拼写检查为打开还是关闭状态。

- 编辑词典：单击该按
  钮，将打开用于进行词
  典编辑的"词典"对话
  框，如图 10-34 所示。

- 设置：单击该按钮，将
  打开用于拼写检查设置
  的"拼写检查设置"对
  话框，如图 10-35 所示。

图 10-34　"词典"对话框

图 10-35　"拼写检查设置"对话框

6. "工具"面板

单击"工具"面板中的"查找和替换"按钮 ，将打开如图 10-36 所示的"查找和替换"对话框，在该对话框中可以进行查找和替换文本的操作。

7. "选项"面板

- 更多：单击该按钮将显示更多的字符内容，如图 10-37 所示。
- 标尺：单击该按钮，将在编辑器顶部显示标尺，如图 10-38 所示。拖动标尺末尾的箭头可以更改多行文字对象的宽度。列模式处于活动状态时，还可以显示高度和列夹点。
- 撤销：单击该按钮可以撤销上一步操作。
- 恢复：单击该按钮可以恢复上一步操作。

图 10-36　"查找和替换"对话框

图 10-37　显示更多的字符内容

图 10-38　显示标尺

8. "关闭"面板

单击"关闭"面板中的"关闭文字编辑器"按钮 ，将关闭"文字编辑器"对话框，并结束文字的编辑操作。

10.2.3　书写特殊字符

在文本标注的过程中，有时需要输入一些控制码和专用字符，AutoCAD 根据需要提供了一些特殊字符的输入方法。AutoCAD 提供的特殊字符内容如表 10-1 所示。

表 10-1　特殊字符

特 殊 字 符	输 入 方 式	字 符 说 明
±	%%p	正/负公差符号
‾	%%o	上划线
_	%%u	下划线
%	%%%%	百分比符号
Φ	%%c	直径符号
°	%%d	度

【练习 10-4】创建百分比字符和直径符号。

执行 TEXT 命令，创建百分比字符和直径符号时，其命令行提示及操作如下所示：

```
命令：TEXT ↙                          //执行文字命令
当前文字样式：Standard   当前文字高度：2.5000   //系统提示
指定文字的起点或 [对正(J)/样式(S)]：   //在屏幕上选一点，输入文本起点
指定高度<2.5000>：                    //按空格键确定默认高度值
指定文字的旋转角度 <0>：              //按空格键确定默认旋转角度
输入文字：50%%%        //输入文本 50%%%，文字对象将自动变为如图 10-39 所示的内容，按 Enter 键
进入下行文字的输入状态
输入文字：100%%c       //输入第二行文本 100%%c，文字对象将自动变为如图 10-40 所示的内容，然后
按两次 Enter 键结束操作，完成效果如图 10-41 所示
```

图 10-39　创建百分比　　　图 10-40　创建直径　　　图 10-41　特殊字符效果

10.3　修改文字

如果标注的文本不符合绘图的要求，就需要在原有的基础上进行修改。下面将介绍修改文本内容、修改文字特性、对正文本、缩放文本以及查找和替换的方法。

10.3.1　修改文本内容

在修改文本内容时，如果是针对个别文字进行修改，可以使用修改文本命令对其进行修改，以便进行删除、增加或替换文字内容，实现修改文本内容的目的。

- 命令：DDEDIT。
- 菜单：选择"修改→对象→文字→编辑"命令。

执行 DDEDIT(修改文本)命令后，系统将提示"选择注释对象或[放弃(U)]："，其中常用选项的含义如下所示。

- 选择注释对象：选择要修改的文字对象。
- 放弃(U)：放弃上步的选择操作。

【练习 10-5】将如图 10-42 所示的"三人沙发"文字修改为"多人沙发"。

01 执行 DDEDIT 命令，选择文本对象，然后选择要修改的"三"字，如图 10-43 所示。

02 输入新的文字内容"多"，如图 10-44 所示，然后按两次 Enter 键确定，修改后的文字效果如图 10-45 所示。

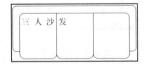

图 10-42　原图　　图 10-43　选择要修改的文字　图 10-44　输入新的文字内容　图 10-45　修改后的文字效果

10.3.2　修改文字特性

如果需要修改文本的文字特性，如样式、位置、方向、大小、对正和其他特性时，可以在"特性"选项板中进行编辑。

- 命令：PROPERTIES。
- 菜单：选择"修改→特性"命令。

执行"特性"命令后，将打开"特性"选项板，如图 10-46 所示。在"常规"选项栏中，可以修改文字的图层、颜色、线型、线型比例和线宽等对象特性；在"文字"选项栏中，可以修改文字的内容、样式、对正方式、文字高度、旋转和宽度比例等特性。

如果在图形中同时选择了多个文本对象，在"特性"选项板中将显示多个文本的共同特性，如图 10-47 所示。

【练习 10-6】在"特性"选项板中修改文字的特性。

01 使用 T(多行文字)命令创建如图 10-48 所示的文字内容，设置字体为宋体、文字高度为 50、文字颜色为红色，如图 10-49 所示。

图 10-46　"特性"选项板

图 10-47　显示多个文本的共同特性

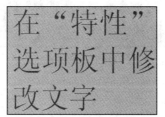

图 10-48　创建文字内容

图 10-49　设置文字格式

图 10-50　设置文字特性

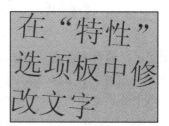

图 10-51　修改后的文字效果

02 执行 PROPERTIES 命令，打开"特性"选项板，选择创建的多行文字，然后在"特性"选项板中设置文字的旋转角度为 355°，如图 10-50 所示。然后进行确定，修改后的文字效果如图 10-51 所示。

10.3.3　对正文本

使用 JUSTIFYTEXT(对正)命令可以在不改变选定文字位置的情况下改变其对齐点。在对正操作中，可以选择的对象包括单行文字、多行文字、引线文字和属性对象。

- 命令：JUSTIFYTEXT。
- 菜单：选择"修改→对象→文字→对正"命令。

【练习 10-7】左对齐文字对象。

01 执行 JUSTIFYTEXT(对正)命令后，系统将提示"选择对象:"，此时选择需要对正的文字对象，如图 10-52 所示，然后按空格键进行确定。

02 选择对正的对象后，系统将提示"输入对正选项[左(L)/对齐(A)/调整(F)/居中(C)/中间(M)/右(R)/左上(TL)/中上(TC)/右上(TR)/左中(ML)/正中(MC)/右中(MR)/左下(BL)/中下(BC)/右下(BR)]<>:"，可以从中选择一种需要的"左对齐"对正方式，如图 10-53 所示。

03 按空格键进行确定，即可更改文字的对正方式，完成效果如图 10-54 所示。

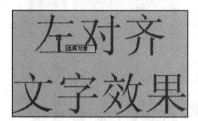 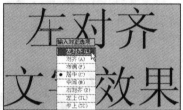 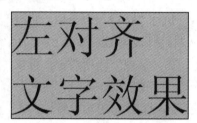

图 10-52　选择文字对象　　　　图 10-53　选择对正方式　　　　图 10-54　左对齐对正效果

10.3.4　缩放文本

使用 SCALETEXT(缩放文本)命令可以更改一个或多个文字对象的比例，而且不会改变其位置，这在建筑制图中十分有用。

- 命令：SCALETEXT。
- 菜单：选择"修改→对象→文字→比例"命令。

执行 SCALETEXT 命令后，系统将提示"选择对象:"，此时选择要缩放比例的文字，系统将继续提示"输入缩放的基点选项[现有(E)/左(L)中心(C)/中间(M)右(R)/左上(TL)中上(TC)/右上(TR)/左中(ML)/正中(MC)/右中(MR)左下(BL)/中下(BC)右下(BR)]<现有>:"，该提示中的部分选项与执行 TEXT 命令后出现的选项相同。输入 E 并确定后，系统将提示"指定新高度或[匹配对象(M)/缩放比例(S)]:"，其中常用选项的含义如下所示。

- 指定新高度：用于设置标注文本的新高度。
- 匹配对象(M)：用于缩放最初选定的文字对象以便与选定的文字对象大小匹配。
- 缩放比例(S)：按参照长度和指定的新长度比例对所选文字进行缩放。

10.3.5　查找和替换文字

在进行文字的编辑中，有时需要对文档中多处的内容进行重复修改。使用查找和替换文字功能对文字进行替换，可以提高工作效率和准确性。

- 命令：FIND。
- 菜单：选择"编辑→查找"命令。

选择"编辑→查找"命令，或者执行 FIND 命令，将打开如图 10-55 所示的"查找和替换"对话框。其中常用选项的含义如下所示。

- 查找内容：用于输入要查找的内容，也可以在该下拉列表框中选取已有的内容。
- 替换为：用于输入一个字符串，也可以在列出的字符串中选择需要的内容，用以替换找到的内容。
- 查找位置：用于确定是在整个图形中还是在当前选择中查找内容，在该下拉列表中可以选择查找的位置，如图 10-56 所示。如果已经选中了内容，则预设选项为"当前/空间/布局"；如果没有选中内容对象，则默认选择内容为"整个图形"。

图 10-55　"查找和替换"对话框　　　　　　　图 10-56　选择查找位置

- 选择对象：单击该按钮将暂时关闭"查找和替换"对话框，然后进入绘图区选择实体，按空格键返回"查找和替换"对话框。选择对象后，在"搜索范围"区域中将显示找到的对象。
- 替换：单击该按钮，在"替换为"文本框中输入的内容将替换找到的字符。
- 全部替换：找到所有符合要求的字符串后，单击该按钮，可以在"替换为"文本框中输入新的字符串。
- 查找：单击该按钮，开始查找在"查找内容"文本框中输入的字符串。
- 更多：单击该按钮，将显示更多的选项内容，如图 10-57 所示。
- 列出结果：选中该复选框，系统将列出查找或替换的内容，如图 10-58 所示。

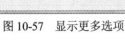

图 10-57　显示更多选项　　　　　　　　　图 10-58　列出查找内容

展开"搜索选项"和"文字类型"区域中的内容后，选择"区分大小写"选项将在查找对象时区分字母的大小写；选择"全字匹配"选项，将可以找出与被查找文本完全相同的内容；单击"更少"按钮，将隐藏"搜索选项"和"文字类型"区域中的内容。

10.4 应用引线

引线标注是由样条曲线或直线段连着箭头组成的对象，通常由一条水平线段将文字和特征控制框连接到引线上。

10.4.1 应用多重引线

选择"注释"标签，在"引线"面板中选择相应的工具可以创建多重引线对象，或进行多重引线样式的设置。

1. 设置多重引线样式

使用 MLEADERSTYLE(多重引线样式)命令可以设置当前多重引线样式，以及创建、修改和删除多重引线样式。执行 MLEADERSTYLE(多重引线样式)命令，或单击"引线"面板中的"多重引线样式管理器"按钮，如图 10-59 所示，将打开如图 10-60 所示的"多重引线样式管理器"对话框。

图 10-59　单击"多重引线样式管理器"按钮

图 10-60　"多重引线样式管理器"对话框

"多重引线样式管理器"对话框中常用选项的含义如下所示。

- 置为当前：单击该按钮，将"样式"列表中选定的多重引线样式设置为当前样式。所有新的多重引线都将使用此多重引线样式进行创建。
- 新建：单击该按钮，显示"创建新多重引线样式"对话框，从中可以定义新的多重引线样式。
- 修改：单击该按钮，显示"修改多重引线样式"对话框，从中可以修改多重引线样式。
- 删除：单击该按钮，用于删除"样式"列表中选定的多重引线样式，但不能删除图形中正在使用的样式。

单击"多重引线样式管理器"对话框中的"新建"按钮，在打开的如图 10-61 所示的"创建新多重引线样式"对话框中可以创建新的多重引线样式，在"新样式名"文本框中输入样式名，然后单击"继续"按钮，打开如图 10-62 所示的"修改多重引线样式：标注说明"对话框，在该对话框中可以修改该样式的属性。

"修改多重引线样式：标注说明"对话框中包括"引线格式"选项卡、"引线结构"选项卡和"内容"选项卡 3 个部分。在"引线格式"选项卡中，"常规"区域用于控制多重引线的基本外观；"箭头"区域用于控制多重引线箭头的外观；"引线打断"区域用于设置多重引线使用折断标注后的效果。其中"打断大小"选项用于设置多重引线使用 DIMBREAK 命令后的折断大小。

图 10-61 "创建新多重引线样式"对话框

图 10-62 "修改多重引线样式"对话框

打开如图 10-63 所示的"引线结构"选项卡，在该选项卡中可以设置引线结构的参数。打开如图 10-64 所示的"内容"选项卡，在该选项卡中可以设置引线的文字属性和引线的连接位置。

图 10-63 "引线结构"选项卡

图 10-64 "内容"选项卡

"引线结构"选项卡的"约束"区域用于多重引线的约束控制，其中常用选项的含义如下所示。

● 最大引线点数：指定引线的最大点数。

● 第一段角度：指定引线中的第一个点的角度。

● 第二段角度：指定多重引线基线中的第二个点的角度。

"基线设置"区域用于控制多重引线的基线设置；"比例"区域用于控制多重引线的缩放。

在"内容"选项卡中，多重引线类型用于确定多重引线是包含多行文字还是包含块，如图 10-65 所示，或者是不包含任何内容，如图 10-66 所示。

图 10-65 包含块内容

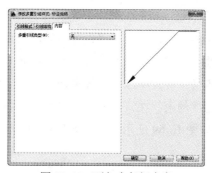

图 10-66 不包含任何内容

2. 创建多重引线

使用"多重引线"工具 可以创建连接注释与几何特征的引线，单击"注释"标签，然后单击"多重引线"面板中的"多重引线"按钮 ，系统将提示"指定引线箭头的位置或[引线基线优先(L)/内容优先(C)/选项(O)] <当前>:"，其中常用选项的含义如下所示。

- 引线基线优先(L)：指定多重引线对象的基线的位置。如果之前绘制的多重引线对象是基线优先，则后续的多重引线也将先创建基线。
- 内容优先(C)：指定与多重引线对象相关联的文字或块的位置。如果之前绘制的多重引线对象是内容优先，则后续的多重引线对象也将先创建内容。
- 选项(O)：指定用于放置多重引线对象的选项。

选择"选项(O)"命令后，系统将继续提示"输入选项[引线类型(L)/引线基线(A)/内容类型(C)/最大节点数(M)/第一个角度(F)/第二个角度(S)/退出选项(X)] <当前>:"，其中各选项的含义如下所示。

- 引线类型(L)：指定要使用的引线类型。
- 引线基线(A)：更改水平基线的距离。
- 内容类型(C)：指定要使用的内容类型。
- 最大节点数(M)：指定新引线的最大点数。
- 第一个角度(F)：约束新引线中的第一个点的角度。
- 第二个角度(S)：约束新引线中的第二个点的角度。
- 退出选项(X)：返回到该命令的第一个提示。

10.4.2 应用快速引线

使用 QLEADER(快速引线)命令可以快速创建引线和引线注释。执行"快速引线"命令 QLEADER，系统将提示"指定第一个引线点或[设置(S)] <设置>:"，此时指定第一个引线点，或设置引线格式。

执行 QLEADER(快速引线)命令后，输入 S 并按空格键进行确定，将打开"引线设置"对话框，在该对话框中可以设置引线的格式。在如图 10-67 所示的"注释"选项卡中可以设置注释的类型和使用方式。

打开如图 10-68 所示的"引线和箭头"选项卡，可以在该选项卡中设置引线和箭头格式，其中常用选项的含义如下所示。

- 引线：在该区域可以设置引线的类型，其中包括"直线"和"样条曲线"两种类型。
- 箭头：在下拉列表中选择引线起始点处的箭头样式。
- 点数：设置引线点的最多数目。
- 角度约束：在该区域可以设置第一条与第二条引线的角度限度。

打开如图 10-69 所示的"附着"选项卡，可以在该选项卡中设置多行文字附着在引线上的形式。

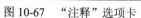

图 10-67　"注释"选项卡

图 10-68　"引线和箭头"选项卡

图 10-69　"附着"选项卡

提示

由于"附着"选项中的内容都用于设置多行文字的附着方式，因此，只有在"注释"选项卡中选择"多行文字"选项时，"附着"选项卡才可用。

10.5　创建表格

表格是在行和列中包含数据的复合对象。可以通过空的表格或表格样式创建空的表格对象；还可以将表格链接至 Microsoft Excel 电子表格的数据中。

10.5.1　设置表格样式

在创建表格前可以先设置好表格的样式，再进行表格的创建。设置表格的样式需要在"表格样式"对话框中进行，打开"表格样式"对话框的方法有以下 3 种。

- 命令：TABLESTYLE。
- 菜单：选择"格式→表格样式"命令。
- 工具：选择"注释"标签，单击"表格"面板中的"表格样式"按钮，如图 10-70 所示。

执行 TABLESTYLE(表格样式)命令后，打开如图 10-71 所示的"表格样式"对话框，在该对话框中可以设置当前表格样式，以及创建、修改和删除表格样式。

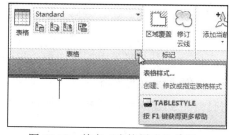

图 10-70　单击"表格样式"按钮

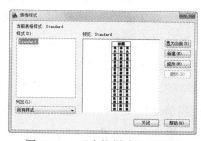

图 10-71　"表格样式"对话框

"表格样式"对话框中常用选项的含义如下所示。

- 置为当前(U)：将"样式"列表中选定的表格样式设置为当前样式。所有新表格都将使用此表格样式创建。

- 新建(N)... ：单击该按钮，将打开"创建新的表格样式"对话框，从中可以定义新的表格样式。

- 修改(M)... ：单击该按钮，将打开"修改表格样式"对话框，从中可以修改表格样式。

- 删除(D) ：单击该按钮，将删除"样式"列表中选定的表格样式，但不能删除图形中正在使用的样式。

【练习 10-8】新建和修改表格样式。

01 在"表格样式"对话框中单击 新建(N)... 按钮，打开"创建新的表格样式"对话框。

02 在"新样式名"文本框中输入新的表格样式名称后，单击 继续 按钮，将打开"新建表格样式"对话框。

03 在"新建表格样式"对话框中设置新表格样式的参数，设置好新样式的参数后，单击 确定 按钮，即可创建新的表格样式，如图 10-72 所示。

04 在"表格样式"对话框中选择一种表格样式后，单击 修改(M)... 按钮，打开"修改表格样式"对话框，从中可以修改选择的表格样式，如图 10-73 所示。

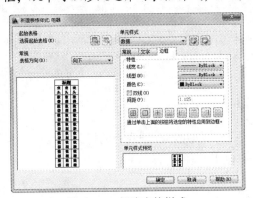

图 10-72 新建表格样式

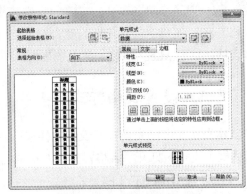

图 10-73 修改表格样式

"新建表格样式"对话框中的参数与"修改表格样式"对话框中的参数相同，其中常用选项的含义如下所示。

- 起始表格：可以在图形中指定一个表格用作样例来设置此表格样式的格式。选择表格后，可以指定要从该表格复制到表格样式的结构和内容。使用"删除表格"按钮 ，可以将表格从当前指定的表格样式中删除。

- 常规：用于更改表格方向。在"表格方向"下拉列表中选择"向下"选项，将创建由上而下读取的表格；选择"向上"选项，将创建由下而上读取的表格。

- "创建单元样式"按钮 ：单击该按钮，将打开"创建新单元样式"对话框，在该对话框中可以输入并创建新单元的样式。

- "管理单元样式"按钮 ：单击该按钮，将打开如图 10-74 所示的"管理单元样式"对话框，在该对话框中可以新建、删除和重命名单元样式。

在如图 10-75 所示的"常规"选项卡中包括"特性"和"页边距"两个区域。"特性"区域用于设置表格的特性；"页边距"区域用于控制单元边界和单元内容之间的间距。

图 10-74　"管理单元样式"对话框

图 10-75　"常规"选项卡

其中各选项的含义如下所示。

- 填充颜色：用于指定单元的背景色，默认值为"无"，选择列表中的"选择颜色"选项，可以打开"选择颜色"对话框。
- 对齐：用于设置表格单元中文字的对正和对齐方式。文字相对于单元的顶部边框和底部边框进行居中对齐、上对齐或下对齐；文字相对于单元的左边框和右边框进行居中对正、左对正或右对正。
- 格式：为表格中的"数据"、"列标题"或"标题"行设置数据类型和格式。单击该按钮将显示"表格单元格式"对话框，从中可以进一步定义格式选项。
- 类型：用于将单元样式指定为标签或数据。
- 水平：设置单元中的文字或块与左右单元边界之间的距离。
- 垂直：设置单元中的文字或块与上下单元边界之间的距离。
- 创建行/列时合并单元：用于将使用当前单元样式创建的所有新行或新列合并为一个单元。可以使用此选项在表格的顶部创建标题行。

如图 10-76 所示的"文字"选项卡，将显示用于设置文字特性的选项。如图 10-77 所示的"边框"选项卡，将显示用于设置边框特性的选项。"边框"选项卡的下方列出了各个边框按钮，使用这些按钮，可以控制单元边框的外观。边框特性包括栅格线的线宽和颜色。

图 10-76　"文字"选项卡

图 10-77　"边框"选项卡

10.5.2　绘制表格

表格是在行和列中包含数据的对象。可以通过空表格或表格样式创建表格对象，还可以将表格链接至 Microsoft Excel 电子表格的数据中。表格创建完成后，可以单击该表格上的任意网格线以选中该表格，然后通过使用"特性"选项板或夹点来修改该表格。

- 命令：TABLE。
- 菜单：选择"绘图→表格"命令。
- 工具：选择"注释"标签，单击"表格"面板中的"表格"按钮，如图 10-78 所示。

执行 TABLE(表格)命令后，将打开如图 10-79 所示的"插入表格"对话框，其中常用选项的含义如下所示。

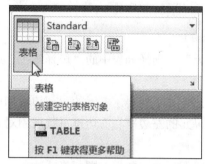

图 10-78　单击"表格"按钮

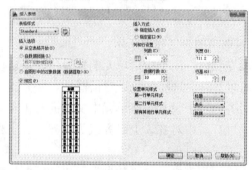

图 10-79　"插入表格"对话框

- 指定插入点：指定表格左上角的位置。可以使用定点设备；也可以在命令提示下输入坐标值。如果表格样式将表格的方向设置为由下而上读取，则插入点位于表格的左下角。
- 指定窗口：指定表格的大小和位置。可以使用定点设备；也可以在命令提示下输入坐标值。选定此选项时，行数、列数、列宽和行高取决于窗口的大小以及列和行的设置。
- 列和行设置：设置列和行的数目和大小。
- 列数：选定"指定窗口"选项并指定列宽时，"自动"选项将被选定，且列数由表格的宽度控制。
- 列宽：指定列的宽度。选定"指定窗口"选项并指定列数时，则选定了"自动"选项，且列宽由表格的宽度控制。最小列宽为一个字符。
- 数据行数：选定"指定窗口"选项并指定行高时，则选定了"自动"选项，且行数由表格的高度控制。
- 行高：按照行数指定行高。文字行高基于文字高度和单元边距，这两项均在表格样式中设置。选定"指定窗口"选项并指定行数时，则选定了"自动"选项，且行高由表格的高度控制。
- 第一行单元样式：指定表格中第一行的单元样式。默认情况下，将使用标题单元样式。
- 第二行单元样式：指定表格中第二行的单元样式。默认情况下，将使用表头单元样式。
- 所有其他行单元样式：指定表格中所有其他行的单元样式。默认情况下，使用数据单元样式。

在"插入表格"对话框中设置好表格的参数，然后单击"确定"按钮，当系统提示"指定插入点："时，在绘图区指定插入表格的位置，再根据提示输入标题和数据等内容，如图 10-80 所示。最后在表格以外的区域单击，即可完成插入表格的操作，效果如图 10-81 所示。

图 10-80　输入标题和数据　　　　　　　　图 10-81　创建表格效果

创建好表格后，可以在表格指定的单元中输入表格的文字内容。单击表格的单元格将其选中，如图 10-82 所示。然后输入相应的文字，并在表格以外的区域单击，即可结束表格文字的输入操作，效果如图 10-83 所示。

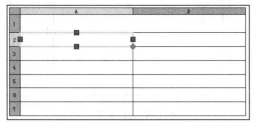

图 10-82　选中表格　　　　　　　　　图 10-83　输入文字效果

10.6　融会贯通

本小节综合应用所学的 AutoCAD 2014 文字、引线和表格的知识，练习创建单行与多行文字、替换与修改文字、绘制引线和表格等操作的具体使用方法。

10.6.1　创建图纸说明文字

本例将创建图纸中的施工说明文字，主要练习创建单行文字和多行文字等操作，完成后的效果如图 10-84 所示。

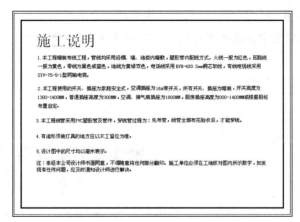

图 10-84　创建图纸说明文字

实例文件	光盘\实例\第 10 章\图纸说明
视频教程	光盘\视频教程\第 10 章\创建图纸说明

01 执行 REC(矩形)命令，绘制一个长度为 420、宽度为 290 的矩形，然后将其向内偏移 10，并将内部矩形线宽设置为 30mm，完成效果如图 10-85 所示。

02 单击"文字"面板中的"单行文字"按钮，当系统提示"指定文字的起点或[对正(J)/样式(S)]:"时，指定创建文字的起点位置，如图 10-86 所示。

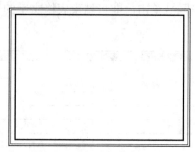

图 10-85　创建矩形框效果

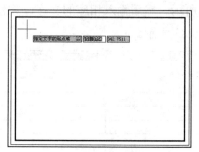

图 10-86　指定文字的起点

03 根据系统的提示，依次指定文字的高度为 15，指定文字的旋转角度为 0，然后输入文字内容"施工说明"，如图 10-87 所示。最后连续两次按 Enter 键进行确定即可，完成后的文字效果如图 10-88 所示。

图 10-87　输入文字内容

图 10-88　文字效果

04 执行 T(多行文字)命令，然后在绘图区指定创建多行文字的区域，如图 10-89 所示。

05 在打开的文字编辑器中，设置多行文字的高度为 5，设置字体为宋体，设置文字为左对齐，如图 10-90 所示。

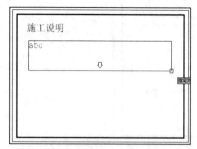

图 10-89　指定多行文字区域

图 10-90　设置文字格式

06 在创建文字的文本框内输入施工说明内容，如图 10-91 所示，然后单击文字编辑器中的"关闭"按钮，结束多行文字的创建，效果如图 10-92 所示。

07 执行 T(多行文字)命令，继续创建其他的多行文字，完成本例的操作。

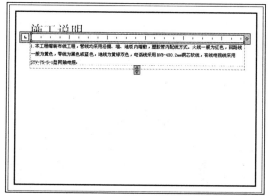

图 10-91　输入文字内容

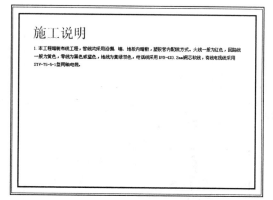

图 10-92　创建多行文字最终效果

10.6.2　修改建筑图形中的文字

本例将在装修顶面图的基础上，对图形中的文字大小和文字内容进行修改，主要练习修改文字"比例"和"查找"命令的操作，完成后的效果如图 10-93 所示。

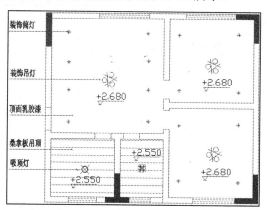

图 10-93　修改建筑图形中的文字

实例文件	光盘\实例\第 10 章\装修顶面图
素材文件	光盘\实例\第 10 章\装修顶面图
视频教程	光盘\视频教程\第 10 章\修改建筑图形中的文字

01 根据素材路径打开"装修顶面图.dwg"素材文件，如图 10-94 所示。

02 执行 SCALETEXT 命令，选择图形中的"装饰筒灯"文字，如图 10-95 所示。

03 在弹出的快捷菜单中选择"左对齐(L)"选项，如图 10-96 所示；然后输入新的文字高度为260，如图 10-97 所示，修改文字后的效果如图 10-98 所示。

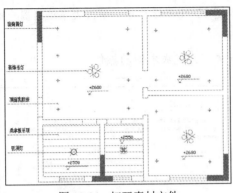

图 10-94　打开素材文件

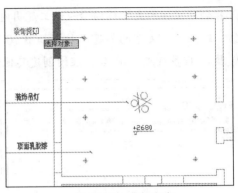

图 10-95　选择文字

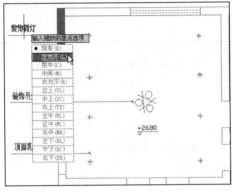

图 10-96　选择"左对齐(L)"选项

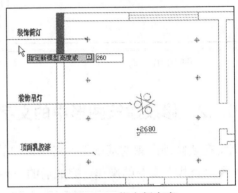

图 10-97　指定新高度

04 执行 SCALETEXT 命令，将其他文字的高度修改为 260，完成效果如图 10-99 所示。

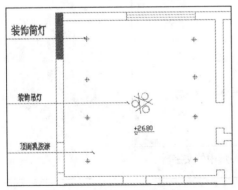

图 10-98　修改文字后的效果

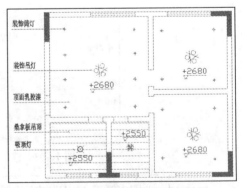

图 10-99　修改其他文字后的效果

05 执行 FIND 命令，打开"查找和替换"对话框，在"查找内容"文本框中输入 2680，在"替换为"文本框中输入 2.680，如图 10-100 所示。

06 单击"全部替换"按钮，将整个图形中的文字 2680 替换为 2.680，系统将显示替换信息，如图 10-101 所示。

07 单击"确定"按钮，完成文字的替换操作，效果如图 10-102 所示。使用同样的方法，将整个图形中的文字 2550 替换为 2.550，最终完成效果如图 10-103 所示。

图 10-100　输入查找和替换内容

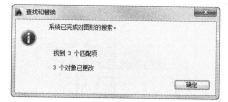

图 10-101　替换信息

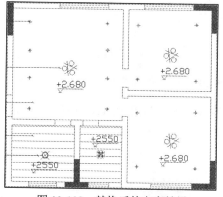

图 10-102　替换后的文字效果

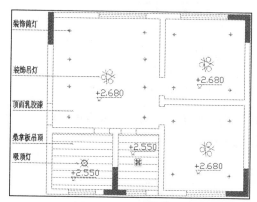

图 10-103　完成效果

10.6.3　标注衣柜立面图的材质

　　本例将在衣柜立面图的基础上，对衣柜所使用的材质进行标注说明，主要练习使用"快速引线"命令对图形进行引线标注的方法，完成后的效果如图 10-104 所示。

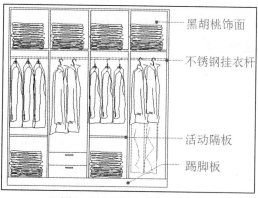

图 10-104　标注衣柜的材质

实例文件	光盘\实例\第 10 章\衣柜
素材文件	光盘\实例\第 10 章\衣柜
视频教程	光盘\视频教程\第 10 章\标注衣柜材质

01 根据素材路径打开"衣柜.dwg"素材文件，如图 10-105 所示。

02 执行 QLEADER 命令，输入 S 并按 Enter 键确定，打开"引线设置"对话框，选择"引线和箭头"选项卡，设置点数为 2、箭头样式为点并设置第一段的角度为水平，如图 10-106 所示。

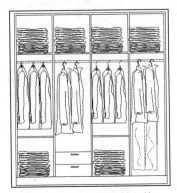

图 10-105　打开素材文件

图 10-106　"引线设置"对话框

03 单击"确定"按钮，然后在图形中指定引线的第一个点，如图 10-107 所示。

04 当系统提示"指定下一点："时，指定引线的下一个点，如图 10-108 所示。

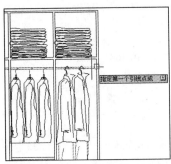

图 10-107　指定引线的第一个点

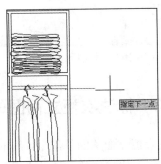

图 10-108　指定引线的下一点

05 系统提示"输入注释文字的第一行<多行文字(M)>："时，输入引线的文字内容(不锈钢挂衣杆)，如图 10-109 所示，然后连续两次按 Enter 键进行确定，完成效果如图 10-110 所示。

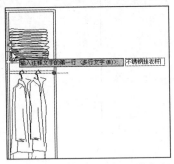

图 10-109　输入引线的文字内容

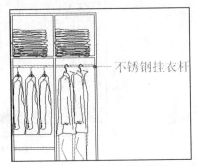

图 10-110　创建引线效果

06 执行 QLEADER(快速引线)命令，继续创建"黑胡桃饰面"和"活动隔板"说明内容，效果如图 10-111 所示。

07 执行 QLEADER(快速引线)命令，输入 S 并按 Enter 键确定，打开"引线设置"对话框，选择"引线和箭头"选项卡，设置箭头点数为 3、设置引线第一段角度为任意角度并设置引线第二段角度为水平，如图 10-112 所示。

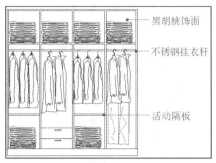

图 10-111 创建其他引线说明效果

图 10-112 设置引线样式

08 单击"确定"按钮，在图形中指定引线的各个点，效果如图 10-113 所示。然后输入引线的文字内容(踢脚板)并进行确定，完成效果如图 10-114 所示。

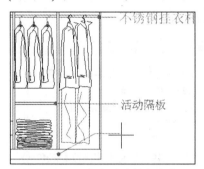

图 10-113 指定引线的各个点

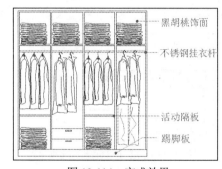

图 10-114 完成效果

10.6.4 创建灯具规格表

本例创建灯具规格表，练习设置表格样式和创建表格的方法，完成后的效果如图 10-115 所示。

灯具规格	
吸顶灯	90-100
浴霸灯	260-280
筒灯	45-50
吊灯	规格不定
射灯	30-35

图 10-115 创建灯具规格表

实例文件	光盘\实例\第 10 章\灯具规格
视频教程	光盘\视频教程\第 10 章\创建灯具规格表

01 执行 TABLESTYLE 命令，打开如图 10-116 所示的"表格样式"对话框。

02 单击"新建"按钮，打开"创建新的表格样式"对话框，在"新样式名"文本框中输入新的表格样式名称"灯具规格"，如图 10-117 所示。

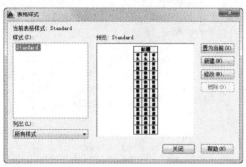

图 10-116 "表格样式"对话框

图 10-117 输入新的表格样式名称

03 单击"继续"按钮，打开"新建表格样式：灯具规格"对话框，在"单元样式"列表框中选择"标题"选项，如图 10-118 所示。

04 选择"文字"选项卡，设置文字的高度为 80、颜色为黑色，如图 10-119 所示。

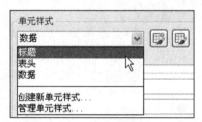

图 10-118 选择"标题"选项

图 10-119 设置文字高度和颜色

05 在"单元样式"选项栏中选择"边框"选项卡，选择颜色为红色，然后单击"所有边框"按钮田，设置所有边框的颜色为红色，如图 10-120 所示。

06 在"单元样式"列表框中选择"数据"单元，然后选择"文字"选项卡，从中设置文字的高度为 60、设置文字颜色为黑色，如图 10-121 所示。

图 10-120 设置边框颜色

图 10-121 设置文字高度和颜色

07 在"单元样式"选项中选择"边框"选项卡，选择颜色为红色，然后单击"所有边框"按钮田，设置所有边框的颜色为红色，如图 10-122 所示。

08 单击"确定"按钮，返回"表格样式"对话框，单击"置为当前"按钮，将新建样式置为当前样式，然后单击"关闭"按钮，如图 10-123 所示。

图 10-122　设置边框颜色

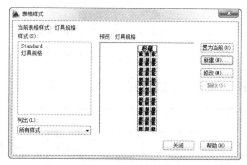
图 10-123　新建样式

09 执行 TABLE 命令，打开"插入表格"对话框，设置表格的"列数"为 2、表格的"数据行数"为 5、设置"列宽"为 400、设置"行高"为 1，如图 10-124 所示。

10 单击"确定"按钮进入绘图区，指定插入表格的位置，然后输入标题内容文字"灯具规格"，如图 10-125 所示。

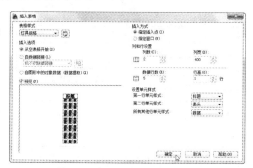
图 10-124　设置表格参数

图 10-125　输入标题内容

11 在表格外单击即可完成标题文字的创建，效果如图 10-126 所示。

12 双击第一个数据单元格，在单元格中输入相应的文字内容"吸顶灯"，如图 10-127 所示。

13 输入文字后，在表格外单击，完成文字的输入，效果如图 10-128 所示。

14 使用同样的方法，输入其他的灯具名称和相应的规格参数，完成表格的创建，效果如图 10-129 所示。

图 10-126　标题文字的创建效果

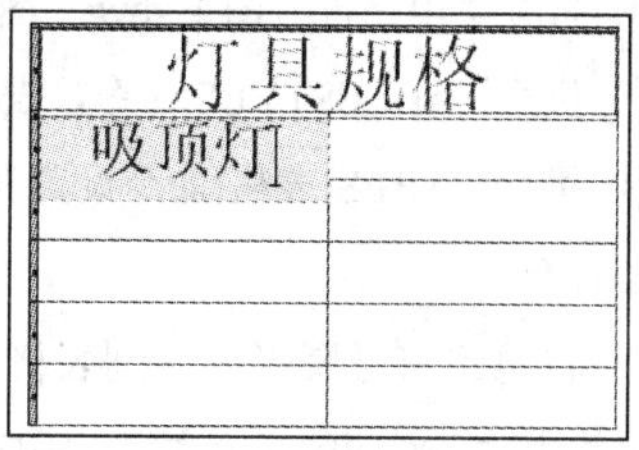

图 10-127　在单元格中输入文字

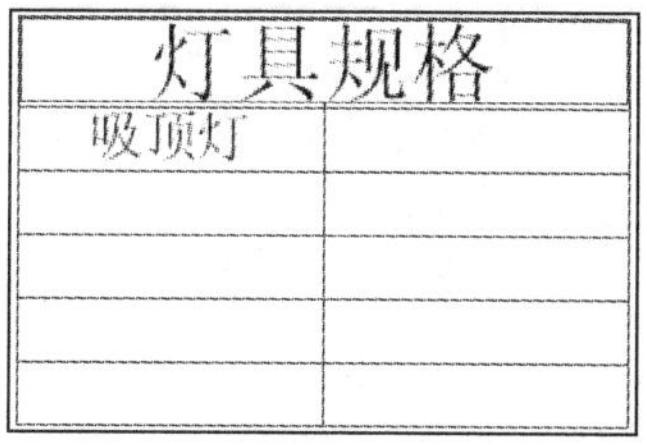

图 10-128　完成文字输入效果

图 10-129　创建的表格效果

209

10.7 上机实战

学习完本章内容后，读者需要掌握 AutoCAD 2014 创建文字和表格的方法。下面通过实例操作来巩固本章所介绍的知识，并对知识进行延伸扩展。

实战 1：创建室内功能说明文字

实例文件	光盘\实例\第 10 章\平面结构图
素材文件	光盘\素材\第 10 章\平面结构图

① 打开"平面结构图.dwg"图形文件。

② 执行 DT 命令，设置文字高度为 300，创建"饭厅"文字并确定。

③ 继续执行 DT 命令，创建其他文字。

④ 完成效果如图 10-130 所示，然后进行保存。

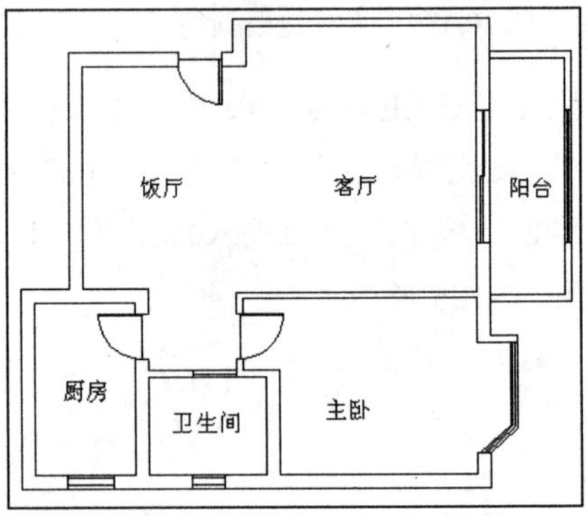

图 10-130　平面结构图

实战 2：创建表格

实例文件	光盘\实例\第 10 章\电路符号图表
素材文件	光盘\素材\第 10 章\电路符号

① 打开"电路符号图表.dwg"图形文件。

② 执行 TABLESTYLE 命令，设置表格样式。

③ 执行 TABLE(表格)命令设置表格的列数、列宽和行数。

④ 将电路符号图形复制到表格中，然后在各个表格中输入对应的文字内容，完成效果如图 10-131 所示。

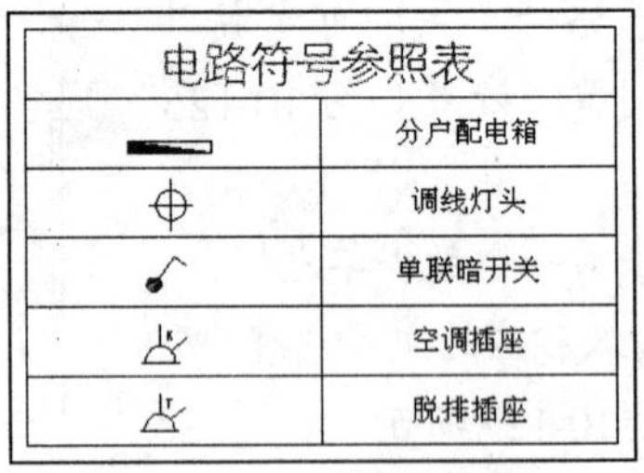

图 10-131　电路符号图表

第11章 尺寸标注与形位公差

本章导读：

标注尺寸是绘图过程中非常重要的一个环节。尺寸能准确地反映物体的形状、大小和相互关系，是识别图形和现场施工的主要依据。熟练地使用尺寸标注命令和工具，可以有效地提高绘图质量。本章将介绍尺寸标注的相关知识与应用。

本章知识要点：

- 设置标注样式
- 标注图形
- 修改标注
- 形位公差

11.1 应用标注样式

尺寸标注样式决定着尺寸各组成部分的外观形式。在没有改变尺寸标注格式时，当前尺寸标注格式将作为预设的标注格式。系统预设标注格式为 STANDARD，有时可以根据实际情况在"标注样式管理器"对话框中进行重新建立并控制尺寸标注样式的操作。

11.1.1 标注的组成元素

一般情况下，尺寸标注由尺寸线、尺寸界线、尺寸箭头、尺寸文本、圆心标记和中心线组成，如图 11-1 所示。

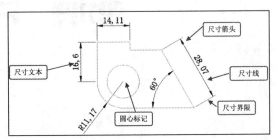

图 11-1　尺寸标注的组成

- 尺寸线：在图纸中使用尺寸来标注距离或角度。在预设状态下，尺寸线位于两个尺寸界线之间，尺寸线的两端有两个箭头，尺寸文本沿着尺寸线显示。

- 尺寸界线：是由测量点引出的延伸线。通常用于直线型及角度型尺寸的标注。在预设状态下，尺寸界线与尺寸线互相垂直，用户也可以将其改变到所需的角度。AutoCAD 可以将尺寸界线隐藏起来。

- 尺寸箭头：箭头位于尺寸线与尺寸界线相交处，表示尺寸线的终止端。在不同的情况使用不同样式的箭头符号来表示。在 AutoCAD 2014 中，可以用箭头、短斜线、开口箭头、圆点及自定义符号来表示尺寸的终止。

- 尺寸文本：是用来标明图纸中的距离或角度等数值及说明文字的。标注时可以使用 AutoCAD 中自动给出的尺寸文本，也可以输入新的文本。尺寸文本的大小和采用的字体可以根据需要重新设置。

- 圆心标记：通常用来标示圆或圆弧的中心，其由两条相互垂直的短线组成，如图 11-2 所示的两线的交叉点就是圆的中心。

- 中心线：是在圆心标记的基础上，将两条短线延长至圆或圆弧的圆周之外，如图 11-3 所示。

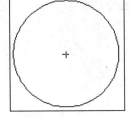
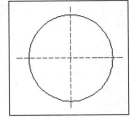

图 11-2　圆心标记　　　　图 11-3　中心线

11.1.2 设置标注格式

AutoCAD 2014 默认的标注格式是 STANDARD，可以根据有关规定及所标注图形的具体要求，对尺寸标注格式进行设置。使用"注释"标签中的"标注"面板可以对图形进行标注处理，并对标注样式进行设置等操作。

- 命令：DIMSTYLE(简化命令 D)。
- 菜单：选择"格式→标注样式"命令。
- 工具：选择"注释"标签，单击"标注"面板中的"标注样式"按钮，如图 11-4 所示。

执行 DIMSTYLE(标注样式)命令后，将打开如图 11-5 所示的"标注样式管理器"对话框，在该对话框中可以新建一种标注格式，还可以对原有的标注格式进行修改。

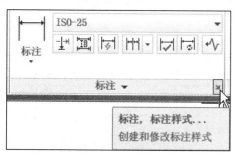

图 11-4 单击"标注标式"按钮

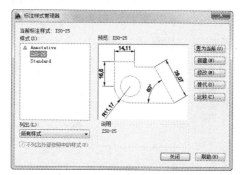

图 11-5 "标注样式管理器"对话框

"标注样式管理器"对话框中常用选项的作用如下所示。

- 置为当前：单击该按钮，可以将选定的标注样式设置为当前标注样式。
- 新建：单击该按钮，将打开"创建新标注样式"对话框，可以在该对话框中创建新的标注样式。
- 修改：单击该按钮，将打开"修改当前样式"对话框，可以在该对话框中修改标注样式。
- 替代：单击该按钮，将打开"替代当前样式"对话框，可以在该对话框中设置标注样式的临时替代。
- 比较：单击该按钮，将打开如图 11-6 所示的"比较标注样式"对话框，在该对话框中可以比较两种标注样式的特性，也可以列出一种样式的所有特性。
- 帮助：单击该按钮将打开相关的如图 11-7 所示的帮助窗口，可以在此查找到需要的帮助信息。

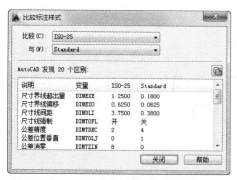

图 11-6 "比较标注样式"对话框

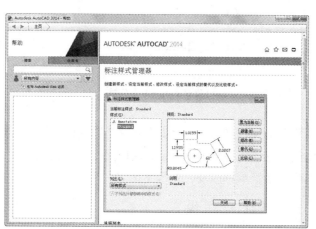

图 11-7 帮助窗口

11.1.3 新建标注样式

在"标注样式管理器"对话框中单击"新建"按钮，打开如图 11-8 所示的"创建新标注样式"对话框。在该对话框中可以创建新的标注样式，其中常用选项的含义如下所示。

- 新样式名：在该文本框中可以输入新样式的名称。
- 基础样式：在该下拉列表中，可以选择一种基础样式，如图 11-9 所示，在该样式的基础上进行修改，从而建立新样式。

图 11-8　"创建新标注样式"对话框

图 11-9　选择基础样式

- 用于：这里可以限定所选标注格式只用于某种确定的标注形式，可以在下拉列表框中选取所要限定的标注形式，如图 11-10 所示。
- 继续：单击该按钮，将打开如图 11-11 所示的用于设置新建标注样式的"新建标注样式"对话框。

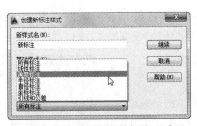

图 11-10　选取限定的标注形式

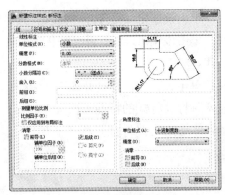

图 11-11　"新建标注样式"对话框

11.1.4 设置新标注样式

创建新标注样式时，单击"创建新标注样式"对话框中的"继续"按钮，打开"新建标注样式"对话框，在该对话框中可以设置新的尺寸标注格式。设置的内容包括线、符号和箭头、文字、调整、主单位、换算单位以及公差等。

1. 设置标注尺寸线

在"线"选项卡中，"尺寸线"区域可以设置尺寸线的颜色、线型、线宽以及超出尺寸线的距离、起点偏移量的距离等内容，其中常用选项的含义如下所示。

- 颜色：单击"颜色"列表框右侧的下拉按钮，可以在打开的"颜色"列表中选择尺寸线的颜色，如图 11-12 所示。如果在"颜色"下拉列表中选择"选择颜色"选项，将打开如图 11-13 所示的"选择颜色"对话框，在该对话框中可以自定义尺寸线的颜色。

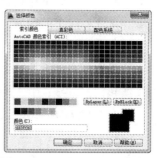

图 11-12　"颜色"下拉列表　　图 11-13　"选择颜色"对话框

- 线型：在"线型"下拉列表中，可以选择尺寸线的线型样式，如图 11-14 所示。单击"其他"选项可以打开"选择线型"对话框，从中选择其他线型。

图 11-14　选择尺寸线的线型样式　　图 11-15　选择尺寸线的线宽

- 线宽：在线宽下拉列表中，可以选择尺寸线的线宽，如图 11-15 所示。

- 超出标记：当使用箭头倾斜、建筑标记、积分标记或无箭头标记时，使用该文本框可以设置尺寸线超出尺寸界线的长度。如图 11-16 所示的是没有超出标记的样式。如图 11-17 所示的是超出标记长度为 3 个单位的样式。

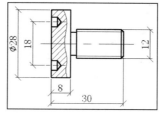
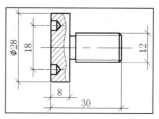

图 11-16　没有超出标记的样式　　图 11-17　超出标记的样式

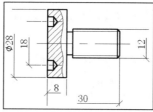
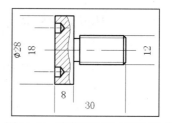

图 11-18　隐藏尺寸线 1 的样式　　图 11-19　隐藏所有尺寸线的样式

- 基线间距：设置在进行基线标注时尺寸线之间的间距。
- 隐藏：用于控制第一条和第二条尺寸线的隐藏状态，通过选中或取消其后的"尺寸线 1"或"尺寸线 2"来实现。如图 11-18 所示的是隐藏尺寸线 1 的样式。如图 11-19 所示的是隐藏所有尺寸线的样式。

在"尺寸界线"区域可以设置尺寸界线的颜色、线型和线宽等，也可以隐藏某条尺寸界线。其中常用选项的含义如下所示。

- 颜色：在该下拉列表中，可以选择尺寸界线的颜色。
- 尺寸界线 1 的线型：可以在相应下拉列表中选择第一条尺寸界线的线型。
- 尺寸界线 2 的线型：可以在相应下拉列表中选择第二条尺寸界线的线型。
- 线宽：在该下拉列表中，可以选择尺寸界线的线宽。
- 超出尺寸线：用于设置尺寸界线伸出尺寸的长度。如图 11-20 所示的是超出尺寸线长度为 2 个单位的样式。如图 11-21 所示的是超出尺寸线长度为 5 个单位的样式。

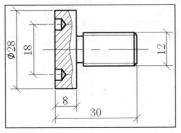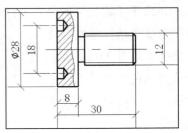

图 11-20　超出 2 个单位　　　　　　　　图 11-21　超出 5 个单位

- 起点偏移量：设置标注点到尺寸界线起点的偏移距离。如图 11-22 所示的是起点偏移量为 2 个单位的样式。如图 11-23 所示的是起点偏移量为 5 个单位的样式。

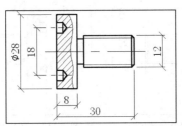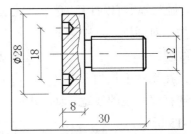

图 11-22　起点偏移量为 2 个单位的样式　　　图 11-23　起点偏移量为 5 个单位的样式

- 固定长度的尺寸界线：选中该复选框后，可以在下方的"长度"文本框中设置尺寸界线的固定长度。
- 隐藏尺寸界线：用于控制第一条和第二条尺寸界线的隐藏状态。如图 11-24 所示的是隐藏尺寸界线 1 的样式。如图 11-25 所示的是隐藏两条尺寸界线的样式。

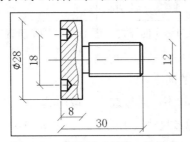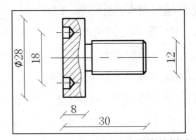

图 11-24　隐藏尺寸界线 1 的样式　　　　图 11-25　隐藏两条尺寸界线的样式

另外，"线"选项卡中还有预览区域，用来显示样例标注图像，可显示对标注样式设置所作更改的效果。

2. 设置标注符号和箭头

选择如图 11-26 所示的"符号和箭头"选项卡，在该选项卡中可以设置符号和箭头样式与大小、圆心标记的大小、弧长符号以及半径与线性折弯标注等。其中常用选项的含义如下所示。

● 第一个：在该下拉列表中选择第一条尺寸线的箭头样式，如图 11-27 所示。在改变第一个箭头的样式时，第二个箭头将自动改变成与第一个箭头相匹配的箭头样式。

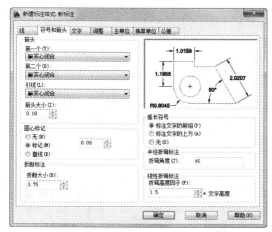

图 11-26　"符号和箭头"选项卡

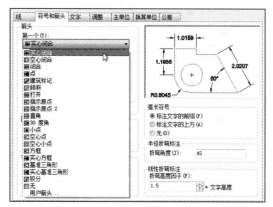

图 11-27　选择第一条尺寸线的箭头样式

● 第二个：在该下拉列表中，可以选择第二条尺寸线的箭头。

● 引线：在该下拉列表中，可以选择引线的箭头样式。

● 箭头大小：用于设置箭头的大小。

"圆心标记"区域用于控制直径标注和半径标注的圆心标记以及中心线的外观；

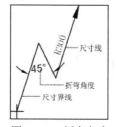
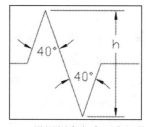

图 11-28　折弯角度　　图 11-29　设置折弯角度两点间的距离

"折断标注"区域用于控制折断标注的间距宽度，其中"折断大小"文本框用于显示和设置折断标注的间距大小；"弧长符号"区域用于控制弧长标注中圆弧符号的显示；"半径折弯标注"区域用于控制折弯(Z 字型)半径标注的显示，通常在圆或圆弧的中心点位于页面外部时创建；其中"折弯角度"选项用于确定在折弯半径标注中尺寸线的横向线段的角度，如图 11-28 所示；"线性折弯标注"区域用于控制线性标注折弯的显示。当标注不能精确表示实际尺寸时，将折弯线添加到线性标注中。通常情况下，实际尺寸比所需值小。在"折弯高度因子"文本框中可以设置形成折弯角度的两个顶点之间的距离，如图 11-29 所示。

3. 设置标注文字

选择"文字"选项卡，在该选项卡中可以设置文字外观、文字位置和文字对齐的方式，如图 11-30 所示。

"文字外观"区域中各选项含义如下所示。

- 文字样式：在该下拉列表中，可以选择标注文字的样式。单击右侧的 ┈ 按钮，打开如图 11-31 所示的"文字样式"对话框，可以在该对话框中设置文字样式。

图 11-30 "文字"选项卡 图 11-31 "文字样式"对话框

- 文字颜色：在该下拉列表中，可以选择标注文字的颜色。

- 填充颜色：在该下拉列表中，可以选择标注中文字背景的颜色。

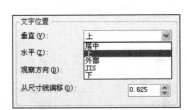
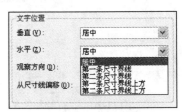

图 11-32 选择垂直位置 图 11-33 设置水平位置

- 文字高度：设置标注文字的高度。

- 分数高度比例：设置相对于标注文字的分数比例，只有当选择了"主单位"

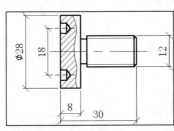
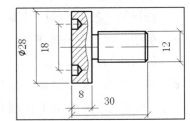

图 11-34 文字从尺寸线偏移 1 个单位 图 11-35 文字从尺寸线偏移 4 个单位

选项卡中的"分数"作为"单位格式"时，此选项才可用。

"文字位置"区域用于控制标注文字的位置，其中常用选项的含义如下所示。

- 垂直：在该下拉列表中，可以选择标注文字相对尺寸线的垂直位置，如图 11-32 所示。

- 水平：在该下拉列表中，可以选择标注文字相对于尺寸线和尺寸界线的水平位置，如图 11-33 所示。

- 从尺寸线偏移：设置标注文字与尺寸线的距离。如图 11-34 所示的是文字从尺寸线偏移 1 个单位的样式。如图 11-35 所示的是文字从尺寸线偏移 4 个单位的样式。

提示

在对图形进行尺寸标注时，注意设置一定的文字偏移距离，这样能够更清楚地显示文字内容。

"文字对齐"区域用于控制标注文字放在尺寸界线外边或里边时的方向是保持水平还是与尺寸界线平行。其中各选项的含义如下所示。

- 水平：水平放置文字。
- 与尺寸线对齐：文字与尺寸线对齐。
- ISO 标准：当文字在尺寸界线内时，文字与尺寸线对齐；当文字在尺寸界线外时，文字水平排列。

4. 调整尺寸样式

选择"调整"选项卡，可以在该选项卡中设置尺寸的尺寸线与箭头的位置、尺寸线与文字的位置、标注特征比例及优化等内容，如图 11-36 所示。其中常用选项的含义如下所示。

- 文字或箭头(最佳效果)：选中该单选按钮按照最佳布局移动文字或箭头，包括当尺寸界线间的距离足够放置文字和箭头时、当尺寸界线间的距离仅够容纳文字时、当尺寸界线间的距离仅够容纳箭头时和当尺寸界线间的距离既不够放文字又不够放箭头时的 4 种布局情况。各种布局情况的含义如下。
    - ➢ 当尺寸界线间的距离足够放置文字和箭头时，文字和箭头都将放在尺寸界线内，效果如图 11-37 所示。

图 11-36　"调整"选项卡

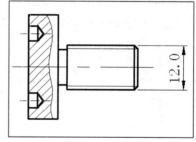

图 11-37　足够放置文字和箭头效果

- ➢ 当尺寸界线间的距离仅够容纳文字时，则将文字放在尺寸界线内，而将箭头放在尺寸界线外，效果如图 11-38 所示。
- ➢ 当尺寸界线间的距离仅够容纳箭头时，则将箭头放在尺寸界线内，而将文字放在尺寸界线外，效果如图 11-39 所示。
- ➢ 当尺寸界线间的距离既不够放文字又不够放箭头时，文字和箭头将全部放在尺寸界线外，效果如图 11-40 所示。

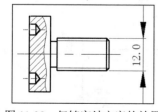

图 11-38　仅够容纳文字的效果

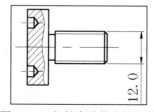

图 11-39　仅够容纳箭头的效果

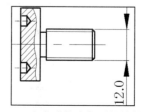

图 11-40　文字或箭头都不够放的效果

- 箭头：指定当尺寸界线间距离不足以放下箭头时，箭头都放在尺寸界线外。
- 文字和箭头：当尺寸界线间距离不足以放下文字和箭头时，文字和箭头都放在尺寸界线外。
- 文字始终保持在尺寸界线之间：始终将文字放在尺寸界线之间。
- 若箭头不能放在尺寸界线内，则将其消除：当尺寸界线内没有足够空间时，将自动隐藏箭头。

"文字位置"区域用于设置特殊尺寸文本的摆放位置。当标注文字不能按"调整选项"区域中的选项所规定位置摆放时，可以通过以下的选项来确定其位置。

- 尺寸线旁边：选中该单选按钮，可以将标注文字放在尺寸线旁边。
- 尺寸线上方，带引线：选中该单选按钮，可以将标注文字放在尺寸线上方，并加上引线。
- 尺寸线上方，不带引线：选中该单选按钮，可以将标注文字放在尺寸线上方，但不加引线。

"标注特征比例"区域用于设置尺寸标注的比例因子，所设置的比例因子将影响整个尺寸标注所包含的内容；在"优化"区域中可以设置其他调整选项。

5. 设置尺寸主单位

选择"主单位"选项卡，在该选项卡中可以设置线性标注和角度标注，如图 11-41 所示。线性标注包括"单位格式"、"精度"、"舍入"、"测量单位比例"和"消零"等内容。角度标注包括"单位格式"、"精度"和"消零"。

在"线性标注"区域中可以设置线性标注的单位格式和精度等，其中常用选项的含义如下所示。

- 单位格式：在该下拉列表中，可以选择标注的单位格式，如图 11-42 所示。

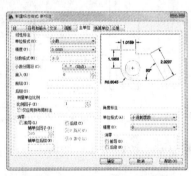

图 11-41　"主单位"选项卡　　　　图 11-42　选择标注的单位格式

- 精度：在该下拉列表中，可以选择标注文字中的小数位数，如图 11-43 所示。
- 分数格式：当单位格式设置为分数时，在该下拉列表中可以选择分数标注的格式，其内容包括"水平"、"对角"和"非堆叠"选项，如图 11-44 所示。

图 11-43　选择标注文字中的小数位数　　　　图 11-44　选择分数标注的格式

提示

在设置标注样式时，应根据行业标准设置小数的位数，在没有特定要求的情况下，可以将主单位的精度设置在一位小数内，这样有利于在标注中更清楚地查看数字内容。

6. 换算尺寸单位

选择"换算单位"选项卡，在该选项卡中可以进行将原单位换算成另一种单位格式的设置，如图 11-45 所示。"显示换算单位"选项用于向标注文字添加换算测量单位；"换算单位"区域用于设置所有标注类型的格式；"消零"区域用于控制是否禁止输出前导零和后续零、零英尺和零英寸部分；"位置"区域用于控制换算单位的位置。

7. 设置公差格式

选择"公差"选项卡，在该选项卡中可以设置公差格式以及换算单位公差的特性，如图 11-46 所示。在"公差格式"区域用于设置公差标注样式；"消零"区域用于设置公差中零的可见性；"换算单位公差"区域用于设置换算单位中尺寸公差的精度和消零规则。

图 11-45　"换算单位"选项卡

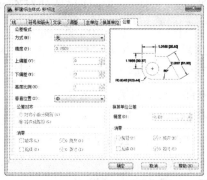

图 11-46　"公差"选项卡

完成尺寸标注样式各个选项卡中的特性参数设置后，单击"确定"按钮，即可建立一个新的尺寸标注样式，该样式将显示在"标注样式管理器"对话框中，如图 11-47 所示。创建好标注样式后，单击"标注"面板中"标注样式"列表框左侧的下拉按钮，可以在列表框中查看并选择创建的标注样式，如图 11-48 所示。

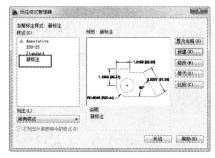

图 11-47　新建的标注样式

图 11-48　查看并选择新建的标注样式

11.2 标注线型对象

在 AutoCAD 绘图中，直线型尺寸标注是绘图中常见的标注方式，其常用于标注对象的长度，包括线性标注、对齐标注和坐标标注等。

11.2.1 线性标注

使用线性标注命令可以标注长度类型的尺寸，用于标注垂直、水平和旋转的线性尺寸，线性标注可以水平、垂直或对齐放置。在创建线性标注时，可以修改文字内容、文字角度或尺寸线的角度。

- 命令：DIMLINEAR(简化命令 DLI)。
- 菜单：选择"标注→线性"命令。
- 工具：单击"标注"面板中的"线性"按钮□。

执行 DLI(线性标注)命令后，系统将提示"指定第一条尺寸界线原点或<选择对象>:"，选择对象后系统将提示"指定尺寸线位置或[多行文字(M)/文字(T)/角度(A)/水平(H)/垂直(V)/旋转(R)]:"。在"指定第一条尺寸界线原点或<选择对象>:"提示后可以进行两种操作方式，如果选取一点后按空格键，系统将提示"指定第二条尺寸界线原点:"，选取第二点，这两点即为尺寸界线第一、第二定位点。如果直接按空格键，系统将提示"选择标注对象:"，在采用此种方式标注时，系统会自动确认尺寸界线的端点。

【练习 11-1】线性标注图形。

01 执行 DLI(线性标注)命令，然后在标注的对象上选择第一个原点，如图 11-49 所示。

02 继续指定标注对象的第二个原点，如图 11-50 所示。

03 拖动光标指定尺寸标注线的位置，如图 11-51 所示，然后单击，即可完成线性标注，效果如图 11-52 所示。

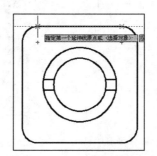

图 11-49　选择第一个原点

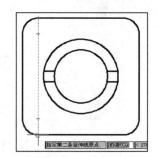

图 11-50　指定第二个原点

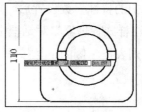

图 11-51　指定尺寸标注线的位置

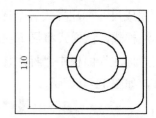

图 11-52　完成线性标注的效果

11.2.2 对齐标注

对齐标注是线性标注的一种形式，是指尺寸线始终与标注对象保持平行，若是圆弧则对齐尺寸标注的尺寸线与圆弧的两个端点所连接的弦保持平行，如图 11-53 和图 11-54 所示。

- 命令：DIMALIGNED。
- 菜单：选择"标注→对齐"命令。
- 工具：单击"标注"面板中的"对齐"按钮。

执行 DIMALIGNED(对齐标注)命令后，可以根据命令行提示，参照"线性"标注的步骤进行"对齐"标注。

【练习 11-2】对齐标注斜线长度。

01 单击"标注"面板上的"对齐"按钮，然后指定第一条延伸线原点，如图 11-55 所示。

02 在绘图区继续指定第二条延伸线原点，如图 11-56 所示。

03 当系统提示"指定尺寸线位置或"时，指定尺寸标注线的位置，如图 11-57 所示，然后单击即可结束标注操作，完成效果如图 11-58 所示。

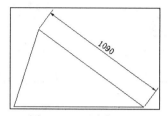

图 11-53　对齐标注 1

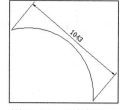

图 11-54　对齐标注 2

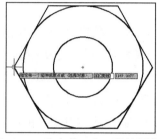

图 11-55　指定第一条延伸线原点

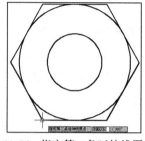

图 11-56　指定第二条延伸线原点

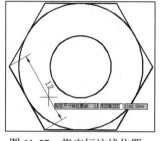

图 11-57　指定标注线位置

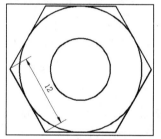

图 11-58　完成对齐标注的效果

11.2.3　坐标标注

坐标标注是沿一条简单的引线显示部件的 X 或 Y 坐标，坐标标注也称为基准标注。坐标标注主要用于标注所指点的坐标值，其坐标值位于引出线上。坐标标注包括 X 基准坐标和 Y 基准坐标，如图 11-59 和图 11-60 所示的分别是圆心的 X 和 Y 基准坐标。

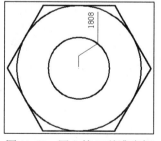

图 11-59　圆心的 X 基准坐标

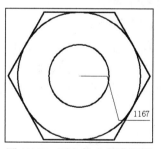

图 11-60　圆心的 Y 基准坐标

- 命令：DIMORDINATE。
- 菜单：选择"标注→坐标标注"命令。
- 工具：单击"标注"面板中的"坐标标注"按钮。

11.3 标注圆弧对象

圆弧型标注用于标注圆形和弧形对象的半径、直径和角度等，其中包括半径标注、直径标注、角度标注和圆心标注等标注方式。

11.3.1 半径标注

DIMRADIUS(半径标注)用于标注圆或圆弧的半径，半径标注是由一条具有指向圆或圆弧的箭头半径尺寸线组成。如果系统变量 DIMCEN 未设置为 0，AutoCAD 将绘制一个圆心标记。

使用 DIMRADIUS(半径标注)命令可以根据圆和圆弧的大小、标注样式的选项设置以及光标的位置来绘制不同类型的半径标注。标注样式控制圆心标记和中心线。当尺寸线画在圆弧或圆内部时，AutoCAD 不绘制圆心标记或中心线。AutoCAD 将圆心标记和中心线的设置存储在 DIMCEN 系统变量中。

- 命令：DIMRADIUS(简化命令 DRA)。
- 菜单：选择"标注→半径"命令。
- 工具：单击"标注"面板中的"半径"按钮。

执行"半径标注"命令后，选择要标注的图形，然后根据系统提示即可对图形进行半径标注。

【练习 11-3】标注圆形的半径。

01 单击"标注"面板上的"半径"按钮，如图 11-61 所示，然后选择需要标注半径的对象，如图 11-62 所示。

02 指定尺寸标注线的位置，如图 11-63 所示，系统将自动对对象进行半径标注，效果如图 11-64 所示。

图 11-61 单击"半径"按钮

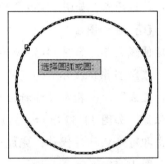

图 11-62 选择标注对象

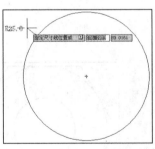

图 11-63 指定尺寸线的位置

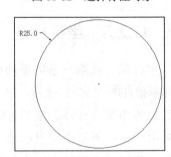

图 11-64 半径标注效果

11.3.2 直径标注

DIMDIAMETER(直径标注)用于标注圆或圆弧的直径，直径标注由一条具有指向圆或圆弧的箭头的直径尺寸线组成。如果系统变量 DIMCEN 未设置为 0，AutoCAD 将绘制一个圆心标记。

- 命令：DIMDIAMETER(简化命令 DDI)。
- 菜单：选择"标注→直径"命令。

- 工具：单击"标注"面板中的"直径"按钮。

执行 DIMDIAMETER(直径标注)命令后，选择要标注的图形，然后根据系统提示对图形进行直径标注。

【练习 11-4】标注圆弧的直径。

01 单击"标注"面板上的"直径"按钮，如图 11-65 所示，然后选择需要标注直径的圆弧。

02 指定尺寸标注线的位置，系统将根据测量值自动标注对象，效果如图 11-66 所示。

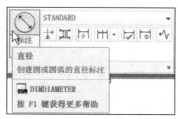

图 11-65　单击"直径"按钮

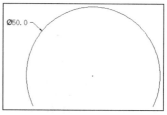

图 11-66　直径标注效果

11.3.3　角度标注

使用 DIMANGULAR(角度标注)命令可以准确地标注对象之间的夹角或者圆弧的夹角。如图 11-67 和图 11-68 所示分别为角度标注效果图和圆弧的夹角标注效果图。

- 命令：DIMANGULAR(简化命令 DAN)。
- 菜单：选择"标注→角度"命令。
- 工具：单击"标注"面板中的"角度"按钮。

图 11-67　角度标注效果图

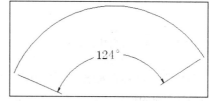

图 11-68　圆弧的夹角标注效果图

执行 DIMANGULAR(角度标注)命令后，系统将提示"选择圆弧、圆、线或者<指定顶点>:"，此时选择圆弧、圆或直线或按空格键，通过指定三点创建角度标注。

【练习 11-5】使用 DIMANGULAR(角度标注)命令标注多边形夹角角度。

01 单击"标注"面板中的"角度"按钮，选择标注角度图形的第一条边，如图 11-69 所示。

02 选择标注角度图形的第二条边，如图 11-70 所示，系统将提示"指定标注弧线位置或[多行文字(M)/文字(T)/角度(A)]:"。

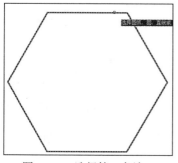

图 11-69　选择第一条边

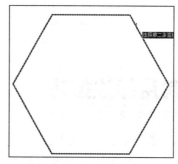

图 11-70　选择第二条边

03 指定标注弧线的位置，如图 11-71 所示，然后单击即可完成角度标注，效果如图 11-72 所示。

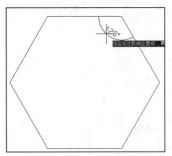

图 11-71　指定标注弧线的位置

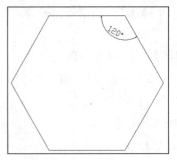

图 11-72　角度标注效果

 提示

　　使用 DIMANGULAR(角度标注)命令同样可以对圆弧进行角度标注，选择圆弧对象后，指定尺寸线位置，即可标注出圆弧对象所包含的角度，即对象的弧度值。

11.3.4　圆心标注

　　DIMCENTER(圆心标记)命令用于标注圆或圆弧的圆心点。圆心标记可以是小十字也可以是中心线，圆心标记的形状由系统变量 DIMCEN 确定。当 DIMCEN=0 时，没有圆心标记；当 DIMCEN>0 时，圆心标记为小十字；当 DIMCEN<0 时，圆心标记为中心线，数值绝对值的大小决定标记的大小。

- 命令：DIMCENTER。
- 菜单：选择"标注→圆心标记"命令。
- 工具：单击"标注"面板中的"圆心标记"按钮 ⊙。

　　执行 DIMCENTER(圆心标记)命令后，系统将提示"选择圆弧或圆:"，根据提示选择要标注的对象，如图 11-73 所示，即可对指定的图形创建圆心标记，效果如图 11-74 所示。

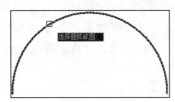

图 11-73　选择标注图形

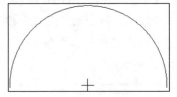

图 11-74　圆心标注效果

11.4　常用标注技巧

　　在 AutoCAD 中，除经常会使用直线型标注和圆弧型标注之外，还会使用到连续标注、基线标注、快速标注、折弯标标和打断标注等标注技巧。

11.4.1　连续标注

连续标注用于标注在同一方向上连续的线型或角度尺寸，该命令用于从上一个或选定标注的第二尺寸界线处创建线性、角度或坐标的连续标注。在进行连续标注前，需要对图形进行一次尺寸标注操作，以确定连续标注的参考对象，否则将无法进行连续标注。

- 命令：DIMCONTINUE(简化命令 DCO)。
- 菜单：选择"标注→连续"命令。
- 工具：单击"标注"面板中的"连续"按钮 🛗。

高手指点：

在已经存在标注的图形中，用户可以在执行 DCO(连续标注)命令后，选择已有的标注对象，然后对图形进行连续标注。

【练习 11-6】连续标注螺母垫圈的夹角。

素材文件	光盘\素材\第 11 章\螺母垫圈

01 根据素材路径打开"螺母垫圈.dwg"素材文件，如图 11-75 所示。

02 单击"标注"面板中的"角度"标注按钮 △，选择如图 11-76 所示的直线作为标注夹角的第一条线段。

03 选择如图 11-77 所示的线段作为标注夹角的第二条直线，然后指定标注弧线的位置，效果如图 11-78 所示。

04 执行 DCO(连续标注)命令，然后在绘图区指定第二条延伸线原点，如图 11-79 所示，继续对其余夹角进行连续标注，完成效果如图 11-80 所示。

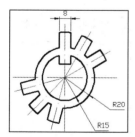
图 11-75　打开素材文件

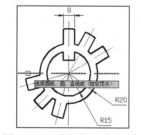
图 11-76　选择第一条直线

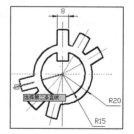
图 11-77　选择第二条直线

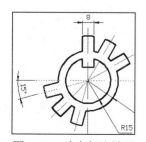
图 11-78　夹角标注效果

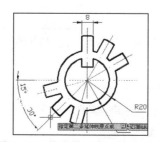
图 11-79　指定第二条延伸线原点

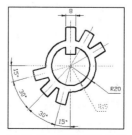
图 11-80　连续标注效果

11.4.2 基线标注

基线标注用于标注图形中有一个共同基准的线型、坐标或角度的关联标注。基线标注是以某一点、线或面作为基准，其他尺寸按照该基准进行定位。因此，在进行基线标注前，需要对图形进行一次尺寸标注操作，以确定基线标注的基准点，否则将无法进行基线标注。

基线标注与连续标注方法类似，对图形进行首次尺寸标注后，执行"标注→基线"命令，即可对图形进行基线标注。

【练习 11-7】对图形进行基线标注。

01 对图形进行第一次标注，为基线标注指定一个基准点，如图 11-81 所示。

02 选择"标注→基线"命令，当系统提示"指定第二条延伸线原点或[放弃(U)/选择(S)]"时，输入 s 并按 Enter 键确定，选择"选择(S)"选项，如图 11-82 所示。

03 当系统提示"选择基准标注:"时，选择存在的标注作为基准标注对象，如图 11-83 所示。

 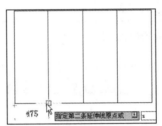 

图 11-81　进行第一次标注　　图 11-82　选择"选择(S)"选项　　图 11-83　选择基准标注对象

04 当系统提示"指定第二条延伸线原点或[放弃(U)/选择(S)]"时，指定第二条延伸线的原点，如图 11-84 所示。

05 根据系统提示继续指定下一条延伸线的原点，如图 11-85 所示。

06 完成基线标注后，按空格键确定，即可完成基线标注操作，最终效果如图 11-86 所示。

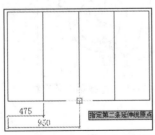  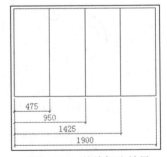

图 11-84　指定第二条延伸线的原点　图 11-85　指定下一条延伸线的原点　　图 11-86　基线标注效果

提示

进行基线标注时，如果因为基线标注间的距离太近而无法显示标注的内容，可以在"修改标注样式"对话框的"线"选项卡中重新设置基线的间距。

11.4.3　快速标注

QDIM(快速标注)命令用于快速创建标注，其中包括创建基线标注、连续尺寸标注、半径标注和直径标注等。

单击"标注"面板中的"快速标注"按钮，系统将提示"选择要标注的几何图形:"，此时选择标注图样，系统将提示"指定尺寸线位置或[连续/并列/基线/坐标/半径/直径/基准点/编辑]<>:"，该提示中各选项的含义如下所示。

- 连续：用于创建连续标注。
- 并列：用于创建交错标注。
- 基线：用于创建基线标注。
- 坐标：以一基点为准，标注其他端点相对于基点的相对坐标。
- 半径：用于创建半径标注。
- 直径：用于创建直径标注。
- 基准点：确定用"基线"和"坐标"方式标注时的基点。
- 编辑：启动尺寸标注的编辑命令，用于增加或减少尺寸标注中尺寸界线的端点数。

11.4.4　折弯标注

折弯标注用于表示不显示线性标注中的实际测量值的标注值。通常情况下，标注的实际测量值小于显示的值。使用 DIMJOGLINE(折弯标注)命令或"折弯标注"工具可以在线性标注或对齐标注中添加或删除折弯线。

单击"标注"面板中的"折弯标注"按钮，选择折弯标注命令，其命令行提示及操作如下所示：

```
命令: DIMJOGLINE✓          //执行命令
选择要添加折弯的标注或 [删除(R)]:    //选择要添加折弯的标注，如图 11-87 所示
指定折弯位置 (或按 ENTER 键):    //指定折弯位置，或按 Enter 键确定，完成折弯标注的操作，效果如
图 11-88 所示
```

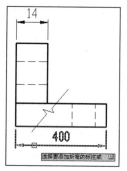

图 11-87　选择要添加折弯的标注

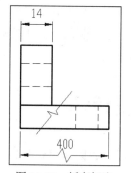

图 11-88　折弯标注

在执行 DIMJOGLINE (折弯标注)命令的过程中，各选项的含义如下所示。

- 选择要添加折弯的标注或[删除(R)]：指定要向其添加折弯的线性标注或对齐标注。系统将提示指定折弯的位置。
- 指定折弯位置(或按 ENTER 键)：指定一点作为折弯位置，或按 Enter 键将折弯放在标注文字和第一条尺寸界线之间的中点，或基于标注文字位置的尺寸线的中点。
- 删除：指定要从中删除折弯的线性标注或对齐标注。

11.4.5 打断标注

使用 DIMBREAK(打断标注)命令或"打断标注"工具 ，可以以某一对象为参照点或以指定点将标注对象打断，如图 11-89 和图 11-90 所示的分别是原图效果和打断标注后的效果。使用 DIMBREAK(打断标注)命令可以使尺寸线、尺寸界线或引线不显示，使其成为设计的一部分。

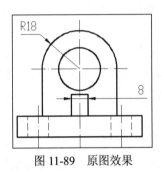

图 11-89　原图效果

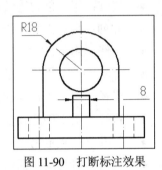

图 11-90　打断标注效果

执行 DIMBREAK(打断标注)命令，其命令行提示及其含义如下所示：

```
命令:DIMBREAK ✓                    //执行命令
选择标注或 [多个(M)]:
选择要打断标注的对象或 [自动(A)/恢复(R)/手动(M)] <自动>:
```

- 选择标注：使用对象选择方法，并按空格键确定。
- 多个(M)：指定要向其中添加打断或要从中删除打断的多个标注。
- 选择要打断标注的对象：直接选择要打断标注的对象，并按空格键确定。
- 自动(A)：自动将折断标注放置在与选定标注相交的对象的所有交点处。修改标注或相交对象时，会自动更新使用此选项创建的所有折断标注。
- 恢复(R)：从选定的标注中删除所有折断标注。
- 手动(M)：使用手动方式为打断位置指定标注或尺寸界线上的两点。如果修改标注或相交对象，则不会更新使用此选项创建的任何折断标注。在使用此选项时，一次仅可以放置一个手动折断标注。

11.5　编辑标注

创建尺寸标注后，如果需要对其进行修改，可以使用标注样式对所有标注进行修改，也可以单独修改图形中的部分标注对象。使用"标注"面板中的相应工具可以对标注进行相应的编辑修改。

11.5.1 修改标注样式

在进行尺寸标注时，发现标注的样式不适合当前的图形，可以对当前的标注样式进行修改。

【练习 11-8】修改已有的标注样式。

01 选择"标注→样式"命令，或者执行 DIMSTYLE(简化命令 D)命令，打开"标注样式管理器"对话框，选择需要修改的样式，单击"修改"按钮，如图 11-91 所示。

02 打开如图 11-92 所示的"修改标注样式"对话框，在该对话框中对标注的各部分样式进行修改，修改好标注样式后进行确定即可。

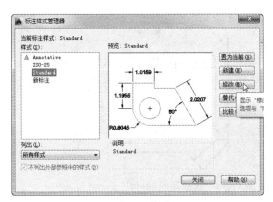

图 11-91 单击"修改"按钮

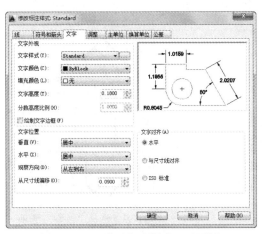

图 11-92 "修改标注样式"对话框

11.5.2 编辑标注尺寸线

DIMEDIT(编辑标注)命令用于修改一个或多个标注对象上的文字标注和尺寸界线。执行"编辑标注"命令 DIMEDIT 后，系统将提示"输入标注编辑类型 [默认(H)/新建(N)/旋转(R)/倾斜(O)] <默认>:"，其中常用选项的含义如下所示。

- 新建(N)：使用"多行文字编辑器"修改编辑标注文字。
- 旋转(R)：旋转标注文字。
- 倾斜(O)：调整线性标注尺寸界线的倾斜角度。

11.5.3 编辑标注文字

DIMTEDIT(编辑标注文字)命令用于移动和旋转标注文字。执行 DIMTEDIT(编辑标注文字)命令后，系统将提示"指定标注文字的新位置或[左(L)/右(R)/中心(C)/默认(H)/角度(A)]:"，其中常用选项的含义如下所示。

- 指定标注文字的新位置：拖动时，动态更新标注文字的位置。
- 左(L)：沿尺寸线左对正标注文字。本选项只适用于线性、直径和半径标注。

- 右(R)：在尺寸线上右对齐标注文字。本选项只适用于线性、直径和半径标注。
- 中心(C)：将标注文字放在尺寸线的中间。
- 角度(A)：修改标注文字的角度。

【练习11-9】编辑标注尺寸线和标注文字。

素材文件	光盘\素材\第11章\圆锥齿轮图

01 根据素材路径打开"圆锥齿轮图.dwg"素材文件，执行DIMEDIT命令，然后在弹出的菜单中选择"倾斜"选项，如图11-93所示。

02 系统提示"选择对象:"时，选择要倾斜的标注，如图11-94所示，然后按Enter键确定。

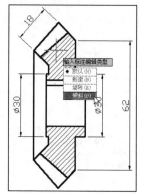

图11-93 选择"倾斜"选项

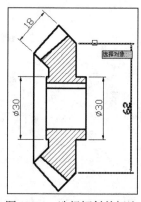

图11-94 选择倾斜的标注

03 系统提示"输入倾斜角度(按ENTER表示无):"时，输入倾斜的角度为-45，如图11-95所示，然后按空格键确定，倾斜效果如图11-96所示。

04 执行DIMTEDIT命令，系统提示"选择标注:"时，选择旋转文字的标注，如图11-97所示。

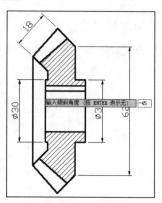

图11-95 输入倾斜角度

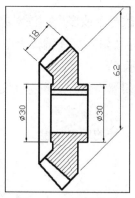

图11-96 倾斜效果

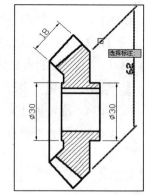

图11-97 选择旋转文字的标注

05 系统提示"为标注文字指定新位置或[左(L)/右(R)/中心(C)/默认(H)/角度(A)]:"时，输入字母a并按Enter键确定，选择"角度(A)"选项，如图11-98所示。

06 系统提示"指定标注文字的角度:"时，输入旋转的角度为45，如图11-99所示，然后按空格键确定，完成效果如图11-100所示。

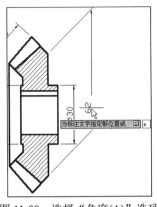

图 11-98 选择"角度(A)"选项

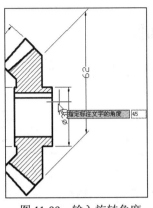

图 11-99 输入旋转角度

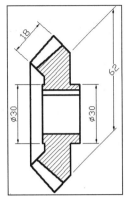

图 11-100 旋转文字的效果

11.6 形位公差

在产品生产过程中，如果在加工零件时产生的形状误差和位置误差的差距过大，将会影响机器的质量。因此，对要求较高的零件，必须根据实际需要在图纸上标注出相应表面的形状误差和相应表面之间位置误差的允许范围，即标出表面形状和位置公差，这里简称形位公差。

AutoCAD 2014 使用特征控制框向图形中添加形位公差，如图 11-101 所示为形位公差说明。

AutoCAD 2014 提供了 14 种常用的形位公差符号，如表 11-1 所示。另外，用户也可以自定义工程符号，常用的方法是通过定义块来定义基准符号或粗糙度符号。

图 11-101 形位公差说明

表 11-1 常用的形位公差符号

符 号	特 征	类 型	符 号	特 征	类 型	符 号	特 征	类 型
⊕	位置	位置	//	平行度	方向	⌀	圆柱度	形状
◎	同轴(同心)度	位置	⊥	垂直度	方向	▱	平面度	形状
꞊	对称度	位置	∠	倾斜度	方向	○	圆度	形状
⌒	面轮廓度	轮廓	↗	圆跳动	跳动	—	直线度	形状
⌒	线轮廓度	轮廓	↗↗	全跳动	跳动			

11.7 融会贯通

本小节练习标注建筑立面图、轴承座二视图和形位公差，巩固所学的尺寸标注知识，如线性标注、半径标注和连续标注等。

233

11.7.1 标注建筑立面图

本例将在建筑立面图中标注图形的尺寸，主要练习设置标注样式、创建线性标注和连续标注等操作，完成后的效果如图 11-102 所示。

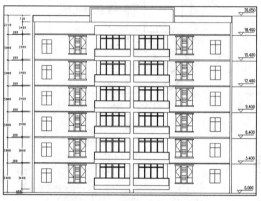

图 11-102 标注建筑立面图

实例文件	光盘\实例\第 11 章\建筑立面
素材文件	光盘\素材\第 11 章\建筑立面
视频教程	光盘\视频教程\第 11 章\标注建筑立面图

01 根据素材路径打开"建筑立面.dwg"素材文件，如图 11-103 所示。

02 执行 D(标注样式)命令，打开如图 11-104 所示的"标注样式管理器"对话框。

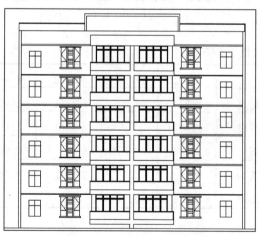

图 11-103 打开素材文件

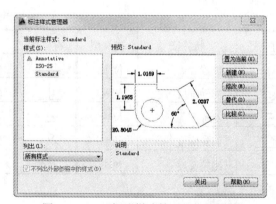

图 11-104 "标注样式管理器"对话框

03 单击"新建"按钮，打开如图 11-105 所示的"创建新标注样式"对话框，在"新样式名"文本框中输入样式名"建筑立面"。

04 单击"继续"按钮，打开"新建标注样式"对话框，在"线"选项卡中设置超出尺寸线的值为 300.0000，起点偏移量的值为 500.0000，如图 11-106 所示。

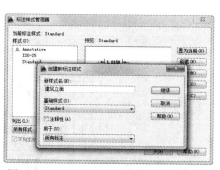

图 11-105　"创建新标注样式"对话框

图 11-106　设置线参数

05 选择"符号和箭头"选项卡，设置箭头和引线为"建筑标记"，设置箭头大小为 200.0000，如图 11-107 所示。

06 选择"文字"选项卡，设置文字的高度为 450.0000，文字的垂直对齐方式为"上"，设置"从尺寸线偏移"的值为 150.0000，如图 11-108 所示。

图 11-107　设置箭头参数

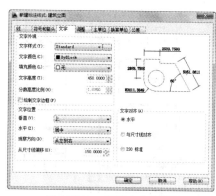

图 11-108　设置文字参数

07 选择"主单位"选项卡，设置"精度"值为 0，如图 11-109 所示。

08 确定后返回"标注样式管理器"对话框，单击"置为当前"按钮，如图 11-110 所示。然后关闭"标注样式管理器"对话框。

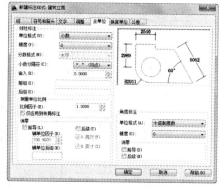

图 11-109　设置精度

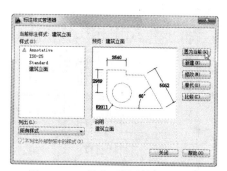

图 11-110　单击"置为当前"按钮

09 单击"标注"面板中的"线性"按钮 ，然后选择尺寸标注的第一个原点，如图 11-111 所示，继续指定第二个原点，如图 11-112 所示。

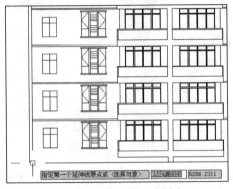

图 11-111　指定第一个原点

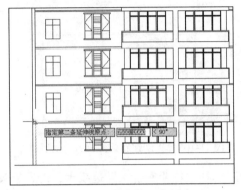

图 11-112　指定第二个原点

10 根据系统提示指定尺寸线的位置，如图 11-113 所示，然后单击即可完成线性标注，效果如图 11-114 所示。

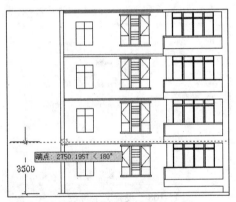

图 11-113　指定尺寸线的位置

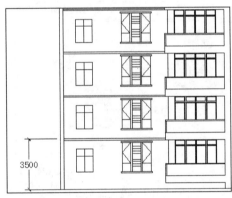

图 11-114　创建线性标注效果

11 执行 DCO(连续标注)命令，对图形的其他尺寸进行连续标注，效果如图 11-115 所示。

12 使用"线性"工具 对图形总尺寸进行标注，完成建筑立面的尺寸标注，最终完成效果如图 11-116 所示。

图 11-115　连续标注其他尺寸

图 11-116　尺寸标注效果图

11.7.2　标注轴承座二视图

本例将在轴承座二视图中标注图形的尺寸，主要练习半径标注、直径标注和角度标注等操作，完成后的效果如图 11-117 所示。

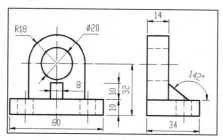

图 11-117　标注轴承座二视图

实例文件	光盘\实例\第 11 章\轴承座二视图
素材文件	光盘\素材\第 11 章\轴承座二视图
视频教程	光盘\视频教程\第 11 章\标注轴承座二视图

01 根据素材路径打开"轴承座二视图.dwg"素材文件，如图 11-118 所示。

02 单击"标注"面板上的"半径"按钮，然后选择如图 11-119 所示的圆弧。

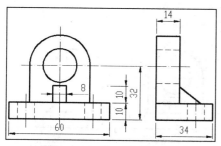

图 11-118　打开素材文件

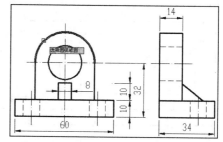

图 11-119　选择圆弧

03 指定尺寸标注线的位置，如图 11-120 所示，标注半径后的效果如图 11-121 所示。

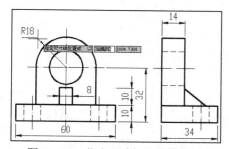

图 11-120　指定尺寸标注线的位置

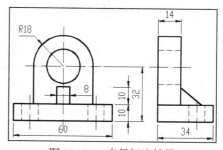

图 11-121　半径标注效果

04 单击"标注"面板上的"直径"按钮，选择如图 11-122 所示的小圆图形，然后指定尺寸标注线的位置，标注直径后的效果如图 11-123 所示。

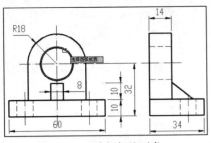

图 11-122　选择标注对象

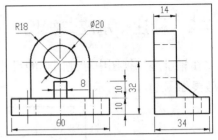

图 11-123　直径标注效果

05 单击"标注"面板中的"角度"按钮△，选择如图 11-124 所示的斜线作为标注的第一条边，选择如图 11-125 所示的水平线段作为标注的第二条边。

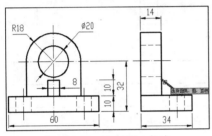

图 11-124　选择第一条边

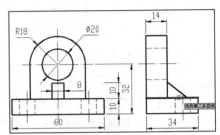

图 11-125　选择第二条边

06 指定标注弧线的位置，如图 11-126 所示，然后单击即可完成角度标注，最终完成效果如图 11-127 所示。

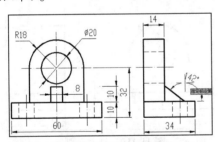

图 11-126　指定标注弧线的位置

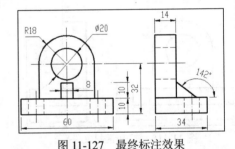

图 11-127　最终标注效果

11.7.3　标注形位公差

本例将标注形位公差，练习使用"快速引线"命令标注形位公差的操作，完成后的效果如图 11-128 所示。

图 11-128　标注形位公差

实例文件	光盘\实例\第 11 章\形位公差
视频教程	光盘\视频教程\第 11 章\标注形位公差

01 输入 QLEADER 命令并确定，然后输入 S 并按 Enter 键确定，打开"引线设置"对话框，选中其中的"公差"单选按钮，如图 11-129 所示。

02 单击"确定"按钮，然后根据命令提示绘制出如图 11-130 所示的引线。

图 11-129　"引线设置"对话框

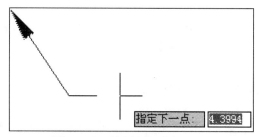

图 11-130　绘制出的引线效果

03 在打开的"形位公差"对话框中，单击"符号"参数栏下的黑框，如图 11-131 所示，然后在打开的"特征符号"对话框中选择位置符号◎，如图 11-132 所示。

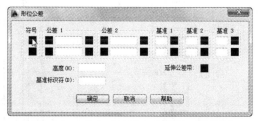

图 11-131　单击"符号"参数栏下的黑框

图 11-132　选择符号

04 单击"公差 1"参数栏下的第一个小黑框，里面将自动出现直径符号，如图 11-133 所示。

05 在"公差 1"参数栏中的白色文本框中输入公差值为 0.05，如图 11-134 所示。

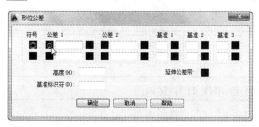

图 11-133　添加直径符号

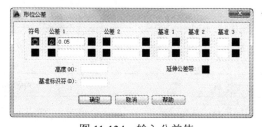

图 11-134　输入公差值

06 单击"公差 1"参数栏下的第二个小黑框，打开"附加符号"对话框，从中选择包容条件符号Ⓢ，如图 11-135 所示。

07 单击"确定"按钮，即可完成形位公差标注，效果如图 11-136 所示。

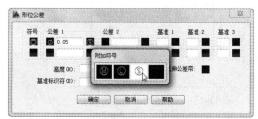

图 11-135　选择包容条件符号

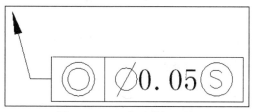

图 11-136　形位公差标注效果

11.8 上机实战

学习完本章内容后，读者需要掌握 AutoCAD 2014 标注图形尺寸的方法。下面通过实例操作来巩固本章所介绍的知识，并对知识进行延伸扩展。

实战 1：标注建筑图

实例文件	光盘\实例\第 11 章\建筑剖面
素材文件	光盘\素材\第 11 章\建筑剖面
① 打开"建筑剖面.dwg"图形文件。 ② 执行"线性标注"命令，对图形进行线性标注。 ③ 执行"连续标注"命令，对图形连续标注。 ④ 继续对图形进行线性标注，完成效果如图 11-137 所示。	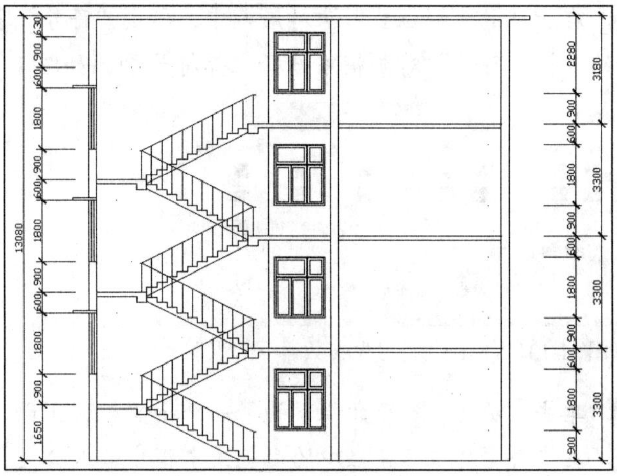 图 11-137　建筑剖面

实战 2：标注机械图

实例文件	光盘\实例\第 11 章\箱体半剖视图剖面
素材文件	光盘\素材\第 11 章\箱体半剖视图剖面
① 打开"箱体半剖视图剖面.dwg"图形文件。 ② 执行"线性标注"命令，对图形进行线性标注。 ③ 执行"半径标注"命令，对图形进行半径标注。 ④ 对标注后的图形进行保存，完成效果如图 11-138 所示。	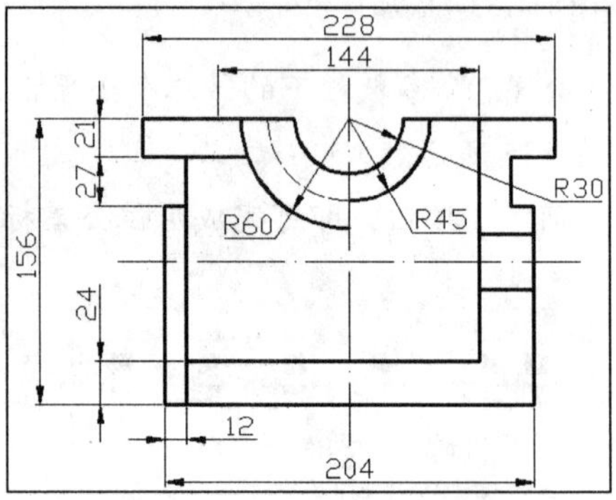 图 11-138　标注图形效果

第12章 对象查询

本章导读：

本章将讲解对象查询和快速计算器的相关知识，其中包括查询点的坐标、线段的长度、圆的半径、对象的夹角以及对象的周长和面积等内容。在查询对象面积和周长时，使用 AutoCAD 中的面功能能够快速地对图形的周长、面积等信息进行查询。

本章知识要点：

- 应用面域
- 查询对象
- 快速计算器

精通 AutoCAD 2014 中文版

12.1 应用面域

面域是由封闭区域所形成的二维实体对象，其边界可以由直线、多段线、圆、圆弧或椭圆等对象形成。用户可以对面域进行填充图案、着色以及分析面域的几何特性和物理特性等操作，还可以对面域进行布尔运算。

12.1.1 创建面域

要建立面域对象，首先要存在封闭图形，在创建好封闭对象后，可以使用 REGION(面域)命令建立面域。

- 命令：REGION(简化命令 REG)。
- 菜单：选择"绘图→面域"命令。
- 工具：单击"绘图"面板中的"面域"按钮 ，如图 12-1 所示。

【练习 12-1】将图形创建为面域对象。

01 执行 REGION(面域)命令，在绘图区中选择一个或多个封闭对象，或者组成封闭区域的多个对象，如图 12-2 所示。

02 选择需要创建为面域的图形后，按空格键进行确定，即可将选择的对象转换为面域对象，在命令行中将显示已创建面域图形的提示，如图 12-3 所示。

03 当光标移至面域对象上时，将显示该面域的属性，如图 12-4 所示。

图 12-1 单击"面域"按钮

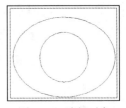

图 12-2 选择对象

图 12-3 系统提示

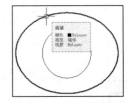

图 12-4 显示面域属性

12.1.2 面域运算

创建好面域对象后，可以对面域进行并集、差集和交集 3 种运算，并可以通过不同的组合来创建复杂的新面域。

1. 并集运算面域

并集运算是将多个面域对象相加合并成一个对象，对面域进行并集运算后，如果所选面域没有相交，那么可将所选面域合并为一个单独的面域。

- 命令：UNION(简化命令 UNI)。

● 菜单：选择"修改→实体编辑→并集"命令。

【练习 12-2】对面域进行并集运算。

使用并集运算对如图 12-5 所示的两个面域进行并集编辑时，其命令行提示及操作如下所示：

```
命令：UNION↙        //执行命令
选择对象：           //选择第一个并集对象，如图 12-6 所示
选择对象：           //选择第二个并集对象，如图 12-7 所示，确定后的并集效果如图 12-8 所示
```

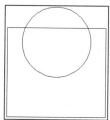 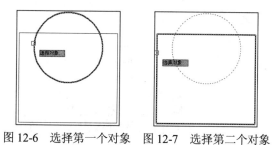

图 12-5　原图　　　图 12-6　选择第一个对象　　图 12-7　选择第二个对象　　图 12-8　并集效果

2. 差集运算面域

差集运算是在一个面域中减去其他与之相交面域的部分。

● 命令：SUBTRACT(简化命令 SU)。

● 菜单：选择"修改→实体编辑→差集"命令。

【练习 12-3】对面域进行差集运算。

使用差集运算对如图 12-9 所示的面域进行差集编辑时，其命令行提示及操作如下所示：

```
命令：SUBTRACT↙                          //执行命令
选择要从中减去的实体或面域...            //选择源对象，如图 12-10 所示
选择对象：找到 1 个                       //按空格键进行确定
选择对象：选择要减去的实体或面域 ..      //选择要减去的对象，如图 12-11 所示，得到的差集效果如图
12-12 所示
```

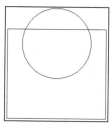 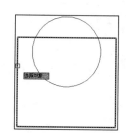 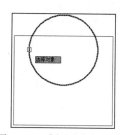 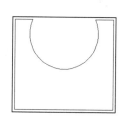

图 12-9　原图　　　图 12-10　选择源对象　　图 12-11　选择要减去的对象　　图 12-12　差集效果

提示

在进行差集运算时，如果弄反了对象，得到的结果将会不一样。对面域进行求差运算后，如果所选面域没有相交，那么将删除被减去的面域。

243

3. 交集运算面域

交集运算是保留多个面域相交的公共部分，并除去其他部分的运算方式。

- 命令：INTERSECT(简化命令 IN)。
- 菜单：选择"修改→实体编辑→交集"命令。

【练习 12-4】对面域进行交集运算。

使用交集运算对面域进行交集编辑时，其命令行提示及操作如下所示：

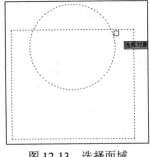

图 12-13 选择面域

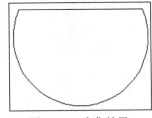

图 12-14 交集效果

```
命令: INTERSECT↙                    //执行命令
选择对象: 找到 2 个                  //选择面域，如图 12-13 所示
选择对象:                           //进行确定，得到的交集效果如图 12-14 所示
```

提示

执行 INTERSECT 命令对面域进行交集运算的过程中，如果所选面域没有相交，那么将删除所有被选择的面域。

12.1.3 面域查询

在 AutoCAD 2014 中，使用"面域/质量特性"命令可以快速查询面域模型的质量信息，其中包括面域的周长、面积、边界框、质心、惯性矩、惯性积和旋转半径等。

选择"工具→查询→面域/质量特性"命令，如图 12-15 所示，然后选择要查询的面域对象，将打开"AutoCAD 文本窗口"对话框，该对话框中将会显示面域信息，如图 12-16 所示。

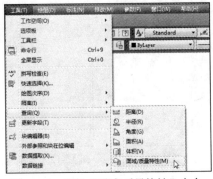

图 12-15 执行"面域/质量特性"命令

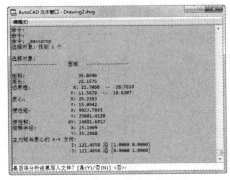

图 12-16 面域信息显示

在查询面域的特性后，系统将提示"是否将分析结果写入文件?[是(Y)/否(N)] <否>:"，输入 Y 并按 Enter 键确定，可以将分析的结果写入当前的文件中；如果要直接结束查询操作，输入 N 并按 Enter 键确定即可。

12.2　查询对象

使用 AutoCAD 提供的查询功能，除了可以直接查询面域的信息外，还可以测量点的坐标、两个对象之间的距离、图形的面积与周长以及线段间的角度等。下面具体介绍各种图形查询的功能。

12.2.1　查询点坐标

使用"查询坐标"命令可以测量点的坐标，将列出指定点的 X、Y 和 Z 值，并将指定点的坐标存储为上一点坐标。

- 命令：ID。
- 菜单：选择"工具→查询→点坐标"命令。
- 工具：单击"实用工具"面板中的"点坐标"按钮，如图 12-17 所示。

执行"查询坐标"命令 ID，然后在需要查询坐标的点位置单击，如图 12-18 所示，即可测出该点的坐标，如图 12-19 所示，其命令行提示及操作如下所示：

```
命令：ID↙          //启动 ID 命令
指定点：            //拾取需要查询的点
X = 4305.2385      Y = -376.6438      Z = 0.0000   //显示指定点的坐标
```

图 12-17　单击"点坐标"按钮

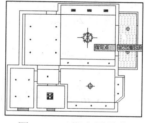

图 12-18　指定测量点

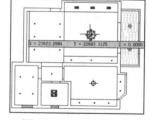

图 12-19　显示坐标值

12.2.2　查询两点距离

使用"查询距离"命令可以计算 AutoCAD 中真实的三维距离。XY 平面中的倾角相对于当前 X 轴，与 XY 平面的夹角相对于当前 ZY 平面。如果忽略 Z 轴的坐标值，使用"查询距离"命令计算的距离将采用第一点或第二点的当前距离。

- 命令：DIST(简化命令 DI)。
- 菜单：选择"工具→查询→距离"命令。
- 工具：单击"实用工具"面板中的"距离"按钮。

【练习 12-5】查询如图 12-20 所示的六边形两个角点间的距离。

01 选择"工具→查询→距离"命令，或者执行 DIST 命令，在测量对象的起点处单击，指定第一点，如图 12-21 所示。

02 指定测量对象的终点，如图 12-22 所示，测量完成后，系统将显示测量的结果，如图 12-23 所示，同时将在命令窗口中显示测量结果。

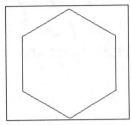

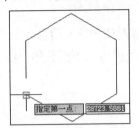

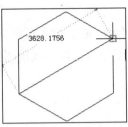

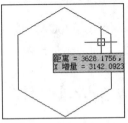

图 12-20　测量对象　　　图 12-21　指定第一点　　　图 12-22　指定终点　　　图 12-23　显示测量结果

12.2.3　查询对象半径

　　单击"实用工具"面板中的"测量"下拉按钮 测量 ，在弹出的列表中选择"半径"选项，如图 12-24 所示，系统将提示"选择圆弧或圆:"，指定测量的对象后，系统将显示半径的测量结果，然后在弹出的菜单中选择"退出(X)"选项，结束查询操作，如图 12-25 所示。

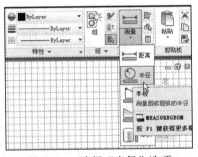

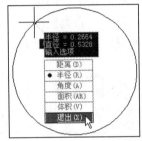

图 12-24　选择"半径"选项　　　图 12-25　选择"退出(X)"选项

12.2.4　查询对象角度

　　单击"实用工具"面板中的"测量"下拉按钮 测量 ，在弹出的列表中选择"角度"选项，可以测量夹角的角度和圆弧的弧度。

　　【练习 12-6】测量夹角的角度。

　　01 单击"实用工具"面板中的"测量"下拉按钮 测量 ，在弹出的列表中选择"角度"选项，如图 12-26 所示。

　　02 系统提示"选择圆弧、圆、直线或<指定顶点>:"时，选择测量的对象或夹角的第一条线段，如图 12-27 所示。

　　03 选择测量的第一条线段后，继续选择测量的第二条线段，如图 12-28 所示。

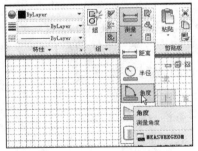

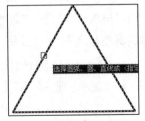

图 12-26　选择"角度"选项　　　图 12-27　选择第一条线段

　　04 系统将显示角度的测量结果，在弹出的菜单中选择"退出(X)"选项，即可结束操作，如图 12-29 所示。

【练习12-7】测量圆弧的弧度。

$\boxed{01}$ 单击"实用工具"面板中的"测量"下拉按钮 测量，在弹出的列表中选择"角度"选项后，直接选择要测量的对象，如图 12-30 所示。

$\boxed{02}$ 系统将显示测量结果，在弹出的菜单中选择"退出(X)"选项结束操作，如图 12-31 所示。

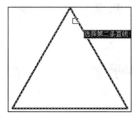 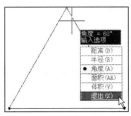  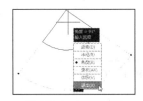

图 12-28　选择第二条线段　图 12-29　选择"退出(X)"选项　图 12-30　选择对象　图 12-31　测量结果

12.2.5　查询面积和周长

本节将学习查询图形面积和周长的方法，用户可以使用查询面积的方法测量出对象或指定区域的面积和周长。使用测量对象面积和周长的方法时，只需要在选择测量对象后直接进行确定即可；使用测量区域面积和周长的方法时，需要依次指定构成区域的角点。

【练习12-8】测量圆形的周长和面积。

$\boxed{01}$ 单击"实用工具"面板中的"测量"下拉按钮 测量，在弹出的列表中选择"面积"选项，如图 12-32 所示。

$\boxed{02}$ 系统将提示"指定第一个角点或[对象(O)/增加面积(A)/减少面积(S)/退出(X)]<对象(O)>:"，在此提示下输入 0 并按 Enter 键确定，选择"对象(O)"选项，如图 12-33 所示。

$\boxed{03}$ 当系统提示"选择对象:"时，选择要测量的对象，如图 12-34 所示。

$\boxed{04}$ 系统将显示测量的结果，包括对象的面积和周长值，然后在弹出的菜单中选择"退出(X)"选项，即可结束操作，如图 12-35 所示。

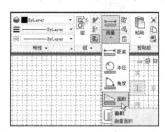   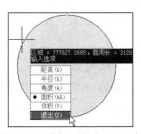

图 12-32　选择"面积"选项　图 12-33　选择"对象(O)"选项　图 12-34　选择对象　图 12-35　选择"退出(X)"选项

【练习12-9】测量区域的周长和面积。

$\boxed{01}$ 单击"实用工具"面板中的"测量"下拉按钮 测量，在弹出的列表中选择"面积"选项，然后指定区域的第一个角点，如图 12-36 所示。

$\boxed{02}$ 系统提示"指定下一个点或[圆弧(A)/长度(L)/放弃(U)]:"时，指定区域的第二个角点，如图 12-37 所示。

247

03 继续指定区域的下一个点，如图 12-38 所示。

04 如果还需要指定区域的其他角点，可以继续指定其他点，然后按空格键确定，系统将显示指定区域的面积和周长，然后选择"退出(X)"选项，即可结束操作，如图 12-39 所示。

图 12-36　指定第一个角点　　图 12-37　指定第二个角点　　图 12-38　指定下一个　　图 12-39　选择"退出(X)"选项

12.2.6　查询对象体积

单击"实用工具"面板中的"测量"下拉按钮 ，在弹出的列表中选择"体积"选项，可以查询对象的体积。

【练习 12-10】 查询球体的体积。

01 单击"实用工具"面板中的"测量"下拉按钮 ，在弹出的列表中选择"体积"选项，如图 12-40 所示。

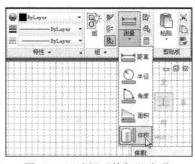 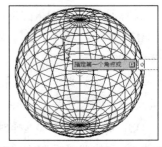

图 12-40　选择"体积"选项　　图 12-41　选择"对象(O)"选项

02 系统提示"指定第一个角点或[对象(O)/增加面积(A)/减少面积(S)/退出(X)]<对象(O)>:"时，输入 0 并按 Enter 键确定，选择"对象(O)"选项，如图 12-41 所示。

03 当系统提示"选择对象:"时，选择要测量的球体，如图 12-42 所示。

04 系统将显示体积的测量结果，然后在弹出的菜单中选择"退出(X)"命令结束操作，如图 12-43 所示。

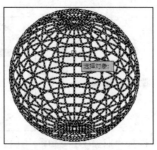 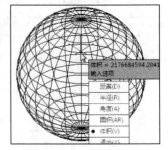

图 12-42　选择对象　　　　图 12-43　测量结果

提示

查询区域体积的方法与查询区域面积的方法一样，在执行测量体积命令后，指定构成区域体积的点，然后按空格键确定，系统即可显示测量的结果。

12.3　快速计算器

在 AutoCAD 中，快速计算器包括了与大多数标准数学计算器类似的基本功能。另外，快速计算器还具有特别适用于 AutoCAD 的功能，如几何函数、单位转换区域和变量区域等功能。

12.3.1　认识快速计算器

与大多数计算器不同的是，快速计算器是一个表达式生成器。为了获取更大的灵活性，快速计算器不会在单击某个函数时立即计算出答案。相反，可以在此输入一个轻松编辑的表达式，完成后，单击"等号"按钮 = 或按 Enter 键进行确定。

在 AutoCAD 2014 中，快速计算器的界面如图 12-44 所示。

使用"快速计算器可以进行以下操作。

- 执行数学计算和三角计算。
- 访问和检查以前输入的计算值进行重新计算。
- 从"特性"选项板访问计算器来修改对象特性。
- 转换测量单位。
- 执行与特定对象相关的几何计算。
- 从"特性"选项板和命令提示复制和粘贴值和表达式。
- 计算混合数字(分数)、英寸和英尺。
- 定义、存储和使用计算器变量。
- 使用 CAL 命令中的几何函数。

图 12-44　快速计算器的界面

12.3.2　使用快速计算器

进行数据的计算时，用户可以在"快速计算器"选项板中输入一个编辑的表达式，然后单击"等号"按钮 = 或按 Enter 键进行确定。完成计算操作后，可以从"历史记录"区域中检索出该表达式，从而对其进行修改并重新计算结果。

【练习 12-11】使用快速计算器对多个数字进行相加。

01 单击"实用工具"面板中的"快速计算器"按钮，如图 12-45 所示。

02 打开"快速计算器"选项板，然后在文本输入框中输入要计算的内容，如图 12-46 所示。

03 单击快速计算器中的"等号"按钮 = 或按 Enter 键进行确定，将在文本输入框中显示计算的结果，在历史区域将显示计算的内容和结果，如图 12-47 所示。

04 在历史区域中右击，在弹出的快捷菜单中选择"清除历史记录"选项，可以将历史区域的内容删除，如图 12-48 所示。

图 12-45　单击"快速计算器"按钮

图 12-46　输入计算内容

图 12-47　显示计算的内容和结果

图 12-48　选择"清除历史记录"选项

提示

在命令等待状态下右击，在弹出的快捷菜单中选择"快速计算器"选项，即可打开"快速计算器"选项板。

12.4　融会贯通

本例将对室内的面积进行查询，主要练习测量面积的使用方法，完成后的效果如图 12-49 所示。

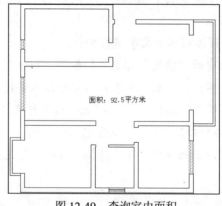

面积：92.5平方米

图 12-49　查询室内面积

实例文件	光盘\实例\第 12 章\建筑平面
素材文件	光盘\素材\第 12 章\建筑平面
视频教程	光盘\视频教程\第 12 章\查询室内面积

01 根据素材路径打开"建筑平面.dwg"素材文件，如图 12-50 所示。

02 单击"实用工具"面板中的"测量"下拉按钮 [测量]，在弹出的列表中选择"面积"选项，如图 12-51 所示。

03 当系统提示"指定第一个角点或[对象(O)/增加面积(A)/减少面积(S)/退出(X)] <对象(O)>:"时，指定建筑区域的第一个角点，如图 12-52 所示。

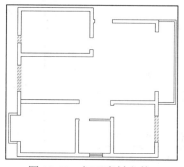

图 12-50 打开素材文件

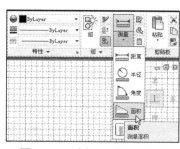

图 12-51 选择"面积"选项

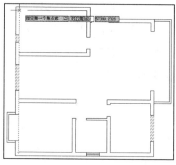

图 12-52 指定第一角点

04 继续指定建筑区域的下一个角点，如图 12-53 所示。

05 根据系统的提示，继续指定建筑区域的其他角点，然后按空格键确定，系统将显示测量结果，如图 12-54 所示。

06 根据测量出的结果，使用"文字"命令标注出室内的面积，标注效果如图 12-55 所示。

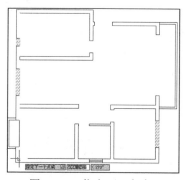

图 12-53 指定下一角点

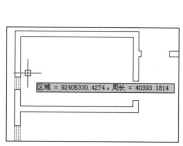

图 12-54 显示测量结果

图 12-55 标注面积效果

12.5 上机实战

学习完本章内容后，读者需要掌握 AutoCAD 2014 对象查询和应用快速计算器的方法，下面通过实例操作来巩固本章所介绍的知识，并对知识进行延伸扩展。

实战：计算平面面积

实例文件	光盘\实例\第 12 章\平面图
素材文件	光盘\素材\第 12 章\平面图
① 打开素材文件，单击"实用工具"面板中的"快速计算器"按钮 ，打开"快速计算器"选项板。 ② 在文本输入框中输入面积相加的算式（如 12.72+3.76+5.28+34.15+5.88）。 ③ 单击快速计算器中的"等号"按钮 ，即可显示计算的结果。 ④ 执行 T(文字)命令，记录下计算的结果，效果如图 12-56 所示。	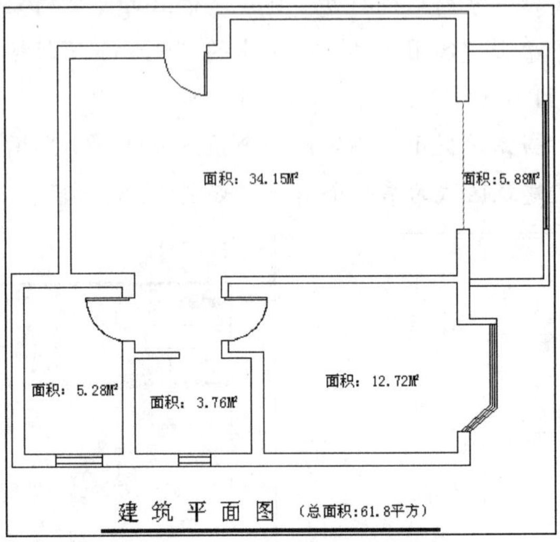 图 12-56 计算平面面积

第13章　三维绘图基础应用

本章导读：

AutoCAD 提供了不同视角显示图形的设置工具，可以使其在不同的用户坐标系和正交坐标系之间切换，从而使用户方便地绘制和编辑三维图形。使用三维绘图功能，可以直观地表现出物体的实际形状。

本章知识要点：

- 三维坐标系
- 观察三维模型
- 绘制三维实体
- 编辑三维实体

13.1 三维坐标系

AutoCAD 的默认坐标系为世界坐标系，其坐标原点和方向固定不变。用户也可以根据需要创建三维用户坐标系。三维坐标系包括三维笛卡尔坐标、球坐标和柱坐标 3 种坐标形式。

13.1.1 三维笛卡尔坐标

三维笛卡尔坐标是通过使用 X、Y 和 Z 坐标值来指定精确的位置。在屏幕底部状态栏上所显示的三维坐标值，就是笛卡尔坐标系中的数值，其可以准确地反映当前十字光标的位置。

输入三维笛卡尔坐标值(X,Y,Z)类似于输入二维坐标值(X,Y)。在绘图和编辑过程中，世界坐标系的坐标原点和方向都不会改变。默认情况下，X 轴以水平向右为正方向，Y 轴以垂直向上为正方向，Z 轴以垂直屏幕向外为正方向，坐标原点在绘图区的左下角。如图 13-1 所示为二维坐标系，如图 13-2 所示为三维笛卡尔坐标。

13.1.2 三维球坐标

球坐标与柱坐标的功能和用途一样，主要用于对模型进行定位贴图。球坐标点的定位方式是通过指定某个位置距当前 UCS 原点的距离、在 XY 平面中与 X 轴所成的角度及其与 XY 平面所成的角度来指定该位置，如图 13-3 所示为球坐标系。

三维球坐标通过指定某个位置距当前 UCS 原点的距离、在 XY 平面中与 X 轴所成的角度以及与 XY 平面所成的角度来指定该位置。在球坐标系中，X<与 X 轴所成的角度<与 XY 平面所成的角度。例如，球坐标点(5<60<90)，表示该点距 UCS 原点有 5 个单位、在 XY 平面中以与 X 轴正方向成 60°测量、与 XY 平面成 90°的位置。

13.1.3 三维柱坐标

柱坐标是在对模型贴图时，定位贴纸在模型中的位置。使用柱坐标确定点的方式是通过指定沿 UCS 的 X 轴夹角方向的距离，以及垂直于 XY 平面的 Z 值进行定位。如图 13-4 所示为柱坐标系。

 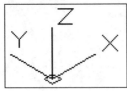 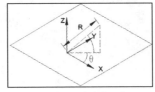 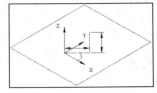

图 13-1　二维坐标系　图 13-2　三维笛卡尔坐标　　图 13-3　球坐标系　　　　图 13-4　柱坐标系

三维柱坐标通过 XY 平面与 UCS 原点之间的距离、XY 平面与 X 轴的角度以及 Z 值来描述精确的位置，柱坐标使用 XY 平面的角及沿 Z 轴的距离来表示。

柱坐标点在 XY 平面投影距离小于点在 XY 平面投影与 X 轴夹角与 Z 轴方向上的距离。例如，柱坐标点(30<50，200)，表示该点在 XY 平面上的投影距离为 50、与 X 轴正方向的夹角为 30°、在 Z 轴上的投影与原点的距离为 200。

13.1.4 用户坐标系

AutoCAD 为了方便用户绘制图形，提供了可变用户坐标系统 UCS。通过 UCS 命令，用户可以设置适合当前图形应用的坐标系统。一般情况下，用户坐标系统与世界坐标系统相重合，在进行一些复杂的实体造型时，可以根据具体需要设定自己的 UCS。

● 命令：UCS。
● 菜单：选择"工具→新建 UCS→三点"命令。

绘制三维图形时，在同一实体不同表面上绘图，可以将坐标系设置为当前绘图面的方向及位置。在 AutoCAD 中，UCS 命令可以方便、准确、快捷地完成这项工作。

【练习 13-1】新建用户坐标系。

素材文件	光盘\素材\第 13 章\三维底座

01 根据素材路径打开"三维底座.dwg"图形文件，如图 13-5 所示。

02 执行 UCS 命令，系统提示"指定 UCS 的原点或[面(F)/命名(NA)/对象(OB)/上一个(P)/视图(V)/世界(W)/X/Y/Z/Z 轴(ZA)]"时，拾取如图 13-6 所示的点作为原点。

03 系统提示"指定 X 轴上的点或<当前>"时，继续指定 X 轴上的点，如图 13-7 所示。

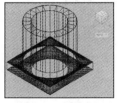
图 13-5　原有视图

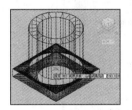
图 13-6　指定原点

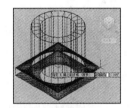
图 13-7　指定 X 轴上的点

04 系统提示"指定 XY 平面上的点或<当前>"时，在视图中继续指定 XY 平面上的点，如图 13-8 所示。

05 执行 UCS 命令，根据系统提示输入 NA 并确定，在弹出的快捷菜单中选择"保存(S)"选项，如图 13-9 所示。

06 创建视图的名称(如"三维底座")并按 Enter 键确定，完成用户坐标系的创建，即可在绘图区右上角查找到创建的用户坐标系，如图 13-10 所示。

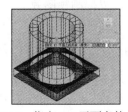
图 13-8　指定 XY 平面上的点

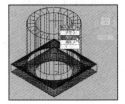
图 13-9　选择"保存(S)"选项

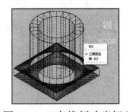
图 13-10　查找新建坐标系

255

13.2 观察三维模型

在 AutoCAD 中，可以通过指定观察方向、视口观察和动态观察 3 种方法观察模型。用户可以根据需要来选择适当的观察方法。

13.2.1 指定观察方向

如果要观察具有立体感的三维模型，可以使用系统提供的西南、西北、东南和东北 4 个等轴测视图观察三维模型，使观察效果更加形象、直观。

默认状态下，三维绘图命令绘制的三维图形都是俯视的平面图，可以根据系统提供的俯视、仰视、前视、后视、左视和右视 6 个正交视图分别从对象的上、下、前、后、左、右 6 个方位进行观察。

- 菜单：执行"视图→三维视图"命令，可以在子菜单中根据需要选择相应视图，如图 13-11 所示。
- 工具：在"草图与注释"工作空间中选择"视图"标签→"视图"面板，单击视图中的按钮选择相应视图，如图 13-12 所示。

图 13-11　选择相应视图

图 13-12　单击视图中的按钮

13.2.2 多视图设置

在绘制三维图形时，通过切换视图可以从不同角度观察三维模型，但是工作起来并不方便。用户可以根据需要新建多个视口，同时使用不同的视图来观察三维模型，以提高视图效率。

【练习 13-2】创建多个视口。

01 执行 VPORTS(新建视口)命令，在打开的"视口"对话框中输入视口新名称"三维绘图"，在"标准视口"列表框中选择"四个：左"选项，在"设置"下拉列表框中选择"三维"选项，如图 13-13 所示。

02 单击"确定"按钮，创建一个新的视口，效果如图 13-14 所示。

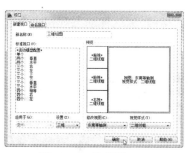

图 13-13　选择视口

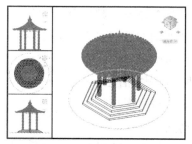

图 13-14　新建视口效果

13.2.3　动态观察模型

在 AutoCAD 2014 中，使用三维动态的方法可以从任意角度实时、直观地观察三维模型。用户可以通过使用动态观察工具对模型进行动态观察。使用三维动态观察通常会使用到 3D 导航立方体、控制盘和三维动态观察器 3 种工具。

1. 使用 3D 导航立方体

3D 导航立方体默认位于绘图区的右上角，如图 13-15 所示，单击其上的文字，可以切换到相应的视图，选择并拖动导航立方体上的任意文字，可以在同一个平面上旋转当前视图；单击导航立方体下方文字块中的 ▽ 按钮，在弹出的菜单中可以选择导航立方体的名称或为其新建名称，如图 13-16 所示。

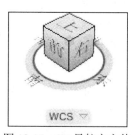

图 13-15　3D 导航立方体　　图 13-16　选择导航名称

2. 使用控制盘

选择"视图→SteeringWheels"命令，或者单击"视图"标签中"导航"面板下的 SteeringWheels 按钮 ，将打开视图控制盘，如图 13-17 所示。控制盘上的每个按钮都代表一种导航工具，可以使用不同方式平移、缩放或动态观察三维模型。如图 13-18 所示为使用平移方式观察三维模型的视图效果。

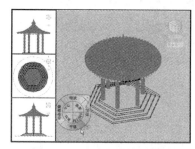

图 13-17　打开视图控制盘

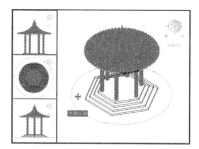

图 13-18　平移方式观察三维模型

3. 使用动态观察器

AutoCAD 提供了"受约束的动态观察"、"自由动态观察"和"连续动态观察"3 种动态观察方式。选择"视图→动态观察"命令，在弹出的子菜单中将显示这种动态观察命令，选择其中的命令即可使用相应的动态观察方法，如图 13-19 所示。

- 受约束的动态观察：使用这种方法只能沿 XY 平面或 Z 轴进行观察。光标移动到绘图区中变为 ![handlike] 形状，按住左键不放并拖动鼠标，可以动态观察三维模型，效果如图 13-20 所示。

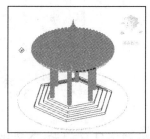

图 13-19 选择"动态观察"选项　图 13-20 受约束的动态观察效果

- 自由动态观察：使用这种方法将出现一个绿色的转盘，在转盘内部按住左键不放并拖动鼠标可以在任意方向上观察三维模型；在转盘外部按住左键不放并拖动鼠

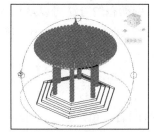

图 13-21 自由动态观察的视图效果　图 13-22 连续动态观察的视图效果

标可以在 XY 平面上观察三维模型，将光标移动到转盘上不同的圆内，光标变为 ![] 形状时，可以在该圆所在的方向或平面上观察三维模型，视图效果如图 13-21 所示。

- 连续动态观察：使用这种方法可以对三维模型进行连续地动态观察。在要连续动态观察移动的方向上单击并拖动鼠标，然后松开左键，轨道沿该方向继续移动，视图效果如图 13-22 所示。

13.3　绘制三维实体

实体对象表示整体对象的体积。各类三维建模中，实体的信息最完整、歧义最少、复杂实体形比线框和网格更容易构造和编辑。

13.3.1　绘制长方体

长方体是最基本的实体对象，使用 BOX(长方体)命令可以创建三维长方体或立方体，效果如图 13-23 和图 13-24 所示。

- 命令：BOX。
- 菜单：选择"绘图→建模→长方体"命令。

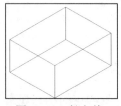
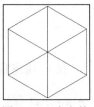

图 13-23 长方体　　　图 13-24 立方体

- 工具：单击"建模"工具栏中的"长方体"按钮 ▢ 。

执行 BOX(长方体)命令后，系统将提示"指定长方体的角点或[中心点(CE)]<0,0,0>"。确定立方体底面角点位置或底面中心，默认值为<0,0,0>，输入后命令行将提示"指定角点或[立方体(C)/长度(L)]"。其中各项的含义如下所示。

- 立方体(C)：用该项创建立方体。
- 长度(L)：用该项创建长方体，创建时先输入长方体底面 X 方向的长度，然后继续输入长方体 Y 方向的宽度，最后输入正方体的高度值。

13.3.2　绘制球体

使用 SPHERE(球体)命令可创建如图 13-25 所示的三维实心球体，该实体是通过半径或直径及球心来定义的。

- 命令：SPHERE。
- 菜单：选择"绘图→建模→球体"命令。
- 工具：单击"建模"工具栏中的"球体"按钮 ● 。

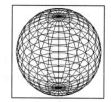

图 13-25　三维实心球体

13.3.3　绘制圆柱体

使用 CYLINDER(圆柱体)命令可以生成无锥度的圆柱体或椭圆柱体，如图 13-26 和图 13-27 所示。该实体与圆或椭圆被执行拉伸操作的结果类似。圆柱体是在三维空间中由圆的高度创建与拉伸圆或椭圆相似的实体原型。

- 命令：CYLINDER。
- 菜单：选择"绘图→建模→圆柱体"命令。
- 工具：单击"建模"工具栏中的"圆柱体"按钮 ▢ 。

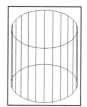

图 13-26　圆柱体　　图 13-27　椭圆柱体

13.3.4　绘制圆锥体

使用 CONE(圆锥体)命令可以创建实心圆锥体或圆台体的三维图形，该命令以圆或椭圆为底，垂直向上对称地变细直至一点，如图 13-28 和图 13-29 所示为圆锥体和圆台体。

- 命令：CONE。
- 菜单：选择"绘图→建模→圆锥体"命令。
- 工具：单击"建模"工具栏中的"圆锥体"按钮 ▢ 。

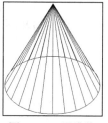

图 13-28　圆锥体　　图 13-29　圆台体

> **提示**
> 在创建圆锥体的过程中，如果设置圆锥体的顶面半径为大于零的值，那么创建的对象将是一个圆台体。

13.3.5 绘制圆环体

使用 TORUS(圆环体)命令可以创建圆环体对象，该命令也可以创建如图 13-30 所示的圆环体。

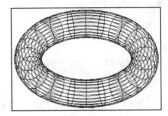

图 13-30 圆环体

- 命令：TORUS(简化命令 TOR)。
- 菜单：选择"绘图→建模→圆环体"命令。
- 工具：单击"建模"工具栏中的"圆环体"按钮。

如果圆管半径和圆环体半径都是正值，且圆管半径大于圆环体半径，结果就像一个两极凹陷的球体；如果圆环体半径为负值，圆管半径为正值，且大于圆环体半径的绝对值，则结果就像一个两极尖锐突出的球体。

13.4 编辑三维实体

在三维模型编辑过程中，常用的实体编辑命令包括并集、差集和交集等。下面将详细讲解这些命令的具体应用。

13.4.1 并集实体

使用 UNION(并集)命令可以将选定的两个或以上的实体或面域对象合并成为一个新的整体。并集实体也就是两个或多个现有实体的全部体积合并起来形成的。例如，将如图 13-31 所示的球体和圆柱体并集在一起，并集效果如图 13-32 所示。

- 命令：UNION(简化命令 UNI)。
- 菜单：选择"修改→实体编辑→并集"命令。
- 工具：在"三维基础"空间中单击"编辑"面板中的"并集"按钮，如图 13-33 所示。

图 13-31 原图

图 13-32 并集效果

图 13-33 单击"并集"按钮

260

提示

　　该处的并集命令与面域编辑中的并集命令相似，都是将选定的 AutoCAD 图形对象定义成为一个整体。但是并集命令的实体不能作为图形对象插入到其他图形文档中，只能使用复制、粘贴命令粘贴到其他图形文件中。

13.4.2　差集实体

　　使用 SUBTRACT(差集)命令可以将选定的组合实体或面域相减得到一个差集整体。在机械制图过程中，通常会使用 SUBTRACT(差集)命令对实体或面域上进行钻孔或开槽等处理。

- 命令：SUBTRACT(简化命令 SU)。
- 菜单：选择"修改→实体编辑→差集"命令。
- 工具：在"三维基础"空间中单击"编辑"面板中的"差集"按钮⬒。

　　在进行求差运算过程中，选择集可以是任意多个位于不同平面中的面域或实体。AutoCAD 将这些选择集分成单独连接的子集，实体将组合在第一个子集中。第一个选定的面域和所有后续共面面域组合将在第二个子集中。下一个不与第一个面域共面的面域，以及所有与其共面的后续面域组合将在第三个子集中。以此类推，直到所有的面域属于相应的某个子集。

　　如图 13-34 所示的图形，使用长方体减去球体的效果如图 13-35 所示。

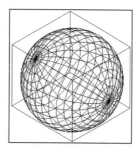
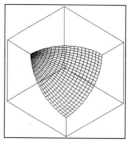

图 13-34　原图　　　图 13-35　长方体减去球体效果

提示

　　当选择的实体或面域没有公共部分且两者不相交时，所选择的要被减去的对象将被删除。

13.4.3　交集实体

　　使用 INTERSECT(交集)命令可以从两个或多个实体或面域的交集中创建组合实体或面域，并删除交集外面的区域。

- 命令：INTERSECT(简化命令 IN)。
- 菜单：选择"修改→实体编辑→交集"命令。
- 工具：在"三维基础"空间中单击"编辑"面板中的"交集"按钮⬓。

　　例如，对如图 13-36 所示的图形进行交集处理后，效果如图 13-37 所示。

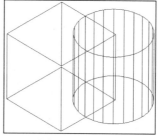
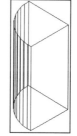

图 13-36　原图　　　图 13-37　交集效果

13.5 融会贯通

本小节综合应用所学的三维绘图基础知识，练习创建三维基本实体、切换视图、进行模型布尔运算等操作的具体使用方法。

13.5.1 绘制哑铃模型

本例将绘制哑铃模型，主要练习创建球体和圆柱体等基本实体的方法，效果如图 13-38 所示。

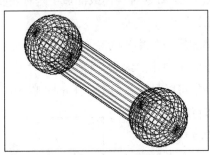

图 13-38 绘制哑铃模型

实例文件	光盘\实例\第 13 章\哑铃模型
视频教程	光盘\视频教程\第 13 章\绘制哑铃模型

01 执行 ISOLINES 命令，系统提示"输入 ISOLINES 的新值"时，输入 24 并按 Enter 键确定，设置线框密度为 24，然后将视图转换为西南等轴测视图。

02 执行 CYLINDER(圆柱体)命令，指定底面的中心点，然后设置圆柱体底面的半径为 4，如图 13-39 所示。

03 当系统提示"指定高度或[两点(2P)/轴端点(A)]<当前>:"时，指定圆柱体的高度为 35，然后进行确定，效果如图 13-40 所示。

04 执行 SPHERE(球体)命令，当系统提示"指定中心点或[三点(3P)/两点(2P)/相切、相切、半径(T)]:"时，在圆柱体下方圆心处指定球体的中心点，如图 13-41 所示。

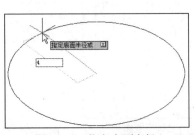

图 13-39 指定底面半径

图 13-40 圆柱体效果

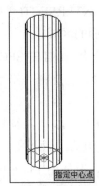

图 13-41 指定中心点

05 当系统提示"指定半径或[直径(D)]<当前>:"时，指定球体的半径为6，然后进行确定，效果如图13-42所示。

06 执行SPHERE(球体)命令，在圆柱体上方圆心处指定球体的中心点，设置球体半径为12，创建的球体效果如图13-43所示。

07 选择"视图→动态观察→自由动态观察"命令，将光标移到圆圈边缘上并拖动鼠标，更改观察的角度，完成哑铃模型的创建，完成效果如图13-44所示。

  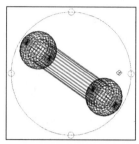

图13-42　球体效果1　　图13-43　球体效果2　　图13-44　更改视觉角度后的效果

13.5.2　创建轴支架模型

本例将绘制创建轴支架模型，主要练习创建长方体、圆柱体以及进行差集和并集等布尔运算的方法，效果如图13-45所示。

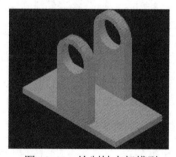

图13-45　绘制轴支架模型

实例文件	光盘\实例\第13章\轴支架模型
视频教程	光盘\视频教程\第13章\创建轴支架模型

01 将视图转换为"东南等轴测"视图，然后执行BOX命令，绘制一个长为240、宽为120、高为18的长方体，效果如图13-46所示。

02 执行CYLINDER命令，绘制两个定底面的半径为18、高度为18的圆柱体，圆柱体的底面与长方体的底面对齐，效果如图13-47所示。

03 执行SU(差集)命令，选择长方体对象，然后依次选择两个圆柱体作为减去的对象，执行"视图→消隐"命令，差集运算的效果如图13-48所示。

04 执行BOX命令，在如图13-49所示的位置指定长方体的第一个角点。

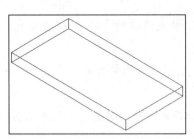

图 13-46　创建的长方体效果

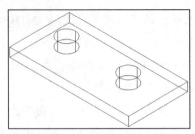

图 13-47　创建的圆柱体效果

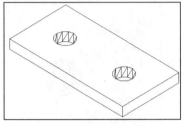

图 13-48　差集运算的效果

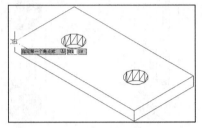

图 13-49　指定长方体的第一个角点

05 当系统提示"指定其他角点或[立方体(C)/长度(L)]:"时，输入 L 并确定，选择"长度(L)"选项，然后指定长方体的长度为 18，如图 13-50 所示。

06 依次指定长方体的宽度为 180、高度为 80，完成效果如图 13-51 所示。

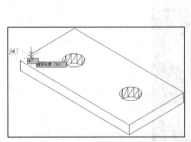

图 13-50　指定长方体的长度

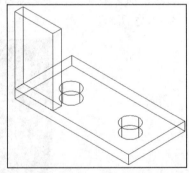

图 13-51　创建长方体效果

07 将视图转换为"前视"视图，然后执行 CYLINDER 命令，在如图 13-52 所示的中点位置指定圆柱底面的中心点，然后创建一个底面半径为 40、高度为 18 的圆柱体，效果如图 13-53 所示。

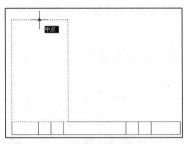

图 13-52　指定圆柱底面的中心点

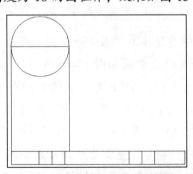

图 13-53　创建的圆柱体效果 1

08 使用同样的方法创建一个半径为 30、高度为 18 的圆柱体，效果如图 13-54 所示。

09 将视图转换为"俯视"视图，然后执行 M(移动)命令调节两个圆柱体的位置，调节后的效果如图 13-55 所示。

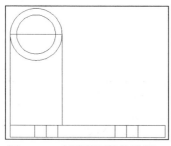

图 13-54　创建的圆柱体效果 2

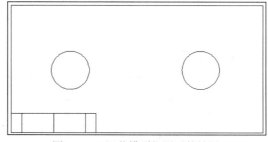

图 13-55　调节模型位置后的效果

10 将视图转换为"东南等轴测"视图，执行 UNI(并集)命令，然后选择大圆柱体和长方体进行并集处理，效果如图 13-56 所示。

11 执行 SU(差集)命令，将小圆柱体从合并后的长方体中减去，然后执行"视图→消隐"命令，效果如图 13-57 所示。

12 在俯视图中执行 M(移动)命令对差集运算后的对象进行移动，然后返回"东南等轴测"视图，效果如图 13-58 所示。

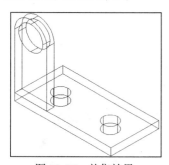
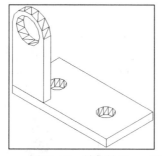
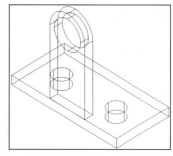

图 13-56　并集效果　　　　图 13-57　差集效果　　图 13-58　移动对象并进入"东南等轴测"视图

13 执行 CO(复制)命令对编辑后的长方体进行复制，效果如图 13-59 所示。

14 执行 UNI(并集)命令，选择所有对象并确定，对图形进行合并，效果如图 13-60 所示。

15 选择"视图→视觉样式→真实"命令，完成模型的创建，完成效果如图 13-61 所示。

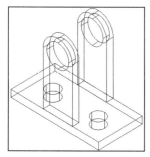
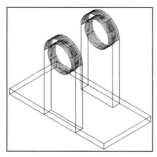
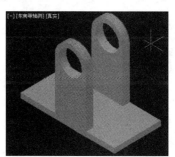

图 13-59　复制对象效果　　　　图 13-60　合并效果　　　　图 13-61　完成效果

13.6 上机实战

学习完本章内容后，读者需要掌握 AutoCAD 2014 绘制和编辑三维实体的方法，下面通过实例操作来巩固本章所介绍的知识，并对知识进行延伸扩展。

实战 1：绘制车轮模型

实例文件	光盘\实例\第 13 章\车轮模型
① 执行 TOR(圆环体)命令，绘制一个半径为 185、圆管半径为 20 的圆环作为车轮。 ② 执行 CYLINDER(圆柱体)命令，绘制 10 个半径为 10、高度为 160 的圆柱体作为支架。 ③ 执行 SPHERE(球体)命令，绘制一个半径为 30 的球体作为轴中心。 ④ 选择"视图→视图样式→真实"命令，完成效果如图 13-62 所示。	 图 13-62　车轮模型

实战 2：绘制珠环模型

实例文件	光盘\实例\第 13 章\珠环模型
① 执行 TOR(圆环体)命令，绘制一个半径为 145、圆管半径为 15 的圆环。 ② 执行 SPHERE(球体)命令，绘制 6 个半径为 30 的球体。 ③ 执行 UNI(并集)命令，将所有对象合并在一起。 ④ 选择"视图→视图样式→真实"命令，完成效果如图 13-63 所示。	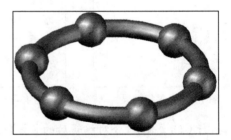 图 13-63　珠环模型

第14章 三维绘图高级应用

本章导读：

在 AutoCAD 中，可以使用三维调整命令来调整模型的位置和方向。创建好三维模型后，选择不同的显示方式，可以得到不同的模型效果。本章将重点介绍实体图形的显示设置、由二维图形创建三维实体、调整实体的状态和渲染模型等方面的内容。

本章知识要点：

- 实体图形的显示
- 由二维图形创建三维实体
- 调整实体状态
- 渲染模型

14.1 实体图形的显示

在 AutoCAD 2014 中，视觉样式决定了图形的显示效果。在应用视觉样式前，首先要了解视觉样式管理器和各种视觉样式的作用。

14.1.1 应用视觉样式管理器

选择"视图→视觉样式→视觉样式管理器"命令，打开如图 14-1 所示的"视觉样式管理器"选项板，在该选项板中可以创建和修改三维模型的视觉样式。

14.1.2 常用视觉样式

使用视觉样式可以对三维实体进行染色并赋予明暗光线。选择"视图→视觉样式"命令，打开"视觉样式"下拉列表，其中包括"二维线框"、"线框"、"消隐"和"真实"等常用视觉样式，如图 14-2 所示。

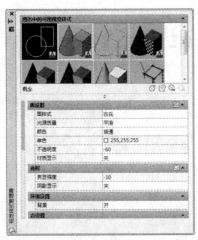

图 14-1 "视觉样式管理器"选项板　　　　图 14-2 选择"视觉样式"选项

常用视觉样式的含义如下所示。

- 二维线框：显示用直线和曲线表示边界的对象，光栅和 OLE 对象、线型和线宽都是可见的，效果如图 14-3 所示。
- 线框：显示用直线和曲线表示边界对象，线框效果与二维线框相似，只是在线框效果中将显示一个已着色的三维 UCS 图标，效果如图 14-4 所示。
- 消隐：显示用三维线框表示的对象并隐藏表示后向面的直线，隐藏实际上被前景对象遮盖的背景对象，使图形的显示简洁明了，具有直观的立体感，效果如图 14-5 所示。
- 真实：着色多边形平面间的对象，并使对象的边平滑化，显示对象的材质，效果如图 14-6 所示。

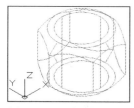
图 14-3　二维线框效果

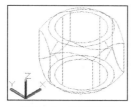
图 14-4　线框效果

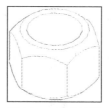
图 14-5　消隐效果

图 14-6　真实效果

提示

如果要显示从点光源、平行光、聚光灯或阳光发出的光线，则应该将视觉样式设置为真实、概念或带有着色对象的自定义视觉样式。

14.2　由二维图形创建三维实体

在创建三维实体的操作中，可以使用三维拉伸、三维旋转和放样等方法将二维图形创建为三维实体。

14.2.1　拉伸创建三维实体

使用 EXTRUDE(拉伸)命令可以沿指定路径拉伸对象或按指定高度值和倾斜角度拉伸对象，从而将二维图形拉伸为三维实体。使用二维图形拉伸为三维实体的方法可以方便地创建外形不规则的实体。使用该方法，需要先用二维绘图命令绘制不规则的截面，然后将其拉伸，即可创建出三维实体。

- 命令：EXTRUDE。
- 菜单：选择"绘图→建模→拉伸"命令。
- 工具：单击"建模"工具栏中的"拉伸"按钮⊡。

使用 EXTRUDE(拉伸)命令创建三维实体的过程中，其命令行提示及操作如下所示：

```
命令: EXTRUDE↙              //执行命令
当前线框密度:  ISOLINES=4
选择对象:                   //选择需要拉伸的二维封闭图形
指定拉伸的高度或[方向(D)/路径(P)/倾斜角(T)] <>:    //指定拉伸高度或输入选项
```

- 指定拉伸的高度：默认情况下，将沿对象的法线方向拉伸平面对象。如果输入正值，将沿对象所在坐标系的 Z 轴正方向拉伸对象；如果输入负值，将沿 Z 轴负方向拉伸对象。对象不必平行于同一平面。如果所有对象处于同一平面，将沿该平面的法线方向拉伸对象。
- 方向(D)：通过指定的两点指定拉伸的长度和方向。
- 路径(P)：选择基于指定曲线对象的拉伸路径。路径将移动到轮廓的质心。然后沿选定路径拉伸选定对象的轮廓以创建实体或曲面。

- 倾斜角(T)：如果为倾斜角指定一个点而不是输入值，则必须拾取第二个点。用于拉伸的倾斜角是两个指定点之间的距离。

在指定倾斜角度时，正角度表示从基准对象逐渐变细地拉伸；负角度则表示从基准对象逐渐变粗地拉伸；默认角度 0 表示在与二维对象所在平面垂直的方向上进行拉伸。所有选定的对象和环都将倾斜到相同的角度。指定一个较大的倾斜角或较长的拉伸高度，将导致对象或对象的一部分在到达拉伸高度之前就已经汇聚到一点。

提示
　　三维实体表面以线框的形式来表示，线框密度由系统变量 ISOLINES 控制。系统变量 ISOLINES 的数值范围为 4 ~ 2047 之间，其数值越大，线框越密。

【练习 14-1】使用 EXTRUDE(拉伸)命令将圆形拉伸为三维实体。

01 使用 C(圆)命令绘制一个圆，然后将视图转换为西南等轴测视图，效果如图 14-7 所示。

02 执行 ISOLINES 命令，系统提示"输入 ISOLINES 的新值"，输入 24 并按 Enter 键确定，设置线框密度为 24。

提示
　　由于视图被转换为西南等轴测视图，从而观察的角度发生了变化，所以圆形被显示为椭圆形状。

03 执行 EXTRUDE 命令，使用交叉选择的方式选择圆形，当系统提示"指定拉伸的高度或[方向(D)/路径(P)/倾斜角(T)]:"时，输入拉伸对象的高度为 8，如图 14-8 所示。

04 按空格键确定，完成拉伸二维图形的操作，效果如图 14-9 所示。

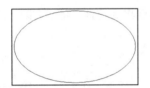
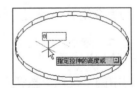

图 14-7　西南等轴测中的圆效果　　图 14-8　指定拉伸的高度　　图 14-9　拉伸效果

14.2.2　旋转创建三维实体

使用 REVOLVE(旋转)命令可以通过绕轴旋转开放或闭合的平面曲线来创建新的实体或曲面，并且可以旋转多个对象。

- 命令：REVOLVE。
- 菜单：选择"绘图→建模→旋转"命令。
- 工具：单击"建模"工具栏中的"旋转"按钮。

使用 REVOLVE(旋转)命令对二维图形进行旋转操作，其命令行提示及操作如下所示：

```
命令: REVOLVE↙              //执行命令
当前线框密度：ISOLINES=4
```

选择要旋转的对象:	//选择对象
指定轴起点或根据以下选项之一定义轴 [对象(O)/X/Y/Z] <>:	//单击指定轴起点
指定轴端点:	//单击指定轴端点
指定旋转角度或 [起点角度(ST)] <>:	//输入旋转角度

- 指定轴起点：指定旋转轴的第一点和第二点，轴的正方向从第一点指向第二点。
- 对象(O)：使用户可以选择现有的对象，此对象定义了旋转选定对象时所绕的轴。轴的正方向从该对象的最近端点指向最远端点。可用作轴的对象包括直线、线性多段线线段和实体或曲面的线性边 3 种。
- X(轴)：使用当前 UCS 的正向 X 轴作为轴的正方向。
- Y(轴)：使用当前 UCS 的正向 Y 轴作为轴的正方向。
- Z(轴)：使用当前 UCS 的正向 Z 轴作为轴的正方向。
- 指定旋转角度：旋转对象时将以指定的角度旋转对象，使用正角将按逆时针方向旋转对象；使用负角将按顺时针方向旋转对象。
- 起点角度(ST)：指定从旋转对象所在平面开始的旋转偏移。

【练习 14-2】使用 REVOLVE(旋转)命令将多段线旋转为三维实体。

01 在左视图中执行 PL(多段线)命令，绘制一条多段线，如图 14-10 所示。

02 执行 REVOLVE 命令，选择多段线，然后指定旋转轴的起点，如图 14-11 所示。

03 指定旋转轴的端点，如图 14-12 所示。

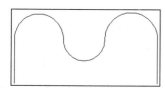
图 14-10　多段线

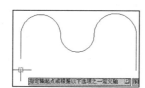
图 14-11　指定旋转轴起点

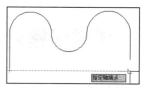
图 14-12　指定旋转轴端点

04 指定旋转的角度为 270，如图 14-13 所示。

05 旋转多段线的效果如图 14-14 所示。

06 将视图转换为西南等轴测视图，视图效果如图 14-15 所示。

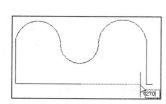
图 14-13　指定旋转角度

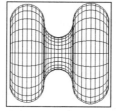
图 14-14　旋转效果

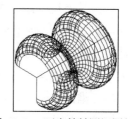
图 14-15　西南等轴测视图效果

14.2.3　放样创建三维实体

使用 LOFT(放样)命令可以通过对包含两条或两条以上横截面曲线的一组曲线进行放样来创建三

271

维实体或曲面。其中横截面决定了放样生成实体或曲面的形状，其可以是开放的线或直线；也可以是闭合的图形，如圆、椭圆、多边形和矩形等。

- 命令：LOFT。
- 菜单：选择"绘图→建模→放样"命令。
- 工具：单击"建模"工具栏中的"放样"按钮 。

【练习14-3】使用 LOFT(放样)命令将图形放样为三维实体。

01 在西南等轴测视图中绘制两个圆和一条直线，如图 14-16 所示。

02 执行 LOFT 命令，根据提示依次选择作为放样横截面的两个圆形，如图 14-17 所示。

03 在弹出的菜单列表中选择"路径(P)"选项，如图 14-18 所示。

04 当系统提示"选择路径曲线："时，选择线段对象，完成二维图形的放样操作，效果如图 14-19 所示。

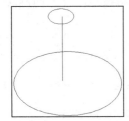 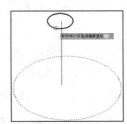 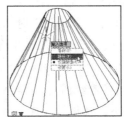

图 14-16 绘制图形　　图 14-17 选择图形　图 14-18 选择"路径(P)"选项　图 14-19 放样效果

14.3 创建网格对象

在 AutoCAD 中，除了可以直接创建三维实体外，还可以通过创建网格对象，由多个网格组成需要的模型效果。

14.3.1 创建旋转网格

旋转网格是通过将路径曲线或轮廓(包括直线、圆、圆弧、椭圆、椭圆弧、闭合多段线、多边形和闭合样条曲线或圆环)绕指定的轴旋转构造一个近似于旋转网格的多边形网格。被旋转的轮廓线可以是圆、圆弧、直线、二维多段线或三维多段线，但旋转轴只能是直线、二维多段线和三维多段线。旋转轴选取的是多段线，则实际轴线为多段线两端点的连线。

在创建三维形体时，可以使用 REVSURF(旋转网格)命令将形体截面的外轮廓线围绕某一指定轴旋转一定的角度生成一个网格。可以分别用系统变量 SURFTAB1 和 SURFTAB2 控制旋转网格在 M、N 方向的网格密度，其中旋转轴定义为 M 方向，旋转轨迹定义为 N 方向。

- 命令：REVSURF(简化命令 REV)。
- 菜单：选择"绘图→建模→网格→旋转网格"命令。

执行 REV(旋转网格)命令后，命令行提示及操作如下所示：

命令: REVSURF↙　　　　//执行命令
当前线框密度: SURFTAB1=24　SURFTAB2=24　　//显示当前网格密度值
选择要旋转的对象:　　　　//选择旋转对象，可以是直线、圆弧、圆或二维、三维多段线
选择定义旋转轴的对象:　　//选择旋转轴，可以是直线或开放的二维、三维多段线
指定起点角度 <0>:　　　　　　　　　　//指定旋转的起点角度
指定包含角 (+=逆时针, -=顺时针) <360>:　//指定旋转包含角度

【练习 14-4】使用 REVSURF(旋转网格)命令将曲线旋转为网格对象。

01 使用 SPL(样条曲线)命令和 L(直线)命令绘制如图 14-20 所示的图形。

02 执行 SURFTAB1 命令，将网络密度值 1 设置为 24，然后执行 SURFTAB2 命令，将网络密度值 2 设置为 24。

提示

网格的网格密度用 SURFTAB1 和 SURFTAB2 命令确定，其预设值为 6，网格密度越大，生成的面越光滑。

03 执行 REVSURF 命令，选择要旋转的曲线，如图 14-21 所示。

04 当系统提示"选择对象:"时，选择如图 14-22 所示的线段作为旋转轴。

05 保持默认旋转起始角度并确定，创建的旋转网格对象效果如图 14-23 所示。

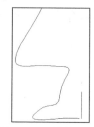
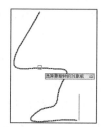

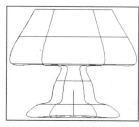

图 14-20　绘制图形　　图 14-21　选择旋转对象　　图 14-22　选择旋转轴　　图 14-23　创建旋转网格

提示

在旋转轴上指定点的位置会影响旋转方向。旋转后的旋转网格与旋转轴仍然分离，也可以单独删去旋转轴或旋转网格。

14.3.2　创建平移网格

使用 TABSURF(平移网格)命令可以创建以一条路径轨迹线沿着指定方向拉伸而成的网格，创建平移网格时，指定的方向将沿指定的轨迹曲线移动。

创建平移网格时，拉伸向量线必须是直线、二维多段线或三维多段线，路径轨迹线可以是直线、圆弧、圆、二维多段线或三维多段线。拉伸向量线选取多段线则拉伸方向为两端点连线，且拉伸面的拉伸长度即为向量线长度。

- 命令: TABSURF。
- 菜单: 选择"绘图→建模→网格→平移网格"命令。

【练习 14-5】使用 TABSURF(平移网格)命令将图形创建为平移网格。

01 在西南等轴测视图中绘制一个六边形和一条垂直于六边形的直线，如图 14-24 所示。

02 执行 TABSURF 命令，当系统提示"选择用作轮廓曲线的对象:"时，选择多边形对象，如图 14-25 所示。

03 选择如图 14-26 所示的线段作为方向矢量的对象，平移网格的效果如图 14-27 所示。

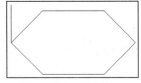 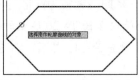  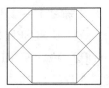

图 14-24　绘制图形　　图 14-25　选择多边形对象　　图 14-26　选择线段　　图 14-27　平移网格的效果

14.3.3　创建直纹网格

使用 RULESURF(直纹网格)命令可以在两条曲线之间构造一个表示直纹网格的多边形网格，使用 RULESURF(直纹网格)命令所选择的对象用于定义直纹网格的边。

创建直纹网格对象时，选择的对象可以是点、直线、样条曲线、圆、圆弧或多段线。如果有一个边界是闭合的，那么另一个边界也必须是闭合的。可以将一个点作为开放或闭合曲线的另一个边界，但是只能有一个边界曲线可以是一个点。

- 命令：RULESURF。
- 菜单：选择"绘图→建模→网格→直纹网格"命令。

【练习 14-6】使用 RULESURF(直纹网格)命令将图形创建为直纹网格。

01 在绘图区中绘制一条圆弧和一条直线组合封闭的图形，如图 14-28 所示。

02 执行 RULESURF 命令，当系统提示"选择第一条定义曲线:"时，选择弧线，如图 14-29 所示。

03 选择如图 14-30 所示的直线作为第二条定义曲线，创建的直纹网格效果如图 14-31 所示。

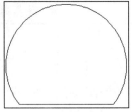 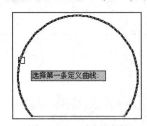  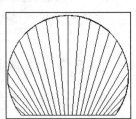

图 14-28　绘制图形　　图 14-29　选择弧线　　图 14-30　选择直线　　图 14-31　创建直纹网络

14.3.4　创建边界网格

使用 EDGESURF(边界网格)命令可以创建一个三维多边形网格，此多边形网格近似于一个由 4 条邻接边定义的孔斯曲面片网格。孔斯曲面片网格是一个在 4 条邻接边(这些边可以是普通的空间曲线)之间插入的双三次曲面。孔斯曲面片网格不但与定义边的角点相接,而且要与每条边相接,从而控制生成的曲面片的边界。

- 命令:EDGESURF。
- 菜单:选择"绘图→建模→网格→边界网格"命令。

使用 EDGESURF 命令创建网格时,选择定义的网格片必须是 4 条邻接边。邻接边可以是直线、圆弧、样条曲线或开放的二维或三维多段线。这些边必须在端点处相交以形成一个拓扑形式的矩形的闭合路径。使用 EDGESURF 命令创建边界网格后,其命令行提示及操作如下所示:

```
命令: EDGESURF✓                          //执行 EDGESURF 命令
当前线框密度: SURFTAB1=24  SURFTAB2=24    //显示当前网格密度值
选择用作网格边界的对象 1:                 //选择第一条作为网格的边界
选择用作网格边界的对象 2:                 //选择第二条作为网格的边界
选择用作网格边界的对象 3:                 //选择第三条作为网格的边界
选择用作网格边界的对象 4:                 //选择第四条作为网格的边界
```

提示

使用 EDGESURF 命令创建好网格后,可由 SURFTAB1 和 SURFTAB2 分别控制 M、N 方向的网格密度,值越大网格越光滑。网格原点为拾取的第一条边的最近点,同时第一条边为 M 方向,则生成若干单个 3D 面片。

14.4 调整实体状态

在三维绘图中,可以使用"三维镜像"、"三维阵列"、"三维对齐"、"三维移动"和"三维旋转"命令来调整实体的位置和方向。

14.4.1 三维镜像

使用 MIRROR3D(三维镜像)命令可以将三维实体按指定的三维平面作对称性复制。在三维建模中执行该命令,可以提高绘图效率。例如,将如图 14-32 所示的模型沿 XY 所在面进行三维镜像,效果如图 14-33 所示。

- 命令:MIRROR3D。
- 菜单:选择"修改→三维操作→三维镜像"命令。

在对实体进行三维镜像的过程中,命令行提示及操作如下所示:

图 14-32 原模型

图 14-33 三维镜像效果

```
命令: MIRROR3D✓        //执行镜像命令
选择对象:              //选择要镜像的对象
```

指定镜像平面(三点)的第一个点或[对象(O)/最近的(L)/Z 轴(Z)/视图(V)/XY 平面(XY)/YZ 平面(YZ)/ZX 平面
(ZX)/三点(3)] <三点>:   //指定镜像第一个点或选择选项
在镜像平面上指定第二点: //指定镜像第二个点
在镜像平面上指定第三点: //指定镜像第三个点
是否删除源对象? [是(Y)/否(N)] <否>:   //选择镜像方式

- 对象(O): 选取圆、弧或二维多段线等实体所在的平面作为镜像平面。
- 最近的(L): 相对于最后定义的镜像平面对选定的对象进行镜像处理。
- Z 轴(Z): 根据平面上的一个点和平面法线上的一个点定义镜像平面。
- 视图(V): 将镜像平面与当前视口中通过指定点视图平面对齐。选择该项后系统提示"在视图平面上指定点<0,0,0>:",即在当前视图中拾取一点。
- XY/YZ/ZX 平面: 镜像平面通过用户定义的适当的点,同时,该镜像平面平行于 XY、YZ 或 ZX 面中的某一平面。
- 三点(3): 以拾取点方式指定三点定义镜像平面。

高手指点:

在绘制二维平面图时,MIRROR3D(三维镜像)命令适用于对二维实体进行编辑,MIRROR(镜像)命令同样也适用于对三维实体的编辑。

14.4.2 三维阵列

使用 3DARRAY(三维阵列)命令可以在三维空间中生成三维矩形或环形阵列。使用该命令,可以很方便地绘制大量相同形状的实体对象。例如,对如图 14-34 所示的模型进行三维阵列处理,设置阵列行数、列数和层数都为 3,完成效果如图 14-35 所示。

 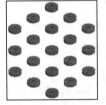

图 14-34 原模型   图 14-35 三维阵列效果

- 命令: 3DARRAY。
- 菜单: 选择"修改→三维操作→三维阵列"命令。
- 工具: 单击"建模"工具栏中的"三维阵列"按钮。

在对实体进行三维阵列的过程中,命令行提示及操作如下所示:

命令: 3DARRAY✓   //执行阵列命令
正在初始化... 已加载 3DARRAY。
选择对象: //选择阵列对象
输入阵列类型 [矩形(R)/环形(P)] <>:   //选择阵列方式
输入行数 (---) <>:   //指定阵列行数
输入列数 (|||) <>:   //指定阵列列数
输入层数 (...) <>:   //指定阵列层数

指定行间距 (---):	//指定阵列行间距
指定列间距 (⫴):	//指定阵列列间距
指定层间距 (...):	//指定阵列层间距

进行矩形阵列时，如果输入的间距值为正值，将沿 X、Y、Z 轴的正向生成阵列；间距值为负值，将沿 X、Y、Z 轴的负向生成阵列。如图 14-36 所示，在阵列对象的过程中，如果选择"环形(P)"选项，则可以绕旋转轴复制对象，效果如图 14-37 所示。

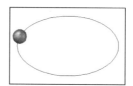

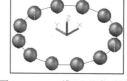

图 14-36　原模型　　图 14-37　三维环形阵列效果

提示

进行环形阵列时，必须定义旋转轴、旋转中心，并给定层数及各项之间的填充角度，如果填充角度为负值，则表示沿顺时针方向阵列。

14.4.3　三维对齐

使用 3DALIGN(三维对齐)命令可以在二维和三维空间中将对象与其他对象对齐。使用 3DALIGN (三维对齐)命令可以同时移动和改变三维空间中对象的位置、方向和大小，一次完成移动、旋转等操作。

- 命令：3DALIGN。
- 菜单：选择"修改→三维操作→三维对齐"命令。
- 工具：单击"建模"工具栏中的"三维对齐"按钮 。

在对实体进行三维对齐的过程中，命令行提示及操作如下所示：

命令: 3DALIGN✓	//执行三维对齐命令
选择对象:	//选择需要对齐的对象
指定源平面和方向 ...指定基点或 [复制(C)]:	//指定对齐的基点
指定第二个点或 [继续(C)] <C>:	//指定对齐的第二个基点
指定第三个点或 [继续(C)] <C>:	//按空格键确定
指定目标平面和方向 ...　指定第一个目标点:	//指定旋转的第一个目标点
指定第二个目标点或 [退出(X)] <X>:	//指定旋转的第二个目标点
指定第三个目标点或 [退出(X)] <X>:	//按空格键确定

14.4.4　三维移动

使用 3DMOVE(三维移动)命令可以将实体按钮指定距离在三维空间中进行移动，以改变对象的位置。

- 命令：3DMOVE。
- 菜单：选择"修改→三维操作→三维移动"命令。

- 工具：单击"建模"工具栏中的"三维移动"按钮 ⊙。

在对实体进行三维移动的过程中，命令行提示及操作如下所示：

```
命令: 3DMOVE✓                        //执行三维移动对象
选择对象:                             //选择需要移动的对象
指定基点或 [位移(D)] <位移>:          //指定移动的基点，或选择"位移(D)"选项
指定第二个点或 <使用第一个 p[点作为位移>:    //指定移动的第二个点，或指定移动距离
```

14.4.5 三维旋转

使用 ROTATE3D(三维旋转)命令可以将实体绕指定轴在三维空间中进行一定方向的旋转，以生成新的实体对象。

- 命令：ROTATE3D。
- 菜单：选择"修改→三维操作→三维旋转"命令。
- 工具：单击"建模"工具栏中的"三维旋转"按钮 ⊙。

在对实体进行三维旋转的过程中，命令行提示及操作如下所示：

```
命令: ROTATE3D✓                      //执行三维旋转对象
UCS 当前的正角方向: ANGDIR=逆时针  ANGBASE=0.0
选择对象:                             //选择需要旋转的对象
指定基点:                             //指定旋转的基点
拾取旋转轴:                           //选择旋转的轴
指定角的起点或键入角度:               //指定旋转时角的起点位置并单击，即可对选择的对象进行旋转，或输入
旋转的角度值
```

14.5 渲染

在 AutoCAD 2014 中，通过渲染功能来处理模型可以使其更具真实效果。在渲染模型前，可以对模型所处的场景、光源以及图形的材质等进行设置，以达到满意的效果。

14.5.1 添加光源

由于在 AutoCAD 中存在着默认的光源，因此在添加光源之前仍然可以看到物体，用户可以根据需要添加光源。在渲染三维模型时，为模型添加光源后，可以将默认光源关闭。

在 AutoCAD 2014 中，可以添加的光源包括点光源、聚光灯、平行光和阳光等类型，选择"视图→渲染→光源"命令，在弹出的子菜单中选择其中的命令，然后根据系统提示即可创建相应的光源。

选择添加光源的命令后，系统将提示关闭默认光源的信息。关闭默认光源后，即可在需要创建光源的地方指定光源位置，如图 14-38 所示。系统将提供"强度"、"状态"、"阴影"和"颜色"等选项供用户进行设置，如图 14-39 所示。

选择需要设置的选项后，即可对相应的选项进行设置(如设置强度)，如图 14-40 所示。设置好选项的内容后，系统将继续提示用户进行选项设置，如果想结束设置，选择"退出(X)"选项结束参数的设置，即可添加指定的光源，效果如图 14-41 所示。

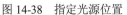
图 14-38　指定光源位置

图 14-39　选择选项

图 14-40　设置强度

图 14-41　添加光源后的效果

14.5.2　创建材质

在 AutoCAD 2014 中渲染模型时，不仅可以为模型添加光源，还可以为模型添加材质，使模型显得更加逼真。为模型添加材质是指为其指定三维模型的材料，如瓷砖、织物、玻璃和布纹等。

- 命令：MATERIALS(简化命令 MAT)。
- 菜单：选择"视图→渲染→材质浏览器"命令。

执行 **MATERIALS**(材质浏览器)命令后，在打开的"材质浏览器"选项板中右击材质球，选择"指定给当前选择"选项，即可为选择的模型添加材质，如图 14-42 所示。选择材质后，将其拖动到需要添加材质的模型上，即可将指定的材质添加到该对象上，如图 14-43 所示是模型添加"黄铜"材质后的效果。

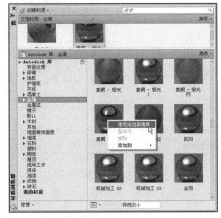
图 14-42　指定材质

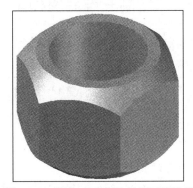
图 14-43　添加"黄铜"材质后的效果

14.5.3　渲染模型

对模型添加光源和材质后，通过渲染处理，可以得到更逼真的效果。渲染模型后，如果效果不太满意，可以返回绘图区对光源与材质等进行修改，以达到满意的效果。

- 命令：RENDER。
- 菜单：选择"视图→渲染→渲染"命令。

执行 RENDER(渲染)命令后，即可在打开如图 14-44 所示的"渲染"窗口中对模型进行渲染，然后在渲染窗口中执行"文件→保存"命令，打开"渲染输出文件"对话框，从中对渲染的效果进行保存，保存效果如图 14-45 所示。

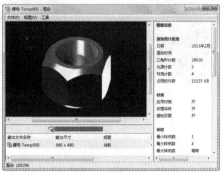

图 14-44　"渲染"窗口

图 14-45　保存效果

14.6　融会贯通

本小节综合应用所学三维绘图的知识，练习由二维图形创建为三维实体、创建网格对象、调整实体状态等操作的具体使用方法。

14.6.1　绘制三维底座模型

本例将绘制三维底座模型，主要练习通过创建网格对象来绘制三维模型的方法，完成后的效果如图 14-46 所示。

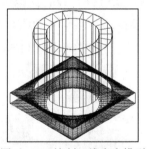

图 14-46　绘制三维底座模型

实例文件	光盘\实例\第 14 章\模型
视频教程	光盘\视频教程\第 14 章\绘制三维底座模型

01 执行 SURFTAB1(网络密度)命令，将网络密度值 1 设置为 24，然后执行 SURFTAB2 命令，将网络密度值 2 设置为 24。

02 执行 LA(图层)命令，在打开的"图层特性管理器"对话框中创建圆面、侧面、底面和顶面 4 个图层，然后将 0 图层设置为当前层，如图 14-47 所示。

03 将当前视图切换为西南等轴测视图。然后执行 REC(矩形)命令，绘制一个长度为 100 的正方形，效果如图 14-48 所示。

04 执行 L(直线)命令，以矩形的下方端点作为起点，然后指定下一点坐标为@0,0,15，如图 14-49 所示，绘制一条长度为 15 的线段，效果如图 14-50 所示。

图 14-47　创建图层

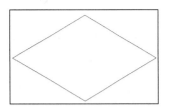

图 14-48　绘制正方形效果

图 14-49　指定下一点坐标

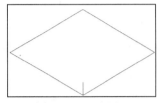

图 14-50　绘制线段

提示

在三维视图中绘制线段，在指定线段端点的坐标时，应该指定该点的 X、Y、Z 坐标值。

05 将"侧面"图层设置为当前层，然后执行 TABSURF(平移网格)命令，选择矩形作为轮廓曲线对象，选择线段作为方向矢量对象，效果如图 14-51 所示。

06 将"侧面"图层隐藏起来，然后将"底面"图层设置为当前层，效果如图 14-52 所示。

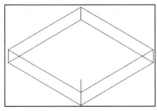

图 14-51　平移网格

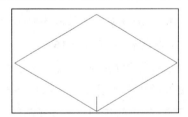

图 14-52　隐藏侧面图层效果

07 执行 L(直线)命令，通过捕捉矩形对角上的两个顶点绘制一条对角线，如图 14-53 所示。

08 执行 SE(设定)命令，打开"草图设置"对话框，在"对象捕捉"选项卡中选中"中点"和"圆心"复选框，如图 14-54 所示。

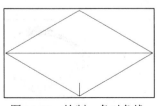

图 14-53　绘制一条对角线

图 14-54　设置对象捕捉

09 执行 C(圆)命令，以对角线的中点为圆心，绘制一个半径为 30 的圆，效果如图 14-55 所示。

10 执行 TR(修剪)命令，分别对所绘制的圆和对角线进行修剪，效果如图 14-56 所示。

11 执行 PL(多段线)命令，通过矩形上方的 3 个顶点绘制一条多线段，使其与对角线、圆成为封闭的图形，效果如图 14-57 所示。

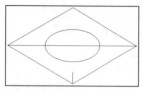 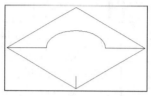 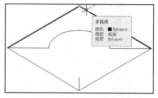

图 14-55　绘制圆效果　　　图 14-56　修剪对象效果　　　图 14-57　绘制多线段效果

12 执行 EDGESURF(边界网格)命令，分别以多段线、修剪后的圆和对角线作为边界，创建底座的底面模型，效果如图 14-58 所示。

13 执行 MI(镜像)命令，指定矩形两对角点作为镜像轴，如图 14-59 所示，对刚创建的边界网格进行镜像复制，效果如图 14-60 所示。

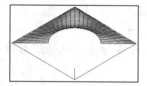 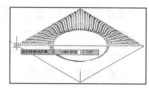 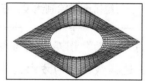

图 14-58　创建边界对象效果　　　图 14-59　指定镜像轴　　　图 14-60　镜像复制图形效果

14 执行 M(移动)命令，选择两个边界网格，指定基点后，设置第二个点的坐标为(0,0,-15)，如图 14-61 所示，将模型向下移动 15，效果如图 14-62 所示。

15 隐藏"底面"图层，将"顶面"图层设置为当前层，然后通过捕捉矩形的对角顶点绘制一条直线，再以直线的中点为圆心，绘制一个半径为 45 的圆，效果如图 14-63 所示。

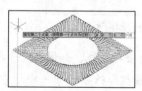 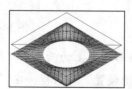 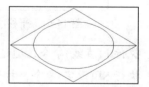

图 14-61　输入移动距离　　　图 14-62　移动网格效果　　　图 14-63　绘制图形效果

16 执行 TR(修剪)命令对圆和直线进行修剪，效果如图 14-64 所示。

17 使用前面相同的方法，创建如图 14-65 所示的边界网格，执行 MI 命令对边界网格进行镜像复制，将网格对象放入"底面"图层中，效果如图 14-66 所示。

  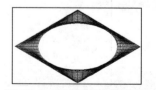

图 14-64　修剪图形效果　　　图 14-65　创建边界网格　　　图 14-66　镜像复制图形效果

18 执行 C(圆)命令以绘图区中圆弧的圆心作为圆心，绘制半径分别为 30 和 45 的同心圆，效果如图 14-67 所示。

19 执行 M(移动)命令，将绘制的同心圆向上移动 80，然后执行 RULESURF (直纹网络)命令创建圆筒顶面模型，效果如图 14-68 所示。

20 执行 CONE(圆锥体)命令，以圆弧的圆心为圆锥底面中心点，创建圆筒模型，其命令行提示及操作如下所示：

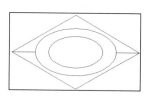

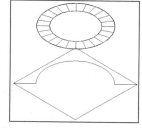

图 14-67　绘制同心圆效果　　图 14-68　创建直纹网格效果

```
命令: CONE↙                              //执行命令
指定底面的中心点或 [三点(3P)/两点(2P)/相切、相切、半径(T)/椭圆(E)]:
//指定圆锥底面的中心点，如图 14-69 所示
指定底面半径或 [直径(D)] <当前>:       //指定圆锥底面的半径为 30
指定高度或 [两点(2P)/轴端点(A)/顶面半径(T)] <当前>:t  //输入 t 并确定，选择"顶面半径(T)"选项
指定顶面半径 <当前>: 30                 //指定圆锥顶面的半径为 30
指定高度或 [两点(2P)/轴端点(A)] <当前>:80   //指定高度为 80，创建的图形效果如图 14-70 所示
```

21 使用同样的方法创建一个半径为 45 的外圆筒模型，效果如图 14-71 所示。

22 打开所有被关闭的图层，将相应图层中的对象显示出来，完成效果如图 14-72 所示。

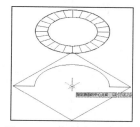
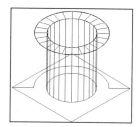
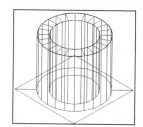
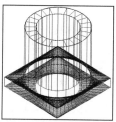

图 14-69　指定底面中心点　图 14-70　创建的圆柱面效果　图 14-71　创建的大圆柱面效果　图 14-72　完成效果

14.6.2　装配千斤顶模型

本例将装配千斤顶模型，主要练习使用三维对齐和三维移动操作调整实体状态的方法，完成后的效果如图 14-73 所示。

图 14-73　装配千斤顶模型

实例文件	光盘\实例\第 14 章\千斤顶
素材文件	光盘\素材\第 14 章\千斤顶素材
视频教程	光盘\视频教程\第 14 章\装配千斤顶模型

01 根据素材路径打开"千斤顶素材.dwg"素材文件，执行"视图→消隐"命令，消隐后的效果如图 14-74 所示。

02 执行 3DALIGN(三维对齐)命令，选择螺套模型，捕捉如图 14-75 所示的圆心作为基点。

03 捕捉螺套模型的圆心作为第二个点，如图 14-76 所示，然后选择如图 14-77 所示的点作为第三个点。

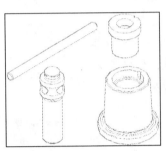

图 14-74　素材消隐效果　　　图 14-75　捕捉基点

04 捕捉如图 14-78 所示的圆心作为第一个目标点，然后选择如图 14-79 所示的圆心作为第二个目标点。

05 捕捉如图 14-80 所示的圆心作为第三个目标点并确定，对齐效果如图 14-81 所示。

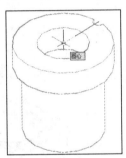
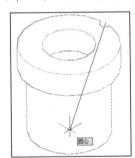
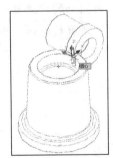

图 14-76　捕捉第二个点　　　图 14-77　选择第三个点　　　图 14-78　捕捉第一个目标点

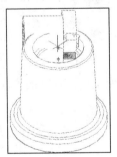

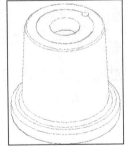

图 14-79　选择第二个目标点　　　图 14-80　捕捉第三个目标点　　　图 14-81　对齐效果

06 执行 3DALIGN(三维对齐)命令，选择如图 14-82 所示的螺杆帽模型，然后选择如图 14-83 所示的圆心作为基点，捕捉螺杆帽模型下方的圆心作为第二个点，如图 14-84 所示，然后进行确定。

07 选择如图 14-85 所示的点作为第一个目标点，捕捉如图 14-86 所示的圆心作为第二个目标点，然后进行确定，对齐效果如图 14-87 所示。

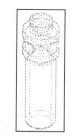
图 14-82　选择螺杆帽

图 14-83　选择基点

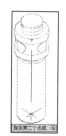
图 14-84　捕捉第二个点

图 14-85　选择第一个目标点

图 14-86　选择第二个目标点

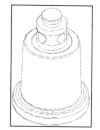
图 14-87　对齐效果

08 执行 3DMOVE(三维移动)命令，选择螺杆模型，然后选择如图 14-88 所示的圆心作为螺杆的移动基点，选择如图 14-89 所示的圆心作为移动的目标点，移动效果如图 14-90 所示。

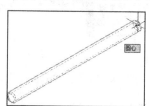
图 14-88　指定移动基点

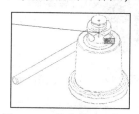
图 14-89　指定移动目标点

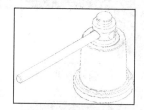
图 14-90　移动效果

09 选择"视图→三维视图→俯视"命令，改变视图的观察方向，视图效果如图 14-91 所示。

10 执行 M(移动)命令，将螺杆模型向右移动，基点为螺杆模型上任意一点，目标点的相对坐标为@140,0,0，效果如图 14-92 所示。

11 选择"视图→三维视图→东南等轴测"命令，改变视图的观察方向；然后选择"视图→视觉样式→真实"命令，完成的模型效果如图 14-93 所示。

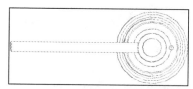
图 14-91　俯视效果

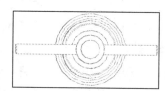
图 14-92　移动螺杆效果

图 14-93　模型效果

14.6.3　渲染沙发模型

本例将渲染沙发模型，主要练习为模型添加光源和材质，并渲染模型的方法，完成后的效果如图 14-94 所示。

实例文件	光盘\实例\第 14 章\沙发
素材文件	光盘\素材\第 14 章\沙发
视频教程	光盘\视频教程\第 14 章\渲染沙发模型

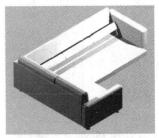

图 14-94　渲染沙发模型

01 根据素材路径打开"沙发.dwg"素材文件，选择"视图→三维视图→俯视"命令。俯视效果如图 14-95 所示。

02 选择"视图→渲染→光源→新建点光源"命令，然后在沙发的右下方指定点光源位置，如图 14-96 所示。

03 在弹出的选项菜单中选择"强度(I)"选项，如图 14-97 所示，然后设置光源的强度为 2，如图 14-98 所示，并进行确定。

04 使用同样的方法创建另外两个强度为 1 的点光源，效果如图 14-99 所示。

05 选择"视图→三维视图→左视"命令，然后将创建的点光源向上适当移动，效果如图 14-100 所示。

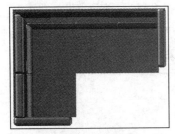

图 14-95　俯视效果

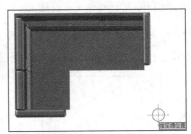

图 14-96　指定光源位置

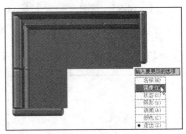

图 14-97　选择"强度(I)"选项

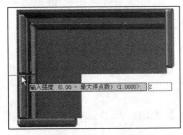

图 14-98　设置光源强度

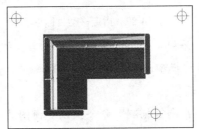

图 14-99　创建光源效果

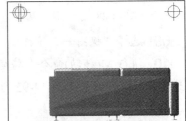

图 14-100　移动光源效果

06 选择沙发主体对象，如图 14-101 所示，执行 MAT(材质浏览器)命令，打开"材质浏览器"选项板，在材质列表框中选择"织物"选项，然后在右侧的"米色"材质上右击，在弹出的菜单中选择"指定给当前选择"选项，如图 14-102 所示，将该材质指定给选择对象。

07 选择沙发脚对象，如图 14-103 所示，然后在材质列表框中选择"金属-钢"选项，在右侧的"抛光拉丝"材质上右击，在弹出的菜单中选择"指定给当前选择"选项，如图 14-104 所示，将该材质指定给选择对象。

08 选择"视图→三维视图→西南等轴测"命令，视图效果如图 14-105 所示。

09 执行 RENDER 命令，对绘图区中的模型进行渲染，效果如图 14-106 所示，然后对渲染效果进行保存。

图 14-101　选择沙发主体对象

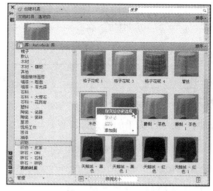

图 14-102　指定材质

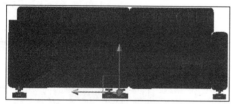

图 14-103　选择沙发脚对象

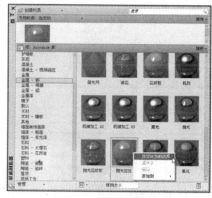

图 14-104　指定材质

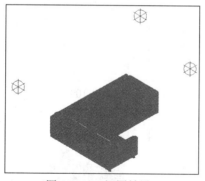

图 14-105　视图效果

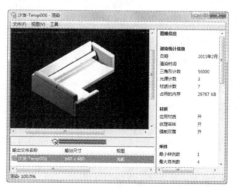

图 14-106　渲染模型的效果

14.7　上机实战

学习完本章内容后，读者需要掌握 AutoCAD 2014 三维实体的显示设置方法、由二维图形创建三维实体、实体状态调整操作，以及实体的渲染设置。下面通过实例操作来巩固本章所介绍的知识，并对知识进行延伸扩展。

实战 1：渲染椅子图形

实例文件	光盘\实例\第 14 章\椅子
素材文件	光盘\素材\第 14 章\椅子
① 打开"椅子.dwg"素材文件。 ② 添加一盏强度为 1 的点光源对象。 ③ 为椅子主体添加织物材质，为椅子脚添加金属材质。 ④ 渲染实体模型，完成效果如图 14-107 所示。	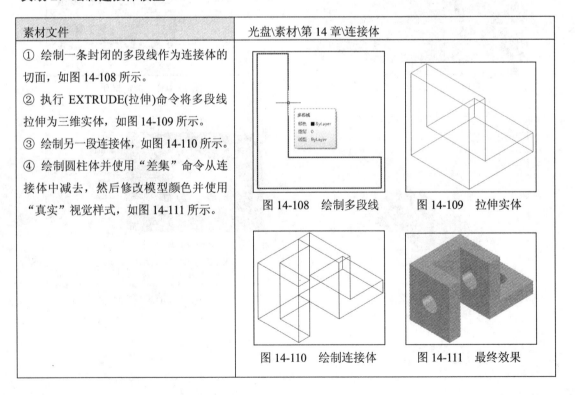 图 14-107　渲染效果

实战 2：绘制连接体模型

素材文件	光盘\素材\第 14 章\连接体
① 绘制一条封闭的多段线作为连接体的切面，如图 14-108 所示。 ② 执行 EXTRUDE(拉伸)命令将多段线拉伸为三维实体，如图 14-109 所示。 ③ 绘制另一段连接体，如图 14-110 所示。 ④ 绘制圆柱体并使用"差集"命令从连接体中减去，然后修改模型颜色并使用"真实"视觉样式，如图 14-111 所示。	图 14-108　绘制多段线　　图 14-109　拉伸实体 图 14-110　绘制连接体　　图 14-111　最终效果

第15章 打印和输出图形

本章导读：

本章将讲解打印和输出图形的相关知识，其中包括设置图纸尺寸、设置打印比例、设置打印方向、打印图形内容、创建电子文件和输出图形文件等内容。

本章知识要点：

- 打印图形
- 输出图形

精通AutoCAD 2014中文版

15.1 打印图形

正确地设置打印参数，对确保最后打印出来的结果能够正确、规范有着非常重要的作用。在"打印-模型"对话框中可以进行打印参数的设置。

15.1.1 选择打印设备

单击"程序图标"按钮 ，然后选择"打印→打印"命令，如图 15-1 所示，或者选择"文件→打印"命令，打开"打印-模型"对话框，在"打印机/绘图仪"区域中单击"名称"选项右方的下拉按钮，可以在弹出的下拉列表中选择打印图形的设备，如图 15-2 所示。

图 15-1 执行"打印→打印"命令

图 15-2 选择打印设备

15.1.2 设置图纸尺寸

在"打印-模型"对话框中单击"图纸尺寸"下拉按钮，在下拉列表中可以选择不同的打印图纸，可以根据需要设置图纸的打印尺寸，如图 15-3 所示。

图 15-3 选择图纸尺寸

15.1.3　设置打印比例

通常情况下，最终的工程图不可能按照 1:1 的比例绘制，图形输出到图纸上必须遵循一定的比例。所以，正确地设置图层打印比例，能使图纸图形更加美观。设置合适的打印比例，可以使打印出的图形更完整地显示出来。设置打印比例的方法有绘图比例和出图比例两种。

- 绘图比例：是在 AutoCAD 绘制图形过程中所采用的比例。如果在绘图过程中用 1 个单位图形长度代表 500 个单位的真实长度，则绘图比例为 1:500。
- 出图比例：是指出图时图纸上单位尺寸与实际绘图尺寸之间的比值。例如，绘图比例为 1:1000，出图比例为 1:1，则图纸上 1 个单位长度代表 1000 个实际单位的长度。若绘图比例为 1:1，出图比例为 1000:1，则图纸上 1 个单位长度代表 0.001 个实际单位长度。大比例的出图尺寸，一般用于将大型机械设计图形打印到小图纸上。

因此，在打印图形文件时，可以在"打印-模型"对话框中的"打印比例"区域设置打印比例，如图 15-4 所示。打印比例是将图形按照一定的比例进行放大或缩小形状，并不改变图形的形状，只是改变了图形在图纸上显示的大小。

图 15-4　设置打印比例

15.1.4　设置打印方向

在 AutoCAD 2014 中打印图纸，分为横向和纵向两种方向打印。"打印-模型"对话框中的"图形方向"区域就是用来设置图形横纵向布局的。单击"打印-模型"对话框右下方的"更多选项"按钮，显示对话框的其他选项，如图 15-5 所示。在对话框右下方的"图形方向"区域中除了"纵向"、"横向"两个单选按钮外，还有一个"上下颠倒打印"复选项，选中该复选项后，图形将上下倒置显示。

15.1.5　打印图形内容

在"打印-模型"对话框中的"打印范围"下拉列表中选择以何种方式选择打印图形的范围，如图 15-6 所示。然后确定打印的范围，系统将返回"打印-模型"对话框，此时单击"确定"按钮即可开始打印图形。

由于不同的打印设备会影响图形的可打印区域，所以在打印图形时，首先需要选择相应的打印机或绘图仪等打印设备，然后设置打印样式，在设置完相关内容后，进行打印预览，查看打印出来的效果。如果预览效果满意，即可打印图形。

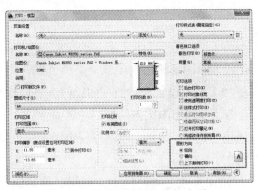
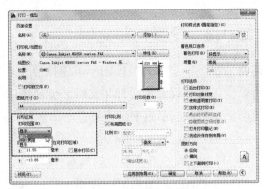

图 15-5　显示对话框的其他选项　　　　　　　图 15-6　选择打印范围方式

15.2　输出图形

　　AutoCAD 可以将图形以各种格式输出到文件，进行格式转换供其他应用程序使用。这样就可以合理有效地使用不同的应用软件，以达到特殊应用的目的，使各应用软件能够实现图形和数据资源共享。

15.2.1　创建电子文件

　　默认情况下，创建的电子文件为压缩格式 DWF，且不会丢失数据，因此，打开和传输电子文件将会比较快。

　　【练习 15-1】创建 DWF 电子文件。

　　01 单击"程序图标"按钮 ▲，选择"打印→打印"命令。

　　02 打开"打印-模型"对话框，在"打印机/绘图仪"选项中的"名称"下拉列表中选择 DWF6 ePlot.pc3 选项，如图 15-7 所示，然后单击"确定"按钮。

　　03 在打开的"浏览打印文件"对话框的"文件名"文本框中输入文件名称，如图 15-8 所示，然后单击"保存"按钮。

图 15-7　选择打印设备　　　　　　　　　图 15-8　保存打印文件

　　04 在电脑中打开相应的文件夹，可以找到刚才保存的 DWF 文件，如图 15-9 所示。

图 15-9　找到保存的 DWF 文件

15.2.2　输出文件

单击"程序图标"按钮![]，选择"输出"命令，在弹出的子菜单中可以选择输出的文件格式，如图 15-10 所示。例如，在子菜单中选择 FBX 命令，将打开"FBX 输出"对话框，设置输出文件的路径和名称后，单击"保存"按钮即可将文件输出为指定的格式，如图 15-11 所示。

图 15-10　选择"输出"选项

图 15-11　设置文件名和位置

15.3　融会贯通

本小节练习对紧固螺栓零件图进行打印以及将柱塞泵模型图输出为 BMP 格式的图形文件，巩固本章所学的图形打印与输出的知识。

15.3.1　打印紧固螺栓零件图

本例将打印如图 15-12 所示的紧固螺栓零件图，通过该例的练习，可以掌握对图形打印参数的设置，并打印图形的方法。

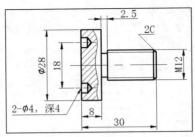

图 15-12　紧固螺栓零件图

素材文件	光盘\素材\第 15 章\紧固螺栓
视频教程	光盘\视频教程\第 15 章\打印紧固螺栓零件图

打印本例图形的具体操作步骤如下所示。

01 根据素材路径打开"紧固螺栓.dwg"图形文件。

02 选择"文件→打印"命令，打开"打印-模型"对话框，选择打印设备，并对图纸尺寸、打印比例和方向进行设置等，如图 15-13 所示。

03 在"打印范围"下拉列表框中选择"窗口"选项，然后使用窗口选择打印的图形，如图 15-14 所示。

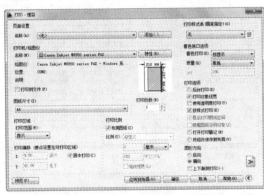

图 15-13　设置打印参数

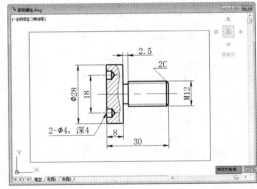

图 15-14　选择打印的图形

04 返回"打印-模型"对话框，单击"预览"按钮，预览打印效果，然后在预览窗口中单击"打印"按钮🖶，开始对图形进行打印，如图 15-15 所示。

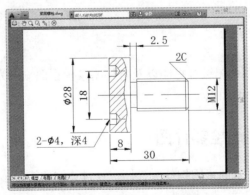

图 15-15　预览并打印图形

15.3.2　输出图形为 BMP 格式

本例将如图 15-16 所示的柱塞泵模型图输出为 BMP 格式的图形文件。通过本例的练习，可以掌握将 AutoCAD 图形文件输出为其他格式文件的操作方法。

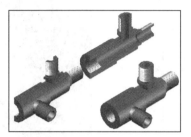

图 15-16　柱塞泵模型图

素材文件	光盘\素材\第 15 章\柱塞泵
视频教程	光盘\视频教程\第 15 章\输出图形为 BMP 格式

将柱塞泵模型图输出为 BMP 格式的具体操作步骤如下所示。

01 根据素材路径打开"柱塞泵.dwg"图形文件。

02 选择"文件→输出"命令，打开"输出数据"对话框，设置保存位置及文件名，然后选择输出文件的格式为 BMP，如图 15-17 所示。

03 单击"保存"按钮，返回绘图区选择要输出的柱塞泵模型图形并确定，如图 15-18 所示，即可将其输出为 BMP 格式的图形文件。

图 15-17　设置输出参数

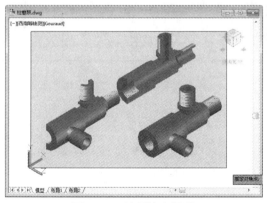

图 15-18　选择输出图形

15.4　上机实战

学习完本章内容后，读者需要掌握 AutoCAD 2014 打印和输出图形的方法。下面通过实例操作来巩固本章所介绍的知识，并对知识进行延伸扩展。

实战：打印支架模型

素材文件	光盘\素材\第 15 章\支架模型
① 打开"支架模型.dwg"图形文件，如图 15-19 所示。 ② 单击"程序图标"按钮，选择"打印→打印"命令，在"打印-模型"对话框中选择打印机的名称。 ③ 设置图纸尺寸为 A4 纸张，选中"居中打印"复选框，然后设置打印比例为"布满图纸"，打印方向为"横向"，如图 15-20 所示。 ④ 指定打印范围并打印图形。	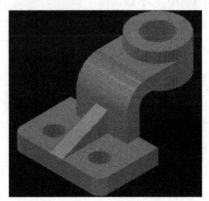 图 15-19 打开素材图形 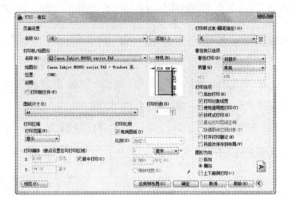 图 15-20 设置打印参数

第16章　室内设计实战应用

本章导读：

室内设计作为一个十分流行的行业，吸引了大量的设计人才。要做好室内设计，首先需要了解室内设计的风格，掌握室内设计中的关键要素，熟悉室内设计的过程和内容，牢记室内空间中常见对象的常规尺度。只有掌握这些不可或缺的知识后，才能为做好一名室内设计师打下良好的基础。

本章知识要点：

- 室内设计的必备知识
- 室内平面设计
- 室内顶面设计
- 室内立面设计

16.1 室内设计的必备知识

随着中国的经济增长，房地产业获得了空前发展，其相关行业也被积极地带动起来。房地产业促进了室内设计行业发展迅速，因此，室内设计师已经成为一个备受关注的职业，并被媒体誉为"金色灰领职业"之一。

良好的室内设计效果使人流连忘返，要成为室内设计专业人士，应该具有一定现代设计理念，能运用现代设计手段进行室内装潢设计，既要具有一定的自身艺术素养和设计理论水平，还要具有较高的审美能力、艺术造型能力和设计实践能力。

16.1.1 室内设计概述

室内设计是一门综合性较强的学科，是根据建筑物的使用性质、所处环境和相应标准，在建筑学、美学原理指导下，运用虚拟的物质技术手段(即运用手工或电脑绘图)，为人们创造出功能合理、舒适优美、满足物质和精神生活需要的室内环境。因此，室内设计又称为室内环境艺术设计。

室内设计的目的有两点：一是保证人们在室内生存的基本居住条件为最低目的；二是提高室内环境的精神层次，增强人们灵性的审美价值。其必须做到以物质为用，以精神为本，用有限的物质创造无限的精神价值。

室内设计是在建筑工程图的基础上，表现出室内空间更具价值的效果。室内设计的过程主要包括：设计师与客户的初次沟通、收集资料与调查、方案的初步设计、设计师与客户的具体沟通、绘制详细的设计图纸、进行装修预算、签约合同、制定施工进度表、进行施工、工程完工及验收。室内设计的工作流程如图 16-1 所示。

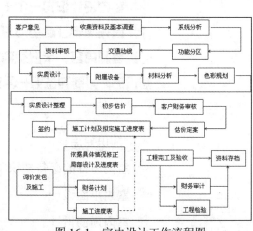

图 16-1　室内设计工作流程图

16.1.2 AutoCAD 在室内设计中的应用

AutoCAD 主要用于计算机的辅助设计领域，一直以来受到了室内设计人员的青睐。使用 AutoCAD 可以绘制二维和三维图形，与传统的手工绘制相比，AutoCAD 的绘图速度更快、精确度更高，能够方便地帮助设计人员表达设计构想。

1. 绘制二维图形

AutoCAD 因其优越的矢量绘图功能，被广泛用于施工图设计的绘制。利用 AutoCAD 可以方便地绘制二维图形，常用于绘制平面图、立面图和剖面图等二维图形。如图 16-2 和图 16-3 所示分别为使用 AutoCAD 绘制的平面设计图效果和立面设计图效果。

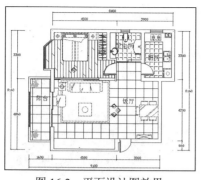

图 16-2　平面设计图效果

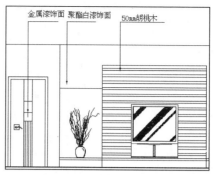

图 16-3　立面设计图效果

2. 绘制三维图形

AutoCAD 除了具有优越的矢量绘图功能外，还能够方便地建立三维模型，从而方便用户在方案思考中快速处理平面、立面、剖面及空间之间的关系，使用 AutoCAD 创建的三维图形效果如图 16-4 所示。

3. 图案填充

由于二维图形在视觉上不是很直观，所以在很多情况下，为了标识某一区域的意义或用途，通常需要对其以某种图案进行填充。在 AutoCAD 中提供的图案填充功能可以用来区分工程的部件或用来表现组成对象的材质，使图形看起来更清晰、更具表现力，如图 16-5 所示为图案填充效果。

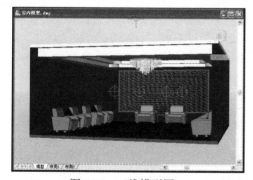

图 16-4　三维模型图

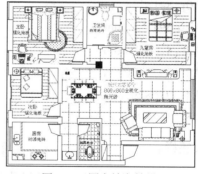

图 16-5　图案填充效果

4. 标注

对图形的标注主要包括尺寸标注和文字标注。利用 AutoCAD 的尺寸标注和文字标注功能可以很方便地完成图形相应的标注内容，如图 16-6 所示为一个标注效果图。

5. 效果图

虽然使用 AutoCAD 可以进行准确建模，但是其渲染效果较差，通常需要将 AutoCAD 创建的图形文件导入 3ds Max、3D VIZ 等三维建模软件中，然后给模型指定材质并设置灯光，最后对其进行渲染输出，从而得到十分逼真的效果，如图 16-7 所示为会议室效果图。

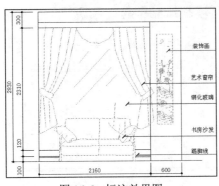

图 16-6　标注效果图

图 16-7　会议室效果图

16.1.3　室内设计绘图知识

绘制专业的室内设计图必须按照严格的规范来完成，如门的开启方向用四分之一圆或三角形符号来表示，门的标示以开启的位置绘制，并绘得略重或略粗，与地面的材质填充线相区别。入口最好有一箭头指示，说明是主要入口，墙线应绘得重一点，内部填充图案或上色，但不可绘出平面墙线之外。墙体线要比家具用线深，以示区别。

1. 图纸规格

室内设计图纸规格主要包括以下 6 种规格。

- A0：841×1189mm
- A1：594×841mm
- A2：420×594mm
- A3：297×420mm
- A4：210×297mm
- A5：148×297mm

2. 会签栏

在室内设计图纸上，会签栏用于记录设计图的设计人员、审核等信息，会签栏通常包括右侧直条式和下方标准式两种样式，如图 16-8 和图 16-9 所示。

图 16-8　右侧直条式样式

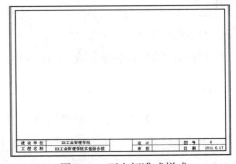

图 16-9　下方标准式样式

3. 尺寸规范

标注尺寸是室内设计中的一个重要环节。尺寸能准确地反映物体的形状、大小和相互关系，是识别图形和现场施工的主要依据。在进行尺寸标注时应遵守以下原则。

- 标高以 m(米)为单位，其余均以 mm(毫米)为单位。

- 尺寸线的起止点，一般采用短划线或圆点样式，如图 16-10 和图 16-11 所示。

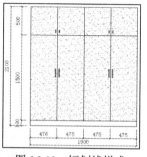 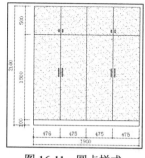

图 16-10　短划线样式　　　图 16-11　圆点样式

- 圆弧的表示可以使用半径和弧度进行标识，如图 16-12 和图 16-13 所示。夹角的表示可以使用角度进行标识，如图 16-14 所示。

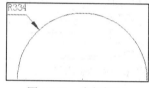 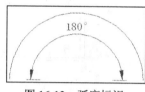 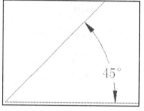

图 16-12　半径标识　　　　图 16-13　弧度标识　　　　图 16-14　角度标识

- 尺寸标注应力求标准、清晰、美观大方。另外，同一张图纸中，标注风格应保持一致。

- 尺寸线应尽量标注在图样轮廓线以外，从内到外依次标注从小到大的尺寸，不能将大尺寸标在内，而小尺寸标在外。

- 最内一条尺寸线与图样轮廓线之间的距离不应小于 10mm，两条尺寸之间的距离一般为 7~10mm。

- 尺寸界线朝向图样的端头距离不应小于 2mm，不宜直接与之相连。

- 在图线拥挤的地方，应合理安排尺寸线的位置，不宜与图线、文字及符号相交；可以考虑将轮廓线用作尺寸界线，但不能作为尺寸线。

- 室内设计图中连续重复的构配件等，当不宜标明定位尺寸时，可以在总尺寸的控制下，用"均分"或 EQ 字样表示。

4. 文字说明

文字说明是图纸内容的重要组成部分，当一幅完整的图纸中有无法用图线表示的地方时，就需要用到文字说明，如材料名称、构配件名称、设计说明及图名等。制图规范对文字标注中的字体、字符的大小、字体字号搭配等方面作了如下规定。

- 一般原则：字体端正、排列整齐、清晰明确、美观大方，避免过于个性化的文字标注。

- 字体：一般标注推荐采用仿宋体，大标题、图册封面和地形图等的汉字也可书写成其他字体，但应易于辨认。

- 字的大小：标注的文字高度要适
  中。同一类型的文字采用同一
  大小的字。较大的字用于较概
  括性的说明内容；较小的字用
  于较细致的说明内容。文字的
  字高通常选用 3.5mm、5mm、
  7mm、10mm、14mm 和 20mm。

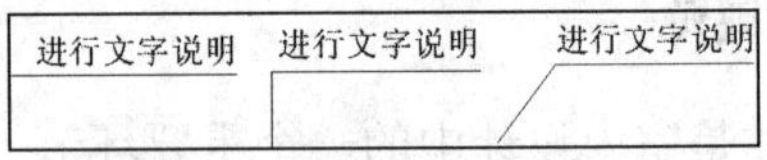

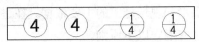

图 16-15　正确的引出线样式

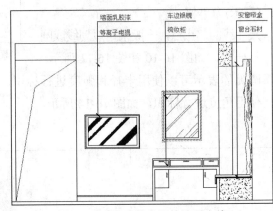

图 16-16　正确的索引详图引出线样式

5. 引出线规范

在绘制建筑设计图的过程中，应遵
守以下一些规范。

- 引出线应采用细直线，不应用
  曲线，如图 16-15 所示。
- 索引详图的引出线，应该对准
  圆心，如图 16-16 所示。
- 多层构造引出线，必须通过被
  引的各层，并保持垂直方向。

文字说明的次序要与各构造层保持一致，一般由上而下、从左到右，如图 16-17 所示。

图 16-17　正确的多层构造引出线

6. 详图索引标志规范

施工图上的详图索引标志，直径在 8~10mm 之间，根据实际绘图需要可以分为如下 4 种情况。

- 详图就在本张图纸上，表示方
  法如图 16-18 所示。
- 详图不在本张图纸上，表示方
  法如图 16-19 所示。其中上面
  的数字为详图的编号；下面的
  数字为详图所在图纸的编号。
- 局部剖面的详图标志，如图 16-20
  所示，其中箭头所指方向表示
  剖示的方向。
- 详图索引标志，如图 16-21 所示，
  其中的粗线表示剖示的方向。

图 16-18　详图编号表示方法 1

图 16-19　详图编号表示方法 2

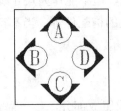

图 16-20　局部剖面详图标志

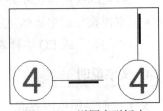

图 16-21　详图索引标志

16.1.4　室内设计风格

室内设计包括多种不同的风格，根据不同的室内装修风格，可以将室内装修分为欧式古典风格、新古典主义风格、自然风格、现代风格和后现代风格。

1. 欧式古典风格

这是一种追求华丽、高雅的古典装饰样式。欧式古典风格的主色调为白色；家具、门窗一般都为白色。家具框饰以金线、金边装饰，从而体现出华丽；墙纸、地毯、窗帘、床罩和帷幔的图案以及装饰画都为古典样式，如图 16-22 所示。

2. 新古典主义风格

新古典主义风格是指在传统美学的基础上，运用现代的材质及工艺来演绎传统文化的精髓，新古典主义风格不仅拥有端庄、典雅的气质而且具有明显的时代特征，如图 16-23 所示。

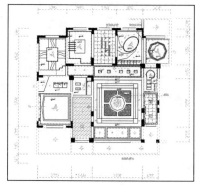
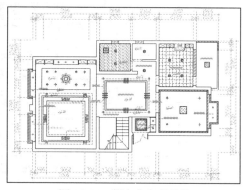

图 16-22　欧式古典风格　　　　　　图 16-23　新古典主义风格

3. 自然风格

这种风格崇尚返璞归真，回归自然，丢弃人造材料的制品，把木材、石材、草藤、棉布等天然材料运用到室内装饰中，使居室更接近自然效果，如图 16-24 所示。

4. 现代风格

现代风格的特点是注重使用功能，强调室内空间形态和物件的单一性、抽象性，并运用几何要素(点、线、面、体等)来对家具进行组合，从而给人以一种简洁、明快的感受。同时这种风格又追求新潮、奇异，通常会将流行的绘画、雕刻、文字、广告画、卡通造型、现代灯具等运用到居室内，如图 16-25 所示。

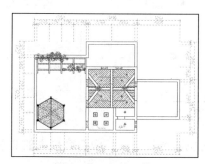
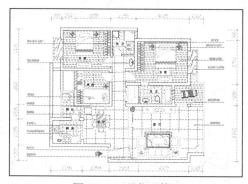

图 16-24　自然风格　　　　　　图 16-25　现代风格

5. 后现代风格

后现代风格突破现代派简明、单一的局限，主张兼容并蓄，凡能满足居住生活所需的都加以采用。后现代风格的室内设计，在空间组合上比较复杂，常利用隔墙、屏风、柱子或壁炉来制造空间的层次感；利用细柱、隔墙形成空间的景深感，如图 16-26 所示。

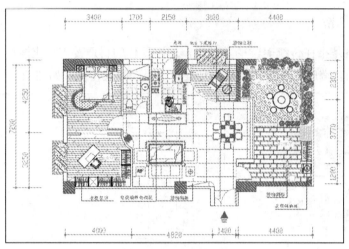

图 16-26　后现代风格

16.1.5　室内设计中的关键要素

由于进行室内设计的最终目的有两点：一是保证人们在室内居住的舒适性；二是提高室内环境的精神层次，增强人们的审美。所以在进行室内设计的过程中，需要掌握以下几个要素。

1. 室内色彩的搭配

色彩的物理刺激可以对人的视觉生理产生影响，形成色彩的心理印象。在红色环境中，人的情绪容易兴奋冲动；在蓝色环境中，人的情绪较为沉静，如图 16-27 所示为色调清爽的家居图。

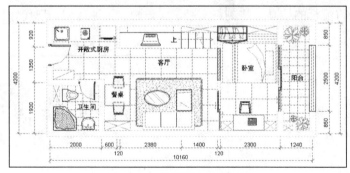

图 16-27　色调清爽的家居图

在日常生活中，不同类型的人喜欢不同的色彩。室内色彩选择搭配，应符合屋主的心理感受，通常可以考虑以下几种色调搭配的方法。

- 轻快玲珑色调：中心色为黄、橙色。地毯橙色，窗帘、床罩用黄白印花布，沙发、天花板用灰色调，加一些绿色植物衬托，气氛别致。
- 轻柔浪漫色调：中心色为柔和的粉红色。地毯、灯罩和窗帘用红加白色调，家具白色，房间局部点缀淡蓝，有浪漫气氛。
- 典雅靓丽色调：中心色为粉红色。沙发、灯罩用粉红色，窗帘、靠垫用粉红印花布，地板淡茶色，墙壁用奶白色，此色调较适合年青女性。
- 典雅优美色调：中心色为玫瑰色和淡紫色。地毯用浅玫瑰色，沙发用比地毯深一些的玫瑰色，窗帘可以选淡紫印花的，灯罩和灯杆用玫瑰色或紫色，放一些绿色的靠垫和盆栽植物点缀，墙和家具用灰白色，以取得雅致优美的效果。
- 华丽清新色调：中心色为酒红色、蓝色和金色。沙发用酒红色，地毯用暗土红色，墙面用明亮的米色，局部点缀金色(如镀金的壁灯)，再加一些蓝色作为辅助，即可产生华丽清新格调。

2. 照明设计

在进行室内照明设计的过程中，不只是单纯地考虑室内如何布置灯光，首先要了解原建筑物所处的环境，考虑室内外的光线结合来进行室内照明的设计。对于室外光线长期处于较暗的照明，在设计过程中，应考虑在室内设计一些白天常用到的照明设施，对于室外环境光线较好的情况，重点应放在夜晚的照明设计上。

照明设计是室内设计非常重要的一环，如果没有光线，环境中的一切都无法显现出来。光不仅是视觉所需，而且还可以通过改变光源性质、位置、颜色和强度等指标来表现室内设计内容。在保证空间有足够照明的同时，光还可以深化表现力、调整和完善其艺术效果、创造环境氛围，室内照明所用的光源因光源的性能、灯具造型的不同而产生不同的光照效果。如图16-28 所示为一幅灯光设计图。

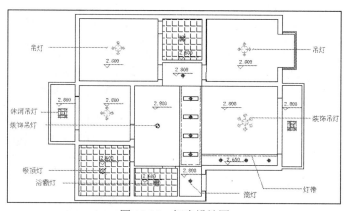

图 16-28　灯光设计图

3. 符合人体工学

人体工程学是根据人的解剖学、心理学和生理学等特性，掌握并了解人的活动能力及其极限，使生产器具、工作环境和起居条件等与人体功能相适应的科学。在室内设计过程中，满足人体工程学可以设计出符合人体结构且使用效率高的用具，让使用者操作方便。设计者在建立空间模型的同时，要根据客观掌握人体的尺度、四肢活动的范围，使人体在进行某项操作时，能承受负荷及由此产生的生理和心理变化等，进行更有效的场景建模。如图16-29 所示为一幅合理的书房空间设计图。

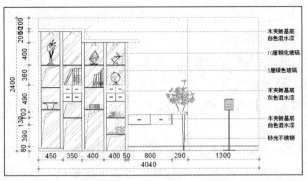

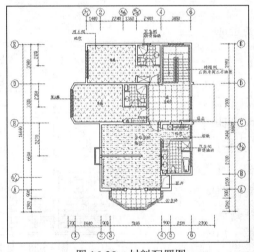

图 16-29　合理的书房空间设计图

4. 室内设计的材料安排

室内环境空间界面的特征是由其材料、质感、色彩和光照条件等因素构成，其中材料及质感起决定性作用。

室内外空间可以给人们的环境视觉印象，在很大程度上取决于各界面所选用的材料，及其表面肌理和质感。应全面综合考虑不同材料的特征，巧妙地运用材质的特性，把材料应用得自然美丽。如图 16-30 所示为一幅材料配置图。

图 16-30　材料配置图

材料的质感，是指材料本身的特殊性与加工方式形成物体的表面三维结构而形成的一种品质。在建筑空间界面里，没有质感变化的空间是乏味的，在同一环境中，多种材质的组织，更应重视整体性原则，以体现室内外环境特有的气质。

5. 室内空间的构图

要创建出美的空间环境，就必须根据美的法则来设计构图，才能达到理想的效果。这个原则必须遵循一个共同的准则：多样统一，也称有机统一，即在统一中求变化，在变化中求统一。在进行此内容的设计时，还必须注意以下 4 个问题。

- 突出重点。在一个有机统一的整体中，各组成部分不能不加区别地一律对待。其应当有主次之分，有重点与一般的区别，有核心与外围组织的差别。否则，各要素平均分布、同等对待即使排列得整整齐齐，井然秩序，也难免会显得松散、单调而失去统一性。
- 寻求均衡与稳定。存在决定意识，也决定着人们的审美观念。从与重力作斗争的实践中逐渐地形成了一整套与重力有联系的审美观念，这就是均衡与稳定。以静态均衡来讲，有两种基本形式：对称与非对称。近现代室内装饰理论特别强调时间和运动这两个因素，就是说人们对于室内的观赏不是固定于某一个点，而是在连续运动的过程中来观察，并从各个角度来考虑室内体形的均衡问题。
- 显示韵律与节奏。韵律美是指人们有意识的加以模仿和运用，从而创造出各种以条理性、重复性和连续性为特征的美的形式。按其形式特点可以将韵律美分为 3 种不同的类型：连续韵律、渐变韵律和起伏韵律。韵律美在环境设计中的体现极为广泛、普遍，不论是古代室内或是现代室内，几乎都能给人以韵律美的节奏感。
- 合理的比例与尺度。和比例相连的另一个范畴是尺度。尺度所研究的内容是，室内的整体或局部给人感觉上的大小印象和其真实大小之间的关系问题。比例主要表现为各部分数量关系之比，其是相对的，可以不涉及到具体尺寸，一般情况下，两者应当是一致的。一切造型艺术，都存在着比例关系是否和谐的问题，和谐的比例给人以美感。

16.1.6　室内空间的常规尺度

由于室内空间是人们日常生活的主要活动场所，平面布置时应充分考虑到人体活动尺度，然后根据空间的要求来对各功能区进行划分。通常情况下，应参照以下尺寸对家具、开关和插座进行设计。

1. 室内家具的一般尺寸

下面内容中的 W 表示宽度，L 表示长度，D 表示深度，H 表示高度，单位为厘米。

- 衣橱(D：一般 60~65；衣橱推拉门 W：70；衣橱普通门 W：40~65)
- 推拉门(W：75~150，H：190~240)
- 矮柜(D：35~45，柜门 W：30~60)
- 电视柜(D：45~60，H：60~70)
- 单人床(W：90，105，120；L：180，186，200，210)
- 双人床(W：135，150，180；L：80，186，200，210)
- 普通室内门(W：80~95；H：190，200，210，220，240)
- 医院室内门(W：120；H：190，200，210，220，240)
- 厕所、厨房门(W：80，90；H：190，200，210)
- 窗帘盒(H：12~18；D：单层布 12，双层布 16~18)
- 沙发(单人式(L：80~95，D：85~90；坐垫高：35~42；背高：70~90)双人式(L：126~150，D：80~90)三人式(L：175~196，D：80~90)四人式(L：232~252，D：80~90))

- 小型茶几(L：60~75，W：45~60，H：38~50，其中 38 为最佳)
- 书桌(固定式 D，45~70；H，75；书桌下缘离地至少 58；L，最少 90；50~180 最佳)
- 餐桌(H：一般为 75~78，西式为 68~72；一般方桌 W：120，90，75)
- 圆桌(直径：90，120，135，150，180)
- 书架(D：25~40/每 格；L：60~120；II：80~90)

2. 开关插座位置

- 开关依区域性使用作集中位置管理。
- 注意双极开关的设计，需尽量方便使用操作。
- 一般开关位置距地面约 120 厘米高。
- 一般浴厕及工作间插座距地面约 120 厘米高。
- 一般室内插座离地约 30 厘米高。
- 一般床头柜上方插座高 65~70 厘米。
- 一般梳妆台使用插座高约 90 厘米。
- 木制衣柜或衣柜插座留在柜子踢脚板上。
- 根据需要地板面可作地板插座，表面与地面平。
- 书桌、办公桌插座可做成嵌入式、与桌面成一平面。

16.2 绘制室内平面图

实例文件	光盘\实例\第 16 章\室内设计图
素材文件	光盘\实例\第 16 章\图库
视频教程	光盘\视频教程\第 16 章\绘制室内平面图

本节将学习室内装饰平面图的绘制方法和技巧。在绘制室内平面图时，平面的布局应从实用性与艺术性为出发点，综合考虑色彩、线条、光环境与房屋结构的重要关系，在一个有限的室内空间营造一个舒适、完整的生活环境。本实例的最终效果如图 16-31 所示。

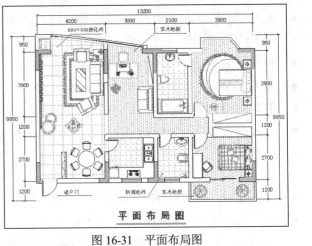

图 16-31　平面布局图

16.2.1　绘图准备

01 执行 UN(单位)命令，打开"图形单位"对话框，从中设置插入图形的单位为"英寸"，如图 16-32 所示。

02 执行 LA(图层)命令，在弹出的"图层特性管理器"中单击"新建图层"按钮，创建一个新的图层，将其命名为"轴线"，如图 16-33 所示。

图 16-32　设置插入单位

图 16-33　新建图层

高手指点：

这里设置的单位是针对在后面插入块对象的单位，而不是当前绘图的单位。

03 设置该图层的颜色为红色，如图 16-34 所示。然后单击该图层的线型图标，在打开的"选择线型"对话框中单击"加载"按钮，如图 16-35 所示。

图 16-34　设置图层颜色

图 16-35　单击"加载"按钮

04 在打开的"加载或重载线型"对话框中选择 ACAD_IS008W100 线型，如图 16-36 所示。

05 确定后返回"选择线型"对话框，然后选择加载的 ACAD_IS008W100 线型，如图 16-37 所示。

图 16-36　选择线型

图 16-37　选择加载的线型

06 在"选择线型"对话框中单击"确定"按钮，完成"轴线"图层的设置，如图 16-38 所示。

07 使用同样的方法创建"标注"、"灯带"、"家具"、"门窗"、"墙体"、"填充"、和"文字"图层，并设置好各图层的颜色和线型，效果如图 16-39 所示。

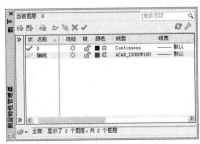

图 16-38　创建的轴线图层

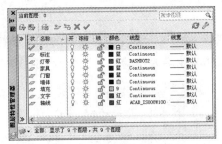

图 16-39　创建其他图层效果

08 执行 SE(设定)命令，打开"草图设置"对话框，然后参照如图 16-40 所示设置"对象捕捉"选项，完成后单击"确定"按钮。

09 选择"格式→线型"菜单命令，在打开的"线型管理器"对话框中设置"全局比例因子"为 20，如图 16-41 所示。

图 16-40　设置对象捕捉

图 16-41　设置全局比例因子

16.2.2　创建墙体

01 将"轴线"图层设置为当前层，执行 L(直线)命令，在绘图区域绘制一条长为 13200 的水平线段和一条长为 9800 的垂直线段，效果如图 16-42 所示。

02 执行 O(偏移)命令，将垂直线段依次向右偏移 4200、3000、2100、3900，效果如图 16-43 所示。

03 执行 O(偏移)命令，将水平线段依次向上偏移 1200、2700、1200、3900、950，完成轴线的绘制，效果如图 16-44 所示。

图 16-42　绘制的线段效果

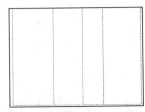

图 16-43　偏移线段效果 1

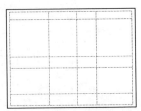

图 16-44　偏移线段效果 2

04 将"墙体"图层设置为当前层，执行 ML(多线)命令，设置多线比例为 240，设置对正方式为"无"，然后参照如图 16-45 所示的效果绘制主体墙线。

05 执行 ML(多线)命令绘制主体墙线的其他线段，效果如图 16-46 所示。

06 执行 ML(多线)命令，设置多线比例为 120，参照如图 16-47 所示的效果绘制阳台线。

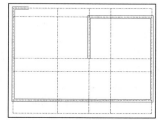
图 16-45　主体墙线效果

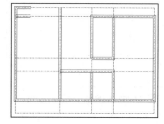
图 16-46　绘制其他墙线效果

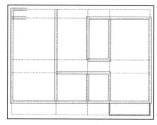
图 16-47　阳台线效果

07 执行 LA(图层)命令，打开"图层特性管理器"对话框，关闭"轴线"图层，如图 16-48 所示。完成后的图形显示效果如图 16-49 所示。

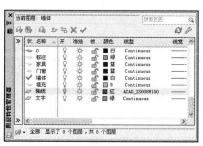
图 16-48　关闭"轴线"图层

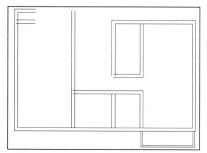
图 16-49　图形显示效果

08 执行 X(分解)命令，将多线对象分解。然后执行 O(偏移)命令，选择如图 16-50 所示的线段，将其向右偏移 980，效果如图 16-51 所示。

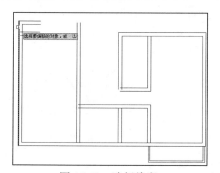
图 16-50　选择线段

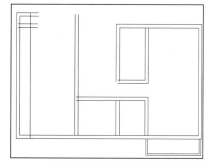
图 16-51　偏移效果

09 执行 TR(修剪)命令，对墙线和偏移线段进行修剪，效果如图 16-52 所示。

10 执行 TR(修剪)命令，参照如图 16-53 所示的尺寸，对墙线进行偏移和修剪，完成墙体的绘制。

11 执行 O(偏移)命令，选择如图 16-54 所示的线段，然后将其向上偏移 1240，效果如图 16-55 所示。

[12] 执行 TR(修剪)命令，然后以如图 16-56 所示的线段为剪切边界，对偏移后的线段进行修剪，效果如图 16-57 所示。

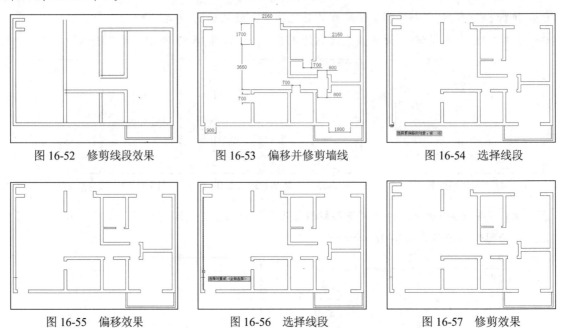

图 16-52　修剪线段效果　　　图 16-53　偏移并修剪墙线　　　图 16-54　选择线段

图 16-55　偏移效果　　　图 16-56　选择线段　　　图 16-57　修剪效果

[13] 使用同样的方法，执行 O(偏移)和 TR(修剪)命令创建出墙体的填充轮廓，效果如图 16-58 所示。

[14] 将"填充"图层设置为当前层，然后执行 H(图案填充)命令，打开"图案填充和渐变色"对话框，如图 16-59 所示。

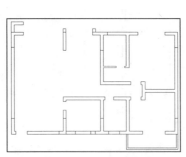

图 16-58　墙体填充轮廓效果

图 16-59　"图案填充和渐变色"对话框

[15] 单击"图案"选项右侧的 按钮，在打开的"填充图案选项板"对话框中选择 SOLTD 图案，如图 16-60 所示。

[16] 返回"图案填充和渐变色"对话框，单击"添加：拾取点"按钮，在绘图区中单击选择要填充的区域，如图 16-61 所示。

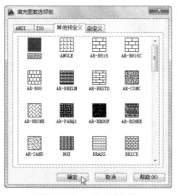

图 16-60　选择图案

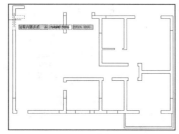

图 16-61　选择填充区域

17 返回"图案填充和渐变色"对话框，单击"确定"按钮，完成图案填充，效果如图 16-62 所示。

18 执行 H(图案填充)命令填充墙体上的其他区域，完成墙体的创建，最终效果如图 16-63 所示。

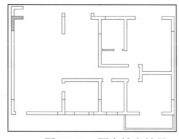

图 16-62　图案填充效果

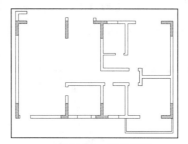

图 16-63　最终效果

16.2.3　创建门窗

01 将"门窗"图层设为当前层，然后执行 REC(矩形)命令，以墙体的中点为矩形的第一个角点，如图 16-64 所示，绘制一条长为 40、宽为 900 的矩形，效果如图 16-65 所示。

图 16-64　指定第一角点

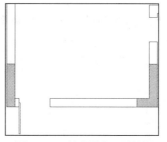

图 16-65　绘制的矩形效果

02 按 F3 键，打开对象捕捉模式，然后执行 A(圆弧)命令，绘制一段圆弧作为开关门的路径，其命令行提示及操作如下所示：

```
命令: A↙                          //执行简化命令
ARC
```

指定圆弧的起点或 [圆心(C)]:	//指定圆弧的起点，如图 16-66 所示
指定圆弧的第二个点或 [圆心(C)/端点(E)]: c✓	//选择"圆心"选项
指定圆弧的圆心:	//指定圆弧的圆心，如图 16-67 所示
指定圆弧的端点或 [角度(A)/弦长(L)]:	//指定圆弧的端点，如图 16-68 所示，完成门的绘制

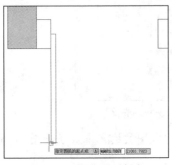
图 16-66 指定圆弧起点

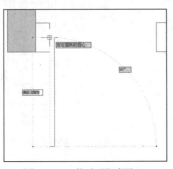
图 16-67 指定圆弧圆心

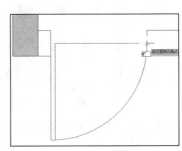
图 16-68 指定圆弧端点

03 结合执行 REC(矩形)和 A(圆弧)命令创建其他的平开门，效果如图 16-69 所示。

04 执行 O(偏移)命令，将如图 16-70 所示的墙线向上偏移两次，设置偏移距离为 80，偏移效果如图 16-71 所示。

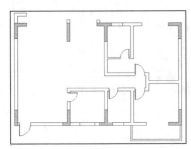
图 16-69 创建其他平开门效果

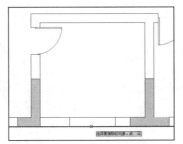
图 16-70 选择线段

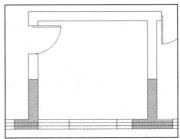
图 16-71 偏移效果

05 执行 TR(修剪)命令对偏移后的线段进行修剪，将修剪后的线段放到"门窗"图层中，效果如图 16-72 所示。

06 结合执行 O(偏移)和 TR(修剪)命令创建其他窗户图形，效果如图 16-73 所示。

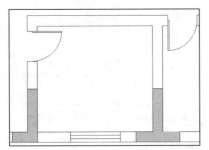
图 16-72 修剪线段并放到门窗图层中的效果

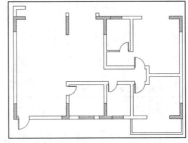
图 16-73 创建其他窗户图形效果

07 执行 REC(矩形)命令在次卧中绘制一个长为 900、宽为 40 的矩形，效果如图 16-74 所示。

08 执行 CO(复制)命令对矩形进行复制，创建出推拉门图形，效果如图 16-75 所示。

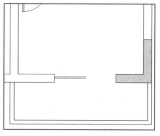

图 16-74　创建的矩形效果

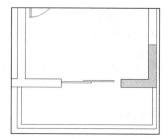

图 16-75　推拉门图形效果

09 执行 PL(多线段)命令在卧室上方绘制一条多线段作为飘窗线，命令行提示及操作如下所示：

```
命令:PL↙          //执行简化命令
PLINE
指定起点:          //指定起点，如图 16-76 所示
指定下一个点或 [圆弧(A)/半宽(H)/长度(L)/放弃(U)/宽度(W)]: 550↙      //指定下一个点的距离，如图 16-77
所示
指定下一点或 [圆弧(A)/闭合(C)/半宽(H)/长度(L)/放弃(U)/宽度(W)]:  1670↙     //指定下一个点的距离，
如图 16-78 所示
指定下一点或 [圆弧(A)/闭合(C)/半宽(H)/长度(L)/放弃(U)/宽度(W)]:  //指定下一点，完成效果如图 16-79 所示
```

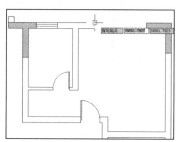

图 16-76　指定起点

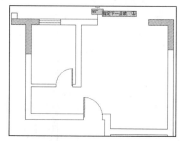

图 16-77　指定下一个点的距离 1

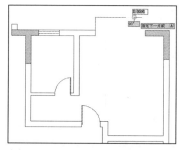

图 16-78　指定下一个点的距离 2

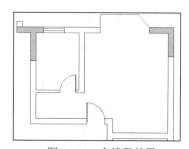

图 16-79　多线段效果

10 执行 O(偏移)命令将多线段向上偏移 120，效果如图 16-80 所示。

11 执行 EXTEND(延伸)命令，对偏移后的多段线进行延伸处理，创建出飘窗的效果，命令行提示及操作如下所示：

```
命令: EXTEND↙                            //执行命令
当前设置:投影=UCS，边=无   选择边界的边...
```

```
选择对象或 <全部选择>: 找到 1 个          //选择边界, 如图 16-81 所示
选择要延伸的对象, 或按住 Shift 键选择要修剪的对象, 或
[栏选(F)/窗交(C)/投影(P)/边(E)/放弃(U)]:     //选择延伸对象, 如图 16-82 所示
选择要延伸的对象, 或按住 Shift 键选择要修剪的对象, 或
[栏选(F)/窗交(C)/投影(P)/边(E)/放弃(U)]:     //结束操作, 效果如图 16-83 所示
```

12 执行 A(圆弧)命令, 当系统提示"指定圆弧的起点或[(圆心)]:"时, 捕捉如图 16-84 所示的端点。

13 当系统提示"指定圆弧的第二个点或[圆心(C)/端点(E)]:"时, 捕捉如图 16-85 所示的第二个端点。

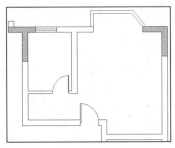

图 16-80　偏移多段线效果

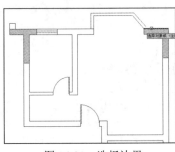

图 16-81　选择边界

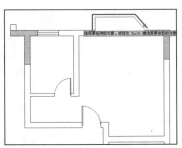

图 16-82　选择延伸对象

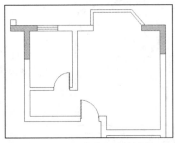

图 16-83　窗台图形效果

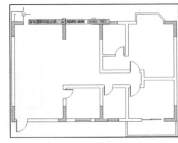

图 16-84　捕捉端点

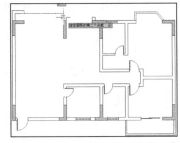

图 16-85　捕捉第二个点

14 移动光标改变弧线的形状, 将其弯曲成如图 16-86 所示的弧度并捕捉端点。

15 执行 O(偏移)命令将弧线向上偏移 3 次, 偏移距离依次为 110、20 和 110, 完成弧形玻璃墙的绘制, 最终效果如图 16-87 所示。

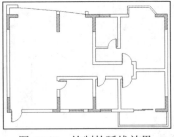

图 16-86　绘制的弧线效果

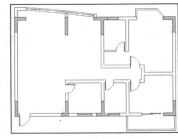

图 16-87　最终效果

16.2.4　创建家具图形

01 将"家具"图层设为当前层, 绘制鞋柜带玄关的图形。

02 执行 RECTANG(矩形)命令在进户门处绘制一个长为 1600、宽为 300 的矩形, 命令行提示及操作如下所示:

```
命令: RECTANG✓                    //执行命令
指定第一个角点或 [倒角(C)/标高(E)/圆角(F)/厚度(T)/宽度(W)]: from✓  //输入 from 并确定
基点:                           //指定基点，如图 16-88 所示
<偏移>: @280,0✓                 //指定偏移基点的距离
指定另一个角点或 [面积(A)/尺寸(D)/旋转(R)]: @300,1600✓  //指定另一个角点的相对坐标，完成效果如
图 16-89 所示
```

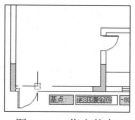
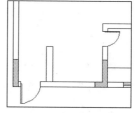

图 16-88　指定基点　　　　　　图 16-89　绘制的矩形效果

03 执行 L(直线)命令，绘制 4 条斜线表示鞋柜平面图，效果如图 16-90 所示。

04 执行 REC(矩形)命令，绘制一个长 80、宽 1600 的矩形，表示餐厅玄关，效果如图 16-91 所示。

05 执行 REC(矩形)命令，参照如图 16-92 所示的效果，分别绘制一个长为 20、宽为 540 的矩形和一个长为 240、宽为 1900 的矩形。

06 执行 O(偏移)命令将客厅左边的内墙线向右偏移两次，偏移距离依次为 50、50，效果如图 16-93 所示。

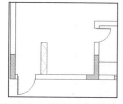

图 16-90　绘制的斜线效果　图 16-91　餐厅玄关效果　图 16-92　绘制的矩形效果　图 16-93　偏移左边墙线效果

07 执行 O(偏移)命令向下偏移客厅上边的内墙线，偏移距离为 4500，效果如图 16-94 所示。

08 执行 TR(修剪)命令修剪偏移后的线段，创建出电视墙平面效果，如图 16-95 所示。

09 执行 REC(矩形)命令绘制一个长为 180、宽为 200 的矩形作为玻璃砖，如图 16-96 所示。

10 执行 AR(阵列)命令，选择装饰玻璃砖并确定，设置阵列方式为"矩形阵列"，设置"行数"和"列数"选项分别设置为 8 和 1，设置"行间距"为-320，阵列效果如图 16-97 所示。

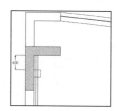

图 16-94　偏移上边内墙线效果　图 16-95　电视墙平面效果　图 16-96　绘制的矩形效果　图 16-97　阵列效果

16.2.5 插入图块

01 执行 ADC(设计中心)命令，打开"设计中心"选项板，选择"图库.dwg"文件，然后展开"块"选项，如图 16-98 所示。

02 在"设计中心"选项板中双击"沙发"图块，打开"插入"对话框，如图 16-99 所示。

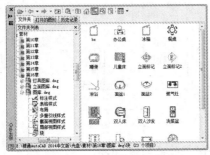

图 16-98　"设计中心"选项板　　　　　　图 16-99　"插入"对话框

03 单击"确定"按钮进入绘图区，在屏幕上指定插入沙发图块的位置，如图 16-100 所示。

04 使用同样的方法在客厅和餐厅中插入"图库.dwg"文件中的"餐桌"、"洗衣机"、"植物 2"和"详图索引标志"图块，效果如图 16-101 所示。

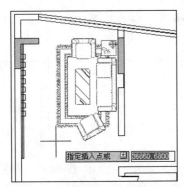

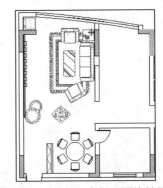

图 16-100　指定插入沙发图块的位置　　　　图 16-101　插入客餐厅图块效果

05 执行 O(偏移)命令，将厨房中的内墙线向内偏移距离为 650，效果如图 16-102 所示。然后使用 TR(修剪)命令将多余线段修剪掉，效果如图 16-103 所示。

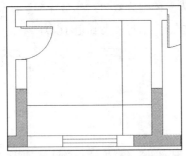

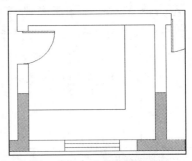

图 16-102　偏移厨房内墙线效果　　　　　图 16-103　修剪线段效果

06 在厨房内插入"图库.dwg"文件中的"冰箱"、"洗菜盆"和"燃气灶"图块，效果如图 16-104 所示。

07 结合执行 E(删除)、O(偏移)和 TR(修剪)命令修改主卫生间的墙体，然后将厨房门复制到该处并镜像处理，使其效果如图 16-105 所示。

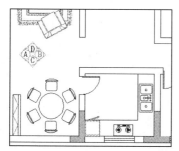

图 16-104　插入厨房图块效果

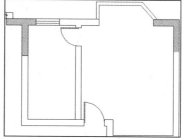

图 16-105　改造主卫生间

 提示

> 在室内设计中，通常会对室内的原始结构进行改造，改造原则是让空间更合理、更宽敞。改造室内结构时，一定要注意，不能拆掉承重墙。

08 参照如图 16-106 所示的效果，在各个房间中插入相应的图块。

09 结合执行 O(偏移)和 L(直线)命令，绘制出衣柜平面和书柜平面，衣柜的厚度为 600，书柜的长为 1800、宽为 300，最终效果如图 16-107 所示。

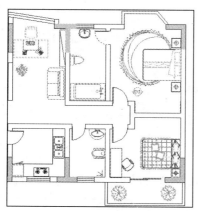

图 16-106　插入图块效果

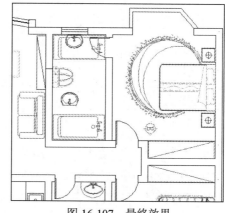

图 16-107　最终效果

16.2.6　填充图案

01 将"填充"图层设为当前层，按 F3 键和 F8 键关闭对象捕捉模式和正交模式。然后执行 PL(多段线)命令，沿餐厅、客厅绘制一条如图 16-108 所示的多段线。

02 执行 H(图案填充)命令，打开"图案填充和渐变色"对话框，选择"用户定义"类型选项，然后选中"双向"复选框，设置间距为 600，如图 16-109 所示。

03 单击"选择对象"按钮 ，在绘图区选择多段线，如图 16-110 所示，然后进行确定。

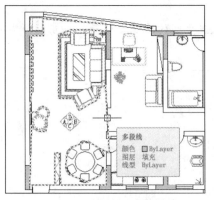

图 16-108　绘制的多段线效果

图 16-109　设置图案参数

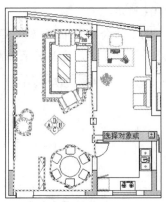

图 16-110　选择多段线

04 返回"图案填充和渐变色"对话框进行确定，然后执行 E(删除)命令将多段线删除，完成客餐厅地面材质图案的填充，效果如图 16-111 所示。

05 执行 H(图案填充)命令，打开"图案填充和渐变色"对话框，设置填充图案为 DOLMIT，设置"比例"为 500、"角度"为 90，如图 16-112 所示。然后对书房和卧室进行填充，效果如图 16-113 所示。

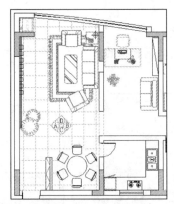

图 16-111　填充效果

图 16-112　设置图案参数

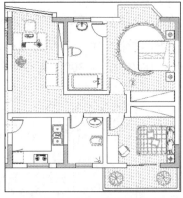

图 16-113　填充效果

06 执行 H(图案填充)命令，打开"图案填充和渐变色"对话框，设置填充图案为 ANGIE，设置"比例"为 1200，如图 16-114 所示。然后对厨房和卫生间进行填充，效果如图 16-115 所示。

图 16-114　设置图案参数

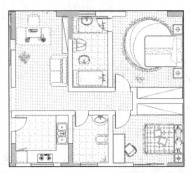

图 16-115　填充效果

16.2.7　标注文字

01 选择"注释"标签，然后在"引线"面板中单击"多重引线样式管理器"按钮，打开"多重引线样式管理器"对话框，选择 Standard 样式，单击"修改"按钮，如图 16-116 所示。

02 在打开的"修改多重引线样式"对话框中设置"箭头符号"为"建筑标记"、"大小"为 50，如图 16-117 所示。

图 16-116　"多重引线样式管理器"对话框

图 16-117　设置引线箭头

03 选择"引线结构"选项卡，从中设置"最大引线点数"为 3，如图 16-118 所示，然后选择"内容"选项卡，设置"多重引线类型"为"无"，再单击"确定"按钮，如图 16-119 所示。

图 16-118　设置最大引线点数

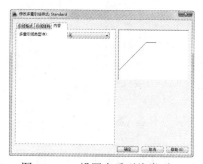

图 16-119　设置多重引线类型

04 将"文字"图层设为当前层，单击"引线"面板中的"多重引线"按钮，在客厅内绘制一条引线，效果如图 16-120 所示。

05 执行 MT(多行文字)命令，在引线上方移动光标拖出一个矩形框确定创建文字的区域，效果如图 16-121 所示。

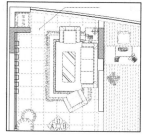

图 16-120　绘制的引线效果

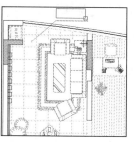

图 16-121　指定文字区域

06 在弹出的文字编辑器中创建"600×600玻化砖"说明文字，设置字体高度为220，字体为宋体，如图16-122所示。创建的文字效果如图16-123所示。

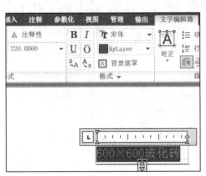

图 16-122 设置文字样式

图 16-123 创建的文字效果

07 结合执行MLEADER(多重引线)和T(文字)命令，继续创建其他标注说明，效果如图16-124所示。

08 执行MT(多行文字)命令，创建"平面布局图"文字，设置文字高度为480，完成平面布局图的绘制，效果如图16-125所示。

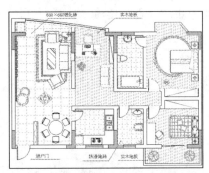

图 16-124 创建引线标注效果

图 16-125 平面布局图效果

16.2.8 标注尺寸

01 执行D(标注样式)命令，打开"标注样式管理器"对话框，单击"新建"按钮，在打开的"创建新标注样式"对话框中输入新样式名"室内设计"，然后单击"继续"按钮，如图16-126所示。

02 在打开的"新建标注样式：室内设计"对话框中选择"线"选项卡，设置"超出尺寸线"的值为80.0000，"起点偏移量"的值为180.0000，如图16-127所示。

03 选择"符号和箭头"选项卡，设置"箭头"和"引线"为"建筑标记"，设置"箭头大小"为80.0000，如图16-128所示。

04 选择"文字"选项卡，设置文字的高度为240.0000，文字的垂直对齐方式为"上"，设置"从尺寸线偏移"的值为100.0000，如图16-129所示。

05 选择"主单位"选项卡，设置"精度"值为0，如图16-130所示。

06 确定后返回"标注样式管理器"对话框，单击"置为当前"按钮，如图 16-131 所示，然后关闭"标注样式管理器"对话框。

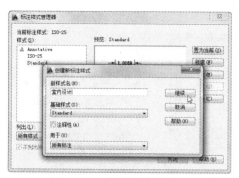

图 16-126　新建标注样式

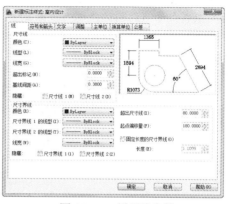

图 16-127　设置线参数

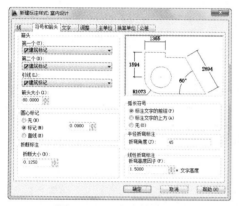

图 16-128　设置箭头参数

图 16-129　设置文字参数

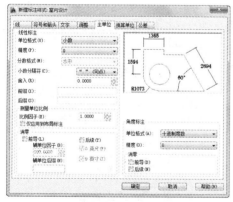

图 16-130　设置精度

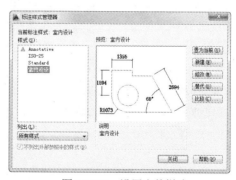

图 16-131　设置当前样式

07 将标注图层设置为当前层，然后打开"轴线"图层，执行 DLI(线性标注)命令，选择尺寸标注的第一个原点，如图 16-132 所示，继续选择第二个原点，如图 16-133 所示。

08 根据系统提示指定尺寸线的位置，如图 16-134 所示，然后单击即可完成线性标注，效果如图 16-135 所示。

09 执行 DCO(连续标注)命令，对图形进行连续标注，效果如图 16-136 所示。

10 结合执行 DLI(线性标注)和 DCO(连续标注)命令对图形其他尺寸进行标注，然后隐藏"轴线"图层，完成平面布局图的绘制，效果如图 16-137 所示。

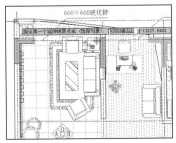
图 16-132　指定第一个原点

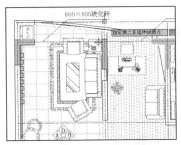
图 16-133　指定第二个原点

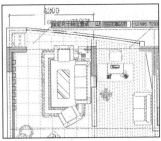
图 16-134　指定尺寸线的位置

图 16-135　创建线性标注效果

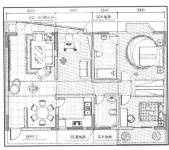
图 16-136　连续标注效果

图 16-137　平面布局图效果

16.3　绘制室内顶面图

实例文件	光盘\实例\第 16 章\室内设计图
素材文件	光盘\实例\第 16 章\灯具图库
视频教程	光盘\视频教程\第 16 章\绘制室内顶面图

本节将学习室内装饰顶面图的绘制方法和技巧。顶面布局图是室内装饰中必不可少的装饰图样，用于直观地反映室内顶面的装饰风格。本实例的最终效果如图 16-138 所示。

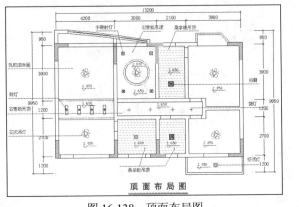
图 16-138　顶面布局图

16.3.1　绘制顶面造型

01　执行 CO(复制)命令，复制平面布局图，执行 E(删除)命令，删掉与天花图无关的文字、门窗和家具图块，效果如图 16-139 所示。

02　执行 L(直线)命令，绘制线段连接门窗线，效果如图 16-140 所示。

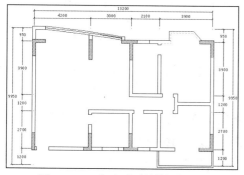
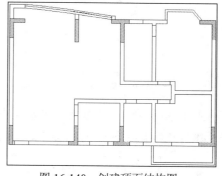

图 16-139　修改平面结构图效果　　　　图 16-140　创建顶面结构图

03　执行 EX(延伸)命令，选择如图 16-141 所示的线段作为延伸边界，将书房左侧的线段向下延伸，效果如图 16-142 所示。

04　执行 EX(延伸)命令，选择如图 16-143 所示的线段作为延伸边界，将过道的线段向左延伸，效果如图 16-144 所示。

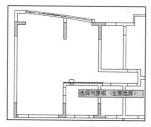
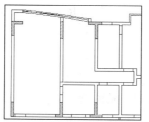
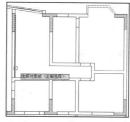
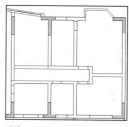

图 16-141　选择线段 1　　图 16-142　延伸效果 1　　图 16-143　选择线段 2　　图 16-144　延伸效果 2

05　执行 EX(延伸)命令，将过道的线段向左延伸，效果如图 16-145 所示。

06　执行 TR(修剪)命令，对延伸后的线段进行修剪，效果如图 16-146 所示。

07　执行 C(圆)命令，在书房中绘制一个半径为 800 的圆作为顶面造型，如图 16-147 所示。

08　执行 REC(矩形)命令，在书房中绘制一个长为 200 的正方形，效果如图 16-148 所示。

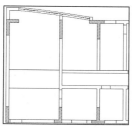

图 16-145　延伸效果 3　　图 16-146　修剪线段效果　　图 16-147　绘制的圆形效果　　图 16-148　绘制的正方形效果

09 执行 CO(复制)命令，将正方形沿着圆形周围进行 3 次复制，效果如图 16-149 所示。

10 执行 REC(矩形)命令，在客厅过道中绘制 4 个长为 200、宽为 600 的长方形，效果如图 16-150 所示。

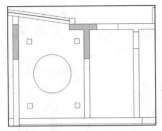 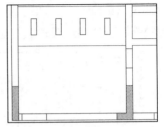

图 16-149　复制正方形效果　　　　图 16-150　绘制的长方形效果

11 执行 L(直线)命令，在客厅、书房处绘制两条线段连接两端的墙体，效果如图 16-151 所示，然后在卧室飘窗处绘制一条线段连接墙体，顶面造型效果如图 16-152 所示。

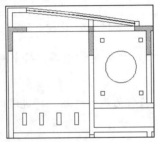 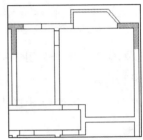

图 16-151　绘制两条线段的效果　　　　图 16-152　顶面造型效果

16.3.2　填充顶面图案

01 将"填充"图层设为当前层，执行 H(图案填充)命令，打开"图案填充和渐变色"对话框，选择"用户定义"选项，设置"间距"为 180，如图 16-153 所示。

02 单击"添加：拾取点"按钮，在厨房中指定填充图案的区域，如图 16-154 所示。

 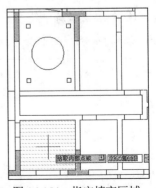

图 16-153　设置填充参数　　　　图 16-154　指定填充区域

03 进行确定后返回"图案填充和渐变色"对话框，单击"确定"按钮，完成厨房桑拿板图案的填充操作，效果如图 16-155 所示。

04 使用同样的方法，对主卫生间和次卫生间顶面进行图案填充，效果如图 16-156 所示。

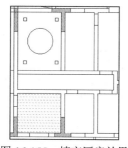

图 16-155　填充厨房效果

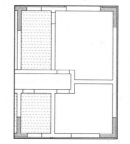

图 16-156　填充卫生间效果

16.3.3　插入灯具图形

01 打开"灯具图库.dwg"图形文件，通过按 Ctrl+C 和 Ctrl+V 组合键将灯具图例复制到本实例中，效果如图 16-157 所示。

02 执行 CO(复制)命令，将"吊灯"图块复制到客厅、餐厅、书房和卧室中，效果如图 16-158 所示。

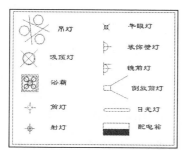

图 16-157　复制灯具图效果

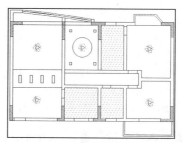

图 16-158　复制吊灯图块效果

03 执行 CO(复制)命令，将"射灯"图块复制到客厅过道的矩形中，效果如图 16-159 所示；将"牛眼灯"图块复制到书房的矩形中，效果如图 16-160 所示。

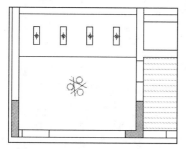

图 16-159　复制射灯图块效果

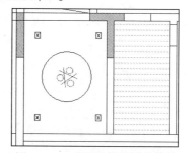

图 16-160　复制牛眼灯图块效果

04 执行 CO(复制)命令，将"吸顶灯"图块复制到厨房和卧室阳台中，效果如图 16-161 所示；将"筒灯"图块复制到过道中，效果如图 16-162 所示。

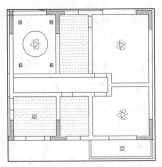

图 16-161　复制吸顶灯图块效果

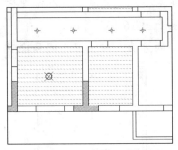

图 16-162　复制筒灯图块效果

高手指点：

在室内灯具布局中，客厅、餐厅、书房和卧室通常需要设计一个主灯源进行照明(如吊灯)，在卧室设计中，也可以取消主灯源，而采用射灯或筒灯进行点缀照明。厨房和阳台通常使用吸顶灯进行照明，卫生间通常使用浴霸进行照明和取暖。

05 执行CO(复制)命令，将"浴霸"图块复制到卫生间中，效果如图16-163所示。

06 执行O(偏移)命令，将书房中的圆形向外偏移120，效果如图16-164所示。

图 16-163　复制浴霸图块效果

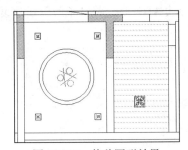

图 16-164　偏移圆形效果

07 将大圆放入"灯带"图层，将该线型效果作为灯带对象，效果如图16-165所示。

08 将客厅过道线段向内偏移120，然后将得到后的线段放入"灯带"图层，将该线型效果作为客厅灯带，效果如图16-166所示。

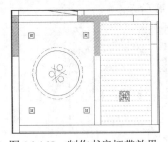

图 16-165　制作书房灯带效果

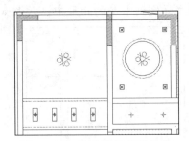

图 16-166　制作客厅灯带效果

高手指点：

顶面设计中，灯具对象是常用的图块，应该提前绘制或收集各种灯具图块，以便在设计中随时调用。

16.3.4　添加说明文字

[01] 将"文字"图层设置为当前层，然后执行 L(直线)命令，在客厅中绘制出标高符号，效果如图 16-167 所示。

[02] 执行 T(文字)命令，设置字体高度为 200，然后创建客厅处的标高文字(2.850)，效果如图 16-168 所示。

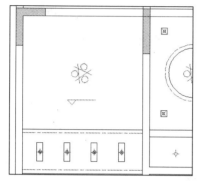

图 16-167　绘制标高符号效果

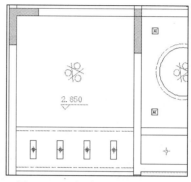

图 16-168　创建的标高文字效果

提示

在绘图过程中，单位通常为毫米；但是在标高标注中，单位通常为米。该步骤图中的 2.850 表示餐厅顶面的高度为 2.85 米。

[03] 将创建的标高对象复制到室内各个房间中，效果如图 16-169 所示。然后双击客厅过道处的标高文字，将其修改为 2.650，效果如图 16-170 所示。

图 16-169　复制标高效果

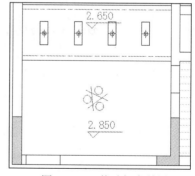

图 16-170　修改标高效果

[04] 通过双击标高文字，继续修改厨房、卫生间、书房和过道处的吊顶标高，将其修改为 2.650，效果如图 16-171 所示。

[05] 在"草图与注释"工作空间中选择"注释"标签，然后在"引线"面板中单击"多重引线样式管理器"按钮，打开"多重引线样式管理器"对话框，选择 Standard 样式，单击"修改"按钮，如图 16-172 所示。

图 16-171　修改标高效果

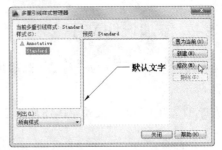

图 16-172　"多重引线样式管理器"对话框

06 在打开的"修改多重引线样式：Standard"对话框中设置"箭头"的"符号"为"建筑标记"、"大小"为 50，如图 16-173 所示。

07 选择"引线结构"选项卡，设置"最大引线点数"为 3，如图 16-174 所示。然后选择"内容"选项卡，设置多重引线类型为"无"，并进行确定。

图 16-173　设置箭头符号

图 16-174　设置最大引线点数

08 单击"引线"面板中的"多重引线"按钮 ，在客厅中绘制一条引线，效果如图 16-175 所示。

09 执行 T(文字)命令，设置字体高度为 200，然后创建文字说明内容(乳胶漆饰面)，效果如图 16-176 所示。

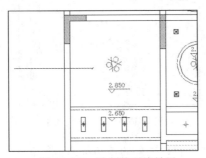

图 16-175　绘制的引线效果

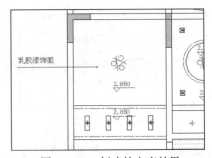

图 16-176　创建的文字效果

10 结合执行 MLEADER(多重引线)和 T(文字)命令创建其他标注，效果如图 16-177 所示。

11 执行 T(文字)命令，创建"顶面布局图"文字，设置文字高度为 480；然后打开"标注"图层，并适当调整标注的位置，完成顶面布局图的绘制，效果如图 16-178 所示。

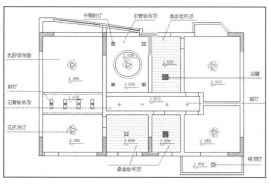

图 16-177　创建其他标注说明效果

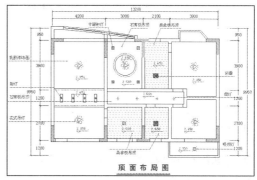

图 16-178　顶面布局图效果

16.4　绘制室内立面图

在装修工程中，立面图是施工主要的参考依据，设计人员需要绘制出相关产品的立面图，以便施工人员进行参考施工。在家居装修工程中，通常需要给出的立面图包括客厅立面图、餐厅立面图、书房立面图和卧室立面图等。

16.4.1　绘制电视墙背景立面图

实例文件	光盘\实例\第 16 章\室内设计图
素材文件	光盘\实例\第 16 章\立面图库
视频教程	光盘\视频教程\第 16 章\绘制电视墙背景立面图

客厅立面图通常包括正面和背面两个面的图形。本实例将介绍客厅 A 立面图的绘制方法，该立面图中需要创建的对象包括客厅电视墙、植物和装饰物品等。本实例的最终效果如图 16-179 所示。

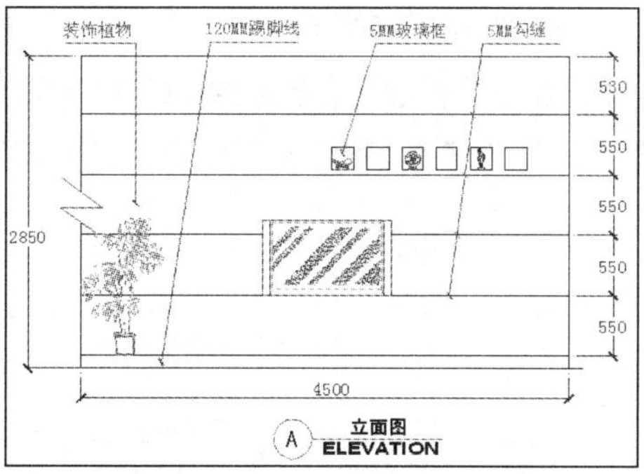

图 16-179　电视墙背景立面图

01 将"墙体"图层设置为当前层，执行 L(直线)命令，在绘图区域绘制一条长 5000 的水平直线；然后以距离线段左端点 300 处为起点向上绘制一条 2850 的垂直线，效果如图 16-180 所示。

02 执行 O(偏移)命令，向右偏移这条垂直线段，偏移距离为 4500；然后向上偏移水平线段，偏移距离为 2850，效果如图 16-181 所示。

03 执行 TR(修剪)命令，对偏移后的多余线段进行修剪，效果如图 16-182 所示。

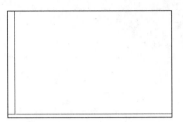

图 16-180　绘制的线段效果　　　　图 16-181　偏移线段效果　　　　图 16-182　修剪线段效果

04 执行 O(偏移)命令，向下偏移上方的水平线段，偏移距离依次为 530、550、550、550、550，效果如图 16-183 所示。

05 参照如图 16-184 所示的尺寸和效果，执行 REC(矩形)命令，绘制一个长为 200 的正方形。

06 执行 AR(阵列)命令，选择矩形作为阵列对象，设置阵列方式为"矩形阵列"，设置阵列的列数为 6、列间距为-320，阵列效果如图 16-185 所示。

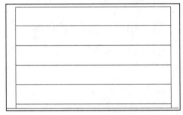

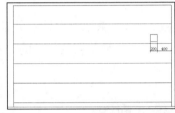

图 16-183　偏移线段效果　　　　图 16-184　绘制的正方形效果　　　　图 16-185　阵列效果

07 执行 ADC(设计中心)命令，将"立面图库.dwg"文件中的各个装饰品立面图块插入到矩形图形中，效果如图 16-186 所示。

08 继续执行 ADC(设计中心)命令，将"立面图库.dwg"文件中的植物和电视机立面图块插入到图形中，效果如图 16-187 所示。

09 执行 TR(修剪)命令，对偏移后的多余线段进行修剪，效果如图 16-188 所示。

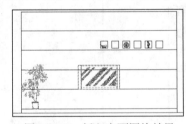

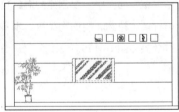

图 16-186　插入装饰品图块效果　　　图 16-187　插入立面图块效果　　　图 16-188　修剪多余线段效果

10 将"文字"图层设为当前层，单击"引线"面板中的"多重引线"按钮，绘制引出线；然后使用"文字"命令创建文字说明，效果如图 16-189 所示。

11 将"标注"图层设为当前层，结合使用 DLI(线性标注)命令和 DCO(连续标注)命令对图形进行标注说明，然后在"特性"选项板中设置标注文字高度为 120.0000、偏移为 30.0000，如图 16-190 所示。标注效果如图 16-191 所示。

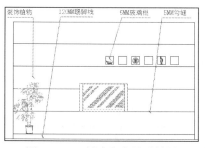

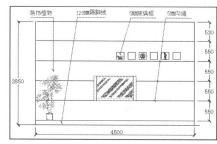

图 16-189   创建文字说明效果 　 图 16-190   设置尺寸标注样式 　 图 16-191   尺寸标注效果

12 执行 L(直线)命令，在图形左方绘制折断线，然后对图形进行修剪，效果如图 16-192 所示。

13 将"立面图库.dwg"文件中的详图索引标志复制到立面图中，完成本实例的绘制。最终效果如图 16-193 所示。

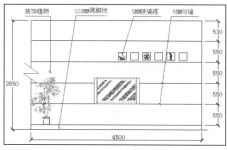

图 16-192   绘制折断线并修剪后的效果

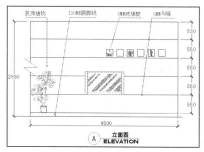

图 16-193   最终效果

提示

在图形中绘制折断线符号，表示该图形的另一方还存在一定空间，并且该空间的内容不需要表现出来。

16.4.2   绘制沙发背景立面图

实例文件	光盘\实例\第 16 章\室内设计图
素材文件	光盘\实例\第 16 章\立面图库
视频教程	光盘\视频教程\第 16 章\绘制沙发背景立面图
本实例将介绍客厅 B 立面图的绘制方法，该立面图中需要创建的对象包括客厅沙发背景墙、沙发和过道等。本实例的最终效果如图 16-194 所示。	图 16-194 沙发背景立面图

333

01 执行 L(直线)命令，在绘图区域绘制一条长为 5900 的水平直线，然后以距离线段左端点 300 处为起点向上绘制一条 2850 的垂直线，效果如图 16-195 所示。

02 执行 O(偏移)命令，向右偏移这条垂直线段，偏移距离为 5360；然后向上偏移水平线段，偏移距离为 2850，效果如图 16-196 所示。

03 执行 TR(修剪)命令对偏移后的多余线段进行修剪，效果如图 16-197 所示。

图 16-195　绘制的线段效果　　　图 16-196　偏移线段效果　　　图 16-197　修剪线段

04 执行 O(偏移)命令将上方的水平线段向下偏移两次，偏移距离依次为 200、2530，效果如图 16-198 所示。

05 执行 O(偏移)命令向右偏移左边的垂直线段，偏移距离为 1700、540、1920，效果如图 16-199 所示。

06 执行 TR(修剪)命令对多余的线段进行修剪处理，效果如图 16-200 所示。

 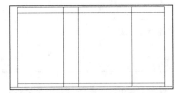 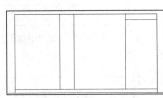

图 16-198　偏移线段效果　　　图 16-199　向右偏移线段效果　　　图 16-200　修剪线段效果

07 执行 PL(多段线)命令在过道位置绘制一条折线以表示镂空区域，效果如图 16-201 所示。

08 执行 C(圆)命令在过道吊顶处绘制一个半径为 25 的圆形，将其颜色修改为红色，效果如图 16-202 所示。

09 执行 O(偏移)命令将圆向内偏移 5 个单位，并将小圆放入"灯带"图层，效果如图 16-203 所示。

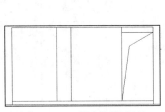 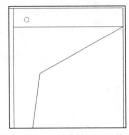 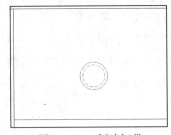

图 16-201　绘制折线效果　　　图 16-202　绘制的圆形效果　　　图 16-203　创建灯带

10 执行 CO(复制)命令将两个圆复制过道的右方，作为灯带图形，效果如图 16-204 所示。

11 将"立面图库.dwg"文件中的沙发、吊灯和射灯图块复制到图形中，效果如图 16-205 所示。

12 执行 TR(修剪)命令对多余的线段进行修剪处理，然后在右方绘制一个折断线符号，效果如图 16-206 所示。

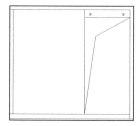

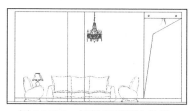

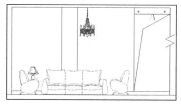

图 16-204　复制灯带　　　　图 16-205　复制立面图块效果　　　图 16-206　修剪线段绘制折断线符号效果

13 执行 H(图案填充)命令，打开"图案填充和渐变色"对话框，选择 AR-RROOF 图案，设置图案"颜色"为绿色、"角度"为 45、"比例"为 200，如图 16-207 所示。

14 单击"添加：拾取点"按钮，在沙发背景墙处指定填充区域，效果如图 16-208 所示。

图 16-207　设置图案参数　　　　　　　　図 16-208　图案填充效果

15 执行 H(图案填充)命令，打开"图案填充和渐变色"对话框，选择 CROSS 图案，设置图案的索引颜色为 30、"比例"为 500，如图 16-209 所示。

16 单击"添加：拾取点"按钮，在图形中指定填充区域，填充效果如图 16-210 所示。

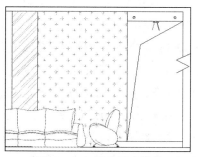

图 16-209　设置图案参数　　　　　　　　图 16-210　图案填充效果

17 将"文字"图层设为当前层,然后结合执行 MLEADER(多重引线)和 T(文字)命令对图形进行文字标注,效果如图 16-211 所示。

18 将"标注"图层设为当前层,然后结合执行 DLI(线性标注)命令和 DCO(连续标注)命令对图形进行尺寸标注,最终效果如图 16-212 所示。

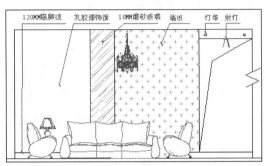
图 16-211 标注文字效果

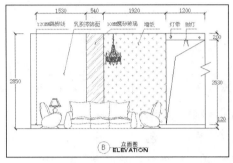
图 16-212 最终效果

16.4.3 绘制餐厅立面图

实例文件	光盘\实例\第 16 章\室内设计图
素材文件	光盘\实例\第 16 章\立面图库
视频教程	光盘\视频教程\第 16 章\绘制餐厅 C 立面图
本实例将介绍餐厅 C 立面图的绘制方法,该立面图中需要创建的对象包括餐厅餐桌立面、餐厅装饰画、餐厅隔断和鞋柜等。完成效果如图 16-213 所示。	图 16-213 餐厅 C 立面图

01 执行 L(直线)命令在绘图区域绘制一条长为 4760 的水平直线,在距离水平线左端点 300 处向上绘制一条长为 2850 的垂直线,效果如图 16-214 所示。

02 执行 O(偏移)命令向右偏移这条垂直线段,偏移距离为 3960,然后向上偏移水平线段,偏移距离为 2850,偏移效果如图 16-215 所示。

03 执行 TR(修剪)命令对偏移后的多余线段进行修剪,效果如图 16-216 所示。

04 执行 O(偏移)命令向右偏移左边的垂直线段,偏移距离依次为 2280 和 80;然后向上偏移下方水平线段,偏移距离依次为 120,效果如图 16-217 所示。

05 执行 TR(修剪)命令对多余线段进行修剪处理,效果如图 16-218 所示。

06 参照如图 16-219 所示的尺寸和效果，结合执行 O(偏移)命令、L(直线)命令和 TR(修剪)命令绘制出餐厅装饰鞋柜的形状。

图 16-214　绘制的线段效果

图 16-215　偏移线段效果

图 16-216　修剪线段效果

图 16-217　偏移线段效果

图 16-218　修剪线段效果

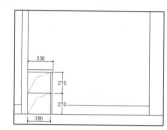
图 16-219　鞋柜效果

07 参照如图 16-220 所示的尺寸和效果，结合执行 O(偏移)命令和 TR(修剪)命令创建餐厅装饰隔板的造型。

08 执行 ADC(设计中心)命令，插入"立面图库.dwg"文件中的餐桌图块、装饰画图块、门图块和灯具图块，然后对多余线段进行修剪，效果如图 16-221 所示。

09 将"文字"图层设为当前层，结合执行 MLEADER(多重引线)和 T(文字)命令对图形进行文字说明标注，效果如图 16-222 所示。

10 将"标注"图层设为当前层，结合执行 DLI(线性标注)命令和 DCO(连续标注)命令对图形进行标注，完成餐厅 C 立面图的创建，最终效果如图 16-223 所示。

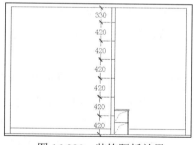
图 16-220　装饰隔板效果

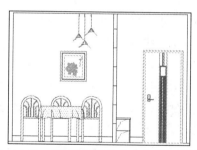
图 16-221　插入图块并修剪多余线段的效果

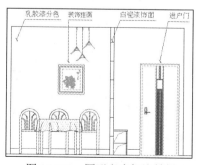
图 16-222　图形文字标注效果

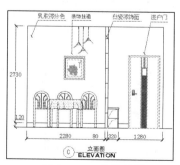
图 16-223　最终效果

16.4.4 绘制书柜立面图

实例文件	光盘\实例\第 16 章\室内设计图
素材文件	光盘\实例\第 16 章\立面图库
视频教程	光盘\视频教程\第 16 章\绘制书柜立面图
在本设计图中，由于书房除了书柜对象外，没有其他的装饰对象，因此，本例中的书房设计需要展现的内容只有书柜立面图，在书房立面图中只需绘制出书柜立面效果即可。本实例完成效果如图 16-224 所示。	图 16-224 书柜立面图

01 设置当前的绘图颜色为红色。执行 REC(矩形)命令，在绘图区绘制一个宽为 1900、高为 2250 的矩形，效果如图 16-225 所示。

02 执行 X(分解)命令，将矩形分解；然后执行 O(偏移)命令，将矩形的下方线段向上依次偏移 100、600、20、440、20、340、20、340、20、300，效果如图 16-226 所示。

03 执行 O(偏移)命令，将矩形的左方线段向右依次偏移 30、460、460、460、460，效果如图 16-227 所示。

04 执行 TR(修剪)命令，对图形中的线段进行修剪，效果如图 16-228 所示。

05 执行 O(偏移)命令，设置偏移距离为 450，然后将矩形的左方线段向右偏移两次，效果如图 16-229 所示。

06 执行 TR(修剪)命令，对图形中的线段进行修剪，效果如图 16-230 所示。

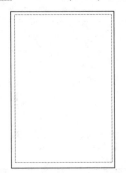
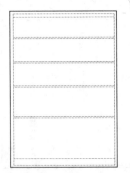
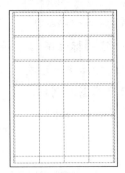

图 16-225 绘制的矩形效果　　图 16-226 分解并偏移线段的效果　　图 16-227 偏移线段效果

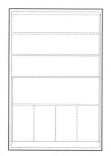

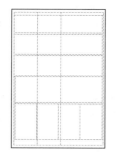

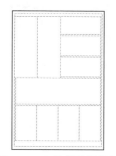

图 16-228　修剪线段效果　　　　图 16-229　偏移线段效果　　　　图 16-230　修剪线段效果

07 执行 REC(矩形)命令，输入 from 并确定，选择"捕捉自"选项，在如图 16-231 所示的位置指定绘制矩形的基点；然后输入@50,50，指定矩形的第一个角点与基点的距离并进行确定。

08 输入@375,940，指定矩形另一个角点的相对坐标，然后按空格键进行确定，结束矩形的绘制，效果如图 16-232 所示。

09 执行 CO(复制)命令，将矩形复制到右侧方框内，效果如图 16-233 所示。然后执行 C(圆)命令，绘制一个半径为 20 的圆形，作为拉手图形，效果如图 16-234 所示。

10 执行 MI(镜像)命令，对拉手进行镜像复制，效果如图 16-235 所示；然后执行 CO(复制)命令，对拉手进行复制，效果如图 16-236 所示。

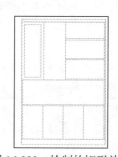

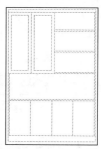

图 16-231　指定基点　　　　　　图 16-232　绘制的矩形效果　　　　图 16-233　复制矩形效果

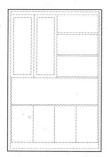

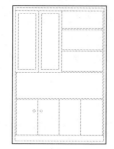

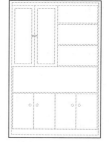

图 16-234　绘制的拉手图形效果　　图 16-235　镜像复制拉手效果　　　图 16-236　复制拉手效果

11 执行 H(图案填充)命令，打开"图案填充和渐变色"对话框，选择 CLAY 图案，设置图案"颜色"为绿色、"角度"为 45、"比例"为 1000，如图 16-237 所示。

12 单击"添加:拾取点"按钮▦，在两扇门中指定填充图案的区域，效果如图 16-238 所示。

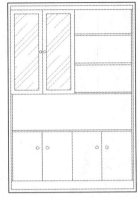

图 16-237　设置参数　　　　　　图 16-238　填充图案效果

[13] 执行 ADC(设计中心)命令，插入"立面图库.dwg"文件中的书籍和装饰品图块，效果如图 16-239 所示。

[14] 执行 T(文字)和 DLI(线性标注)命令对图形进行标注，完成书柜立面图的绘制。最终效果如图 16-240 所示。

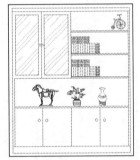

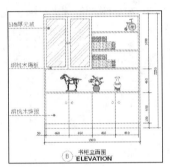

图 16-239　插入立面图块效果　　　　　图 16-240　最终效果

16.4.5　绘制衣柜立面图

实例文件	光盘\实例\第 16 章\室内设计图
素材文件	光盘\实例\第 16 章\立面图库
视频教程	光盘\视频教程\第 16 章\绘制衣柜立面图
在本设计图中，由于卧房除了衣柜对象外，没有其他的装饰对象，因此，本例中的卧房设计需要展现的内容只有衣柜立面图，在衣柜立面图中只需绘制出衣柜立面效果即可。衣柜立面图通常包括外立面和内立面两个内容。本实例中的衣柜外立面图效果如图 16-241 所示，衣柜内立面图效果如图 16-242 所示。	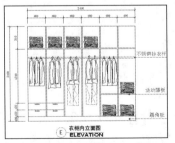 图 16-241　衣柜外立面图　　图 16-242　衣柜内立面图

1. 绘制衣柜外立面

01 将当前的绘图颜色改为蓝色。执行 REC(矩形)命令，创建一个长为 2400、高为 2200 的矩形，效果如图 16-243 所示。

02 执行 X(分解)命令，将矩形分解；然后执行 O(偏移)命令，将矩形的下方线段向上偏移两次，偏移距离依次为 100 和 1500，效果如图 16-244 所示。

03 执行 O(偏移)命令，设置偏移距离为 400；然后将矩形的左方线段向右依次偏移 5 次，效果如图 16-245 所示。

04 执行 TR(修剪)命令，对垂直线段进行修剪，效果如图 16-246 所示。

  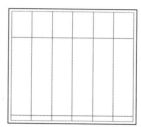 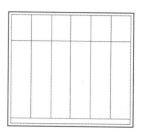

图 16-243　绘制的矩形效果　　图 16-244　分解并偏移线段　　图 16-245　偏移线段效果　　图 16-246　修剪线段效果

05 执行 REC(矩形)命令，绘制一个长为 12、高为 45 的矩形，作为衣柜上方拉手，效果如图 16-247 所示。

06 执行 REC(矩形)命令，绘制一个长为 12、高为 150 的矩形，作为衣柜下方拉手，效果如图 16-248 所示。

07 执行 MI(镜像)命令，对绘制的两个拉手进行镜像复制，效果如图 16-249 所示。

08 执行 CO(复制)命令，对创建好的拉手进行两次复制，效果如图 16-250 所示。

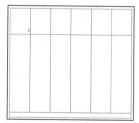 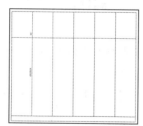 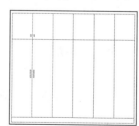 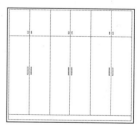

图 16-247　绘制的衣柜　　　图 16-248　绘制的衣柜　　　图 16-249　镜像复制拉手　　　图 16-250　复制两次拉手
上方拉手　　　　　　　　下方拉手　　　　　　　　效果　　　　　　　　　　效果

09 执行 H(图案填充)命令，打开"图案填充和渐变色"对话框，选择 AR-SAND 图案，设置"颜色"为"洋红"、"比例"为 40，如图 16-251 所示。

10 单击"添加:拾取点"按钮，进入绘图区指定填充的区域对衣柜进行填充，效果如图 16-252 所示。

11 执行 MLEADER(多重引线)命令，对衣柜外立面的材质进行文字标注，效果如图 16-253 所示。

12 执行 DLI(线性标注)命令和 DCO(连续标注)命令对图形进行标注，完成衣柜外立面的创建，效果如图 16-254 所示。

图 16-251　设置图案参数

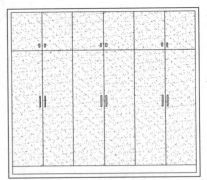

图 16-252　图案填充效果

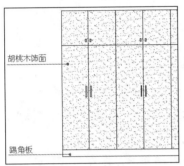

图 16-253　标注文字效果

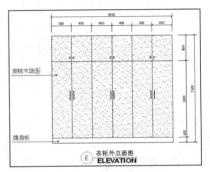

图 16-254　衣柜外立面图

2. 绘制衣柜内立面

01 执行 CO(复制)命令将衣柜外立面图复制 1 次，然后删除填充图案、拉手和标注对象，效果如图 16-255 所示。

02 执行 O(偏移)命令，设置偏移距离为 20，对衣柜内部线段进行偏移；然后执行 TR(修剪)命令，对衣柜中交叉的线段进行修剪，效果如图 16-256 所示。

03 执行 O(偏移)命令，设置偏移距离为 150，选择如图 16-257 所示的线段；然后将其向上偏移两次，效果如图 16-258 所示。

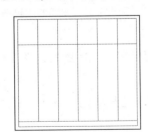

图 16-255　复制并修改
图形效果

图 16-256　偏移并修剪
线段效果

图 16-257　选择线段

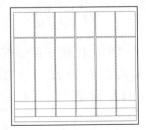

图 16-258　偏移线段效果

04 执行 TR(修剪)命令，对偏移的线段进行修剪，效果如图 16-259 所示。

342

05 执行 REC(矩形)命令，绘制两个长为 90、高为 12 的矩形，作为衣柜抽屉的拉手图形，效果如图 16-260 所示。

06 执行 O(偏移)命令，选择如图 16-261 所示的线段；然后将其依次向上偏移 480 和 20，效果如图 16-262 所示。

07 执行 TR(修剪)命令，对偏移的线段进行修剪，效果如图 16-263 所示。

08 执行 L(直线)命令，绘制挂衣杆图形，并将其更改为红色，效果如图 16-264 所示。

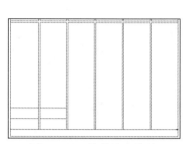

图 16-259　修剪线段效果

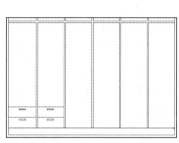

图 16-260　绘制的拉手效果

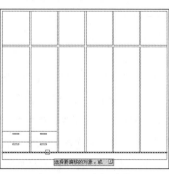

图 16-261　选择线段

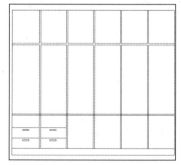

图 16-262　偏移线段效果

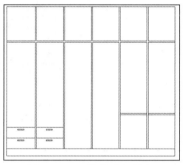

图 16-263　修剪线段效果

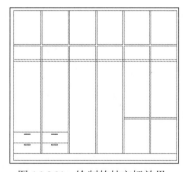

图 16-264　绘制的挂衣杆效果

09 打开"立面图库.dwg"文件，参照如图 16-265 所示的效果将衣服和被子等素材复制到该图形中，然后对图形进行文字标注和尺寸标注，完成衣柜内立面的绘制，最终效果如图 16-266 所示。

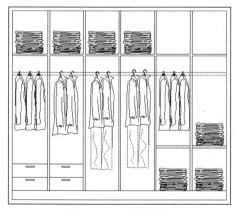

图 16-265　复制素材

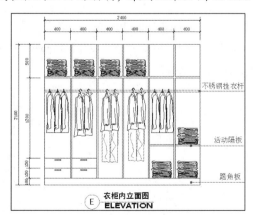

图 16-266　衣柜内立面图

学习完本章内容后，读者需要掌握室内设计的必备知识和绘制室内设计图的基本流程，下面通过实例操作来巩固本章所介绍的知识，并对知识进行延伸扩展。

实战 1：绘制餐厅立面图

实例文件	光盘\实例\第 16 章\餐厅立面图
素材文件	光盘\素材\第 16 章\餐厅立面
请打开"餐厅立面图.dwg"图形文件，参照如图 16-267 所示的图形效果，结合"餐厅立面.dwg"素材绘制餐厅立面图。首先绘制餐厅的框架及造型；然后复制餐厅素材图块；再使用"快速引线"命令创建文字注释；最后对图形进行尺寸标注。	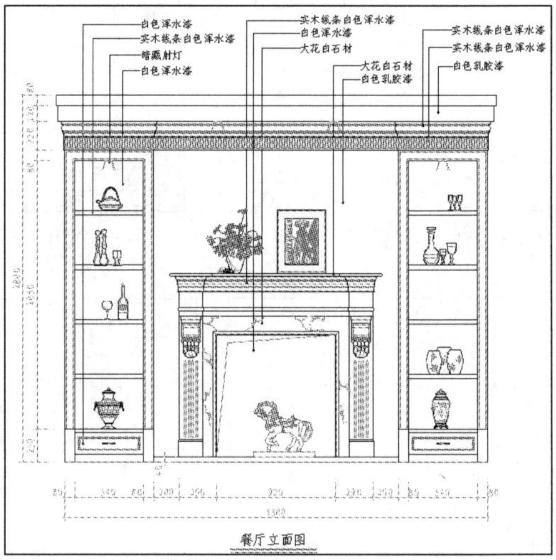 \n图 16-267　绘制餐厅立面图

实战 2：绘制书房立面图

实例文件	光盘\实例\第 16 章\书房立面图
素材文件	光盘\素材\第 16 章\书房立面
请打开"书房立面图.dwg"图形文件，参照如图 16-268 所示的图形效果，结合"书房立面.dwg"素材绘制书房立面图。	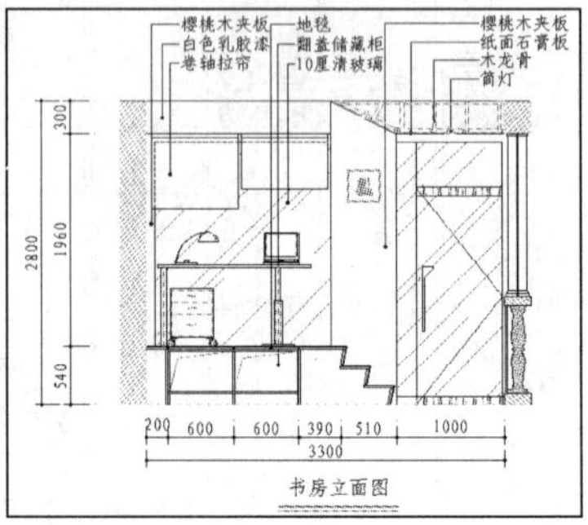 \n图 16-268　绘制书房立面图

第17章 建筑制图实战应用

本章导读:

建筑是指人类通过物质或技术手段建造起来的,在适应自然条件的基础上,力求满足自身活动需求的各种空间环境。凡是有人类生活的地方,便到处可见建筑的身影,建筑为人们提供了各种各样的活动场所,人类社会在建筑的保护下得以健康地发展。建筑设计的内容通常包括建筑平面图、建筑立面图和建筑剖面图。

本章知识要点:

- 建筑设计的必备知识
- 建筑平面设计
- 建筑立面设计
- 建筑剖面设计

精通 AutoCAD 2014 中文版

17.1 建筑设计的必备知识

在学习建筑设计图的绘制操作前，先介绍一些建筑设计的基础知识，从而使读者了解建筑设计的相关知识，并掌握建筑设计的基本要求。

17.1.1 建筑设计概述

建筑是建筑实体与建筑空间的对立统一，这也是建筑的内在矛盾。这一矛盾贯穿于整个建筑发展的各个历史阶段。建筑的建造就是运用建筑部件组成建筑实体以取得建筑空间的过程。

随着时代的进步，运用计算机进行辅助设计已经成为必然之路。现在，许多设计软件已成为设计人员必不可少的工具，其不仅能提高工作效率，同时也为设计人员减轻了工作负担。使用计算机不仅能绘制出十分精确的建筑设计图，还能绘制出十分逼真的效果图。如图 17-1 所示为一幅使用计算机绘制出的建筑效果图。

图 17-1　建筑效果图

17.1.2 建筑制图的要求与标准

为了使建筑设计符合专业的制图规则，保证制图的质量，要做到画面清晰、简明和准确，并符合设计、施工和存档的要求，这些要求不论是手工制图还是计算机制图，都需要遵守。

建筑制图的要求与标准主要包括图纸规格、会签栏、常用绘图比例、图线、建筑符号、尺寸规范、文字说明、引出线、详图索引标志和常用建筑材料图例等内容。图纸规格、会签栏、尺寸规范、文字说明、引出线和详图索引标志在室内设计理论知识中已经介绍，下面将介绍建筑制图的其他内容。

1. 常用绘图比例

在进行建筑设计和室内设计制图过程中，施工图的绘制比例通常标准如下所示。

- 一般平面图为 1:50。
- 单元放大平面图为 1:30~1:20。
- 立面图为 1:20(1:30 或 1:10 视情况而定)。
- 局部图为 1:20(1:30 或 1:10 视情况而定)。
- 大样图包括 1:5、1:3、1:2 和 1:1。
- 示意透视图的比例没有特别的要求。

2. 图线

在建筑设计中，不同的图线表示着不同的含义。各种图线的具体含义如表 17-1 所示。

表 17-1　图线说明

名　称		线　性	线　宽	一　般　用　途
实线	细实线	————————	0.25b	细图形线、尺寸线、尺寸界线、图例线、索引符号、标高符号、引出线等
	中实线	————————	0.5b	(1) 表示平面、剖面图中被剖切的次要建筑构造的轮廓线 (2) 表示建筑平面、立面和剖面图中的建筑配件的轮廓线 (3) 表示建筑构造详图及建筑构配件详图中的一般轮廓线
	粗实线	————————	b	(1) 平、剖面图中被剖切的主要建筑构造轮廓线 (2) 建筑立面图的外轮廓线 (3) 平、立、剖面的剖切符号
虚线	细虚线	- - - - - - - - - -	0.25b	(1) 建筑构配件不可见的轮廓线 (2) 拟扩建的建筑物轮廓线 (3) 图例线
	中虚线	●●●●●●●●●●	0.5b	
	粗虚线	▬ ▬ ▬ ▬ ▬	b	
单点长划线	细单点长划线	— · — · — ·	0.25b	表示中心线、对称线和定位轴线
	中单点长划线	— · — · — ·	0.5b	
	粗单点长划线	▬ · ▬ · ▬ ·	b	
双点长划线	细双点长划线	— ·· — ·· —	0.25b	假想轮廓线，用地红线
	中双点长划线	— ·· — ·· —	0.5b	
	粗双点长划线	▬ ·· ▬ ·· ▬	b	
折断线		——/———	0.25b	表示不需要画全的断开界线
波浪线		∼∼∼∼	0.25b	(1) 表示不需要画全的断开界线 (2) 表示构造层次的断开界线

3. 建筑符号

- 标高：标高是建筑施工图中表示高度的一种标准表示符号，如图 17-2 所示为标高符号。
- 折断线：在绘图时通常不需要绘制出所有的图形，这时就可以根据实际情况，使用折断线来表示，如图 17-3 所示。
- 部切线：当平面图与立面图都不足以表达清楚设计意图时，就需要绘制剖面图。剖面图由剖切线来表示，剖切线的剖视方向一般指向图面的上方或左方，剖切线需要转折时以一次为限。如图 17-4 所示为剖切线符号。
- 中空线：表示绘制的图形当中所有的中空部分。如图 17-5 所示为中空线符号。

图 17-2　标高符号

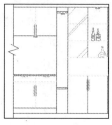

图 17-3　折断线符号

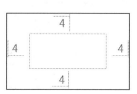

图 17-4　部切线符号

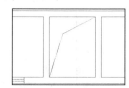

图 17-5　中空线符号

4. 常用建筑图例

在建筑设计中，通常使用特定的图例表示建筑物中的具体对象，常用的建筑图例包括门、窗、烟道、通风道、砖、金属、铸铁、钢筋混凝土、植物、灯具、插座和开关等。如表 17-2 所示列举了各种图例的样式。

表 17-2　常用建筑图例

名　称	图　示	名　称	图　示
金属、铸铁		筒灯	
钢筋混凝土		吊灯	
空心砖		明装双极插座	
针叶树		暗装双极插座	
阔叶树		明装双极插座带极地插孔	
荧光灯		明装单极开关	
花灯		明装双极开关	

(续表)

名　称	图　示	名　称	图　示
盆栽		暗装双极开关	
楼梯		单扇弹簧门	
烟道		双扇弹簧门	
通风道		窗户	
单扇内外开门		转门	
双扇内外开门		单扇单边开门	

17.1.3　建筑图基本知识

对于建筑图基本知识，读者需要掌握建筑平面图、立面图和剖面图的常见知识，如识读建筑图纸和图纸的种类等。

1. 建筑平面图知识

要绘制建筑平面图，首先需要学会识读建筑平面图，识读建筑平面图可分以下几个步骤进行。

01 首先查看图名和比例，然后对照总平面图找出房屋朝向和主要出入口及次要出入口的位置。

02 查看平面形式，房间的数量及用途，建筑物的外形尺寸，一个外墙面到另一个外墙面的尺寸，以及轴线尺寸与门窗洞口间尺寸。轴线间尺寸横向称为开间，轴线间尺寸纵向称为进深。楼梯平面图中带长箭头细线被称为行走线，用来指明上、下楼梯的行走方向。

03 查看门窗的类型、数量与设置情况。门的编号用 M-1、M-2 等表示，窗的编号用 C-1、C-2 等表示，通过不同的编号查找各种类型门窗的位置和数量，通过对照平面图中的分段尺寸可查找出各类门窗洞口尺寸。门窗具体构造还要参照门窗明细表中所用的标准图集。

04 深入查看各类房间内的固定设施及细部尺寸。

05 在掌握了以上所有内容后，便可逐层识读。在识读各楼层平面图时应注意着重查看房间的布置、用途和门窗设置等，以及它们之间的不同之处，尤其应注意各种尺寸及楼地面标高等问题。

2. 建筑立面图知识

建筑立面图是用来表现建筑物立面处理方式、各类门窗的位置、形式及外墙面各种粉刷的做法等内容。建筑立面图包括以下几类。

- 按建筑的朝向来命名：南立面图、北立面图、东立面图、西立面图。
- 按立面图中首尾轴线编号来命名，如：1~9 立面图、A~E 立面图。
- 按建筑立面的主次(建筑主要出入口所在的墙面为正面)来命名：正立面图、北立面图、左侧立面图、右侧立面图。

3. 建筑剖面图知识

建筑剖面图是房屋的垂直剖视图。剖切面通常由横向剖切，即平行于侧面，必要时也可由纵向剖切，即平行于正面。其位置应选择能反映房屋内部构造比较复杂与典型的部位。剖面图的名称应与平面图上所标注的一致。建筑剖面图常用的比例为 1:50、1:100、1:200。剖面图中的室内外地坪通常用特粗实线表示；如果剖切到的部位为墙、楼板和楼梯等对象时通常用粗实线画出；如果没有剖切到可见的部分时通常用中实线表示；其他如引出线等通常用细实线表示。

17.2 绘制建筑平面图

实例文件	光盘\实例\第 17 章\建筑平面图
视频教程	光盘\视频教程\第 17 章\绘制建筑平面图
建筑平面图表示建筑物在水平方向房屋各部分的组合关系，通常由墙体、柱、门、窗、楼梯、阳台、尺寸标注、轴线和说明文字等元素组成。绘制建筑平面图的目的在于直观地反映出建筑的内部使用功能、建筑内外空间关系、装饰布置及建筑结构形式等。本实例的最终效果如图 17-6 所示。	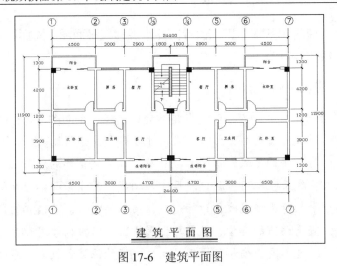 图 17-6 建筑平面图

17.2.1 创建轴线

01 单击"图层"面板中的"图层特性"按钮 ，在打开的"图层特性管理器"对话框中分别创建"轴线"、"墙线"、"门窗"、"标注"及"文字说明"等图层，设置"轴线"图层为当前层，如图 17-7 所示。

02 执行 SE(设定)命令，打开"草图设置"对话框，如图 17-8 所示，在"对象捕捉"选项卡中设置对象捕捉参数。

03 选择"格式→线型"命令，打开"线型管理器"对话框，在该对话框中将"全局比例因子"设置为 500，如图 17-9 所示。

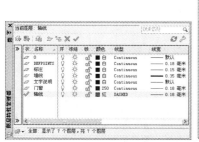

图 17-7　创建图层　　　　　图 17-8　对象捕捉设置　　　　图 17-9　设置全局比例因子

04 按 F8 键打开正交模式，然后执行 L(直线)命令，绘制一条长为 12200 的水平线段和一条长为 11900 的垂直线段，效果如图 17-10 所示。

05 执行 O(偏移)命令，将垂直线段向右依次偏移 4500、3000、2900、1800，效果如图 17-11 所示。

06 执行 O(偏移)命令，将水平线段向上依次偏移 1300、3000、1200、4200、1300，效果如图 17-12 所示。

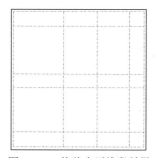

图 17-10　绘制的线段效果　　　图 17-11　偏移垂直线段效果　　　图 17-12　偏移水平线段效果

17.2.2　绘制墙体

01 锁定"轴线"图层，将"墙线"图层设置为当前层；然后执行 MLINE(多线)命令，通过捕捉轴线的端点和交点绘制墙线，其命令行提示及操作如下所示：

```
命令: MLINE↙                                    //执行命令
当前设置: 对正 = 上，比例 = 10.00，样式 = STANDARD
指定起点或 [对正(J)/比例(S)/样式(ST)]: j↙     //选择"对正"选项
输入对正类型 [上(T)/无(Z)/下(B)] <上>: z↙       //选择"无"选项
当前设置: 对正 = 无，比例 = 10.00，样式 = STANDARD
指定起点或 [对正(J)/比例(S)/样式(ST)]: s↙     //选择"比例"选项
输入多线比例 <10.00>: 240↙                       //指定多线比例
```

351

当前设置: 对正 = 无, 比例 = 240.00, 样式 =STANDARD
指定起点或 [对正(J)/比例(S)/样式(ST)]:　　　　//通过指定多线起点和端点绘制墙线, 效果如图 17-13 所示

02 执行 ML(多线)命令, 绘制其他的多线作为建筑结构图的墙线, 效果如图 17-14 所示。

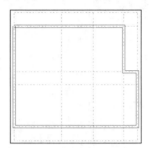
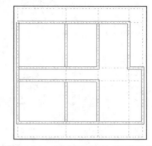

图 17-13　绘制的墙线效果　　　　图 17-14　绘制的其他多线效果

03 执行 ML(多线)命令, 设置多线的比例为 120, 在图形左上方绘制阳台的墙体线, 效果如图 17-15 所示。

04 执行 ML(多线)命令, 在图形右下方绘制阳台的墙体线, 效果如图 17-16 所示。

05 执行 X(分解)命令, 将所有的多线对象分解; 然后执行 F(圆角)命令, 设置圆角半径为 0, 对左上方交叉处的墙线进行圆角, 连接分开的线段, 效果如图 17-17 所示。

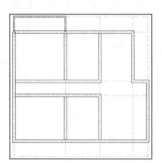
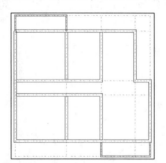
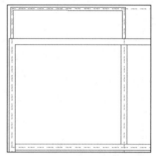

图 17-15　绘制卧室阳台墙体线效果　　图 17-16　绘制客厅阳台墙体线效果　　图 17-17　分解圆角并连接线段的效果

06 执行 TR(修剪)命令, 修剪交叉处的线段, 关闭"轴线"图层后的效果如图 17-18 所示。

07 执行矩形(REC)命令, 在左下方墙体处绘制一个长、宽均为 500 的正方形作为柱体, 效果如图 17-19 所示。

08 执行矩形(REC)命令, 绘制其他正方形作为柱体对象, 效果如图 17-20 所示。

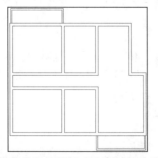
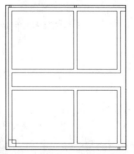
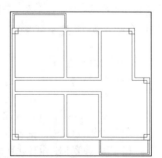

图 17-18　修剪线段并关闭"轴线"图层后的效果　　图 17-19　绘制的矩形效果　　图 17-20　绘制的其他矩形效果

09 执行 H(图案填充)命令，打开"图案填充和渐变色"对话框，选择 SOLID 图案，如图 17-21 所示。

10 单击"添加：选择对象"按钮，依次选择创建的矩形并确定，返回"图案填充和渐变色"对话框并确定，完成图案填充，效果如图 17-22 所示。

图 17-21　选择图案

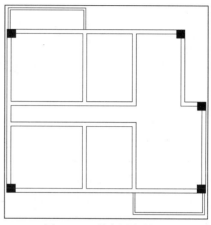

图 17-22　填充图案效果

17.2.3　绘制门窗

01 选择"格式→文字样式"命令，打开"文字样式"对话框，单击"新建"按钮，打开"新建文字样式"对话框，创建新的文字样式，然后设置新样式参数如图 17-23 所示。

02 执行 T(文字)命令，在图形中创建文字说明，将平面图按房间功能进行划分，效果如图 17-24 所示。

03 将"门窗"图层设置为当前层，执行 O(偏移)命令，设置偏移的距离为 3500，选择主卧室左方的外墙线，如图 17-25 所示，将其向右偏移，效果如图 17-26 所示。

04 执行 O(偏移)命令，将刚才偏移得到的线段向右偏移 900，效果如图 17-27 所示。

05 执行 TR(修剪)命令，对线段进行修剪，创建出的门洞效果如图 17-28 所示。

图 17-23　设置文字样式参数

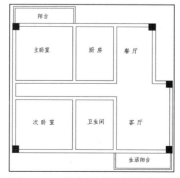

图 17-24　按房间功能划分的效果

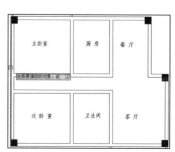

图 17-25　选择偏移线段

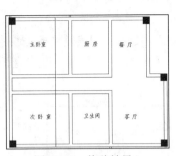
图 17-26 偏移效果 1

图 17-27 偏移效果 2

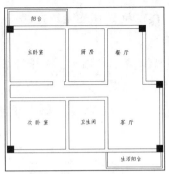
图 17-28 修剪效果

提示

在建筑平面图中，由于表现的是原始结构，普通门洞的宽度通常为 900 毫米，而在装修平面图中，由于装饰过程中会填补门洞的缝隙，因此普通门洞的标准宽度为 800 毫米。

06 使用同样的方法，绘制其他房间的门洞，卧室和进户门洞的宽度为 900，厨卫门洞的宽度为 800，效果如图 17-29 所示。

07 结合执行 O(偏移)和 TR (修剪)命令，绘制主卧室和客厅中的阳台门洞，门洞宽度为 2800，效果如图 17-30 所示。

08 执行 L(直线)命令，绘制一条长为 900 的线段，其命令行提示及操作如下所示：

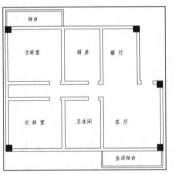
图 17-29 绘制的其他门洞效果

图 17-30 绘制阳台门洞效果

```
命令:L↙                    //执行简化命令
LINE
指定第一点:                 //如图 17-31 所示指定线段的第一个点
指定下一点或 [放弃(U)]: 900↙  //指定下一个点的方向，并指定线段的长度，绘制的线段效果如图 17-32
所示
```

图 17-31 指定第一个点

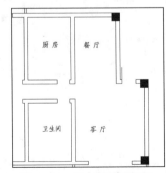
图 17-32 绘制的线段效果

09 执行 A(圆弧)命令，绘制一段弧线作为开关门的路径，其命令行提示及操作如下所示：

```
命令：A↙                          //执行简化命令
ARC
指定圆弧的起点或 [圆心(C)]:          //指定圆弧的起点，如图 17-33 所示
指定圆弧的第二个点或 [圆心(C)/端点(E)]: c↙   //选择"圆心"选项
指定圆弧的圆心:                      //指定圆弧的圆心，如图 17-34 所示
指定圆弧的端点或 [角度(A)/弦长(L)]:   //指定圆弧的端点，如图 17-35 所示，绘制的弧线效果如图 17-36 所示
```

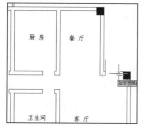   

图 17-33　指定圆弧的起点　图 17-34　指定圆弧的圆心　图 17-35　指定圆弧的端点　图 17-36　弧线效果

 提示

在建筑平面图中的平开门与装修平面图中的平开门的不同之处在于，建筑平面图中的平开门只表示该处将安放一个门对象，但目前图形中并非存在门，因此不必展现门的厚度；而装修平面图中的平开门，表示一个存在的装饰门对象，因此需要展现门的厚度。

10 使用同样的方法，结合执行 L(直线)和 A(圆弧)命令绘制出其他平开门，效果如图 17-37 所示。

11 执行 REC(矩形)命令，在卧室阳台处绘制一个长为 700、宽为 40 的矩形，效果如图 17-38 所示。

12 执行 CO(复制)命令，对绘制的矩形进行复制，效果如图 17-39 所示。

13 执行 MI(镜像)命令，对创建的两个矩形进行镜像复制，创建客厅推拉门图形，效果如图 17-40 所示，然后使用同样的方法创建客厅处的推拉门。

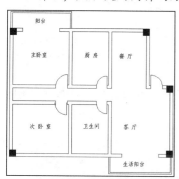 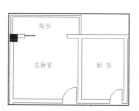 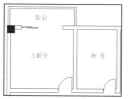 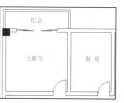

图 17-37　绘制的平开门效果　图 17-38　绘制的矩形效果　图 17-39　复制矩形效果　图 17-40　镜像复制矩形效果

14 执行 O(偏移)命令，将次卧室左方的墙线向右依次偏移 1400、2000，效果如图 17-41 所示。

15 执行 TR(修剪)命令，对偏移的线段进行修剪，绘制出窗洞的图形，效果如图 17-42 所示。

16 执行同样的方法绘制其他房间的窗洞图形，其中餐厅和厨房的窗洞尺寸为 1800、卫生间的窗洞尺寸为1100，效果如图 17-43 所示。

17 执行 L(直线)命令，绘制一条线段连接次卧室的窗洞图形，效果如图 17-44 所示。

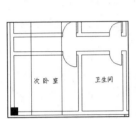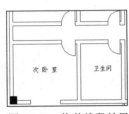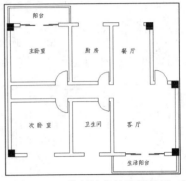

图 17-41　偏移线段效果　　图 17-42　修剪线段效果　　图 17-43　绘制的其他窗洞效果　　图 17-44　绘制的线段效果

18 执行 O(偏移)命令将绘制的线段向上偏移 3 次，偏移距离为80，创建出窗户图形，效果如图 17-45 所示。

19 使用同样的方法创建其他窗户图形，效果如图 17-46 所示。

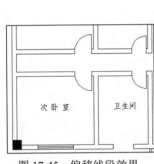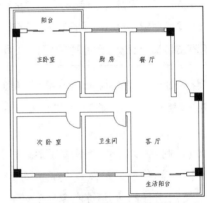

图 17-45　偏移线段效果　　　　图 17-46　创建其他窗户效果

17.2.4　绘制楼梯

01 打开"轴线"图层，并将其解锁；然后执行 MI(镜像)命令对绘制好的图形进行镜像复制，其命令行提示及操作如下所示：

```
命令: MI↙                        //执行简化命令
MIRROR
选择对象: 指定对角点: 找到 211 个    //选择如图 17-47 所示的图形
指定镜像线的第一点:                //指定镜像线的第一点，如图 17-48 所示
指定镜像线的第二点:                //指定镜像线的第二点，如图 17-49 所示
要删除源对象吗? [是(Y)/否(N)] <N>:  //进行确定，镜像效果如图 17-50 所示
```

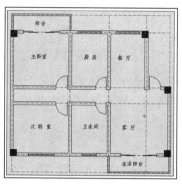

图 17-47   选择图形

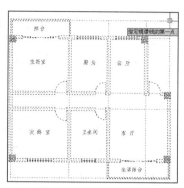

图 17-48   指定第一点

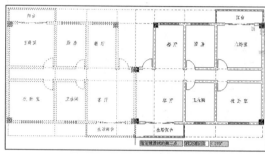

图 17-49   指定第二点

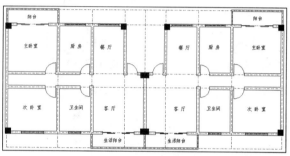

图 17-50   镜像效果

02 将"墙线"图层设为当前层,执行 ML(多线)命令,设置多线的比例为 120,绘制一条多线作为楼梯处的外墙线,效果如图 17-51 所示。

03 执行 X(分解)命令,对绘制的多线进行分解;然后执行 O(偏移)命令,将左方的线段向右依次偏移 800 和 1800,效果如图 17-52 所示。

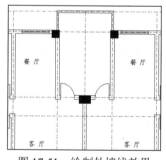

图 17-51   绘制外墙线效果

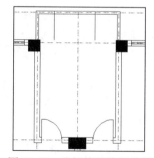

图 17-52   分解偏移线段效果

04 执行 TR(修剪)命令对偏移后的线段进行修剪,创建窗洞图形,效果如图 17-53 所示。

05 执行 L(直线)命令绘制一条线段连接窗洞图形;然后将其向下偏移 3 次,偏移距离为 40,创建窗户图形,然后关闭"轴线"图层,完成效果如图 17-54 所示。

06 执行 LINE(直线)命令,绘制楼梯踏步,其命令行提示及操作如下所示:

```
命令: L INE↙              //执行命令
指定第一点: from↙          //选择"捕捉自"功能
```

357

基点: //捕捉墙线的基点，如图 17-55 所示

<偏移>: @0,1450✓   //指定线段起点与基点的偏移距离

指定下一点或 [放弃(U)]:   //捕捉墙线垂足点，如图 17-56 所示，绘制出楼梯的第一个踏步，效果如图 17-57 所示

07 执行 AR(阵列)命令，选择绘制的线段并确定，设置阵列方式为"矩形阵列"，设置行数为 10，设置"行间距"为 280，阵列的效果如图 17-58 所示。

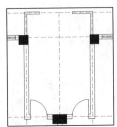 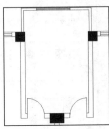 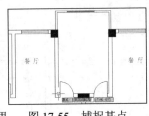 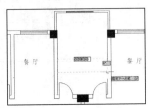

图 17-53 修剪线段效果   图 17-54 创建窗户图形效果   图 17-55 捕捉基点   图 17-56 捕捉垂足点

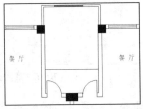 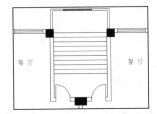

图 17-57 绘制的踏步效果   图 17-58 阵列效果

08 执行 REC(矩形)命令，在绘图区绘制一个长为 280、宽为 3000 的矩形，其命令行提示及操作如下所示：

命令: REC✓   //执行简化命令

RECTANG

指定第一个角点或 [倒角(C)/标高(E)/圆角(F)/厚度(T)/宽度(W)]: from✓   //选择"捕捉自"功能

基点: //指定基点，如图 17-59 所示

<偏移>: @-140,-220✓   //指定偏移距离

指定另一个角点或 [面积(A)/尺寸(D)/旋转(R)]: @280,3000✓   //指定另一个点的相对坐标，绘制的矩形效果如图 17-60 所示

09 执行 O(偏移)命令，将绘制的矩形向内偏移 60，效果如图 17-61 所示。

10 执行 TR(修剪)命令，对楼梯踏步线条进行修剪，效果如图 17-62 所示。

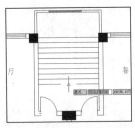 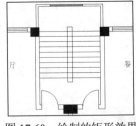 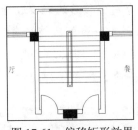 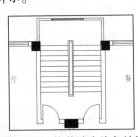

图 17-59 指定基点   图 17-60 绘制的矩形效果   图 17-61 偏移矩形效果   图 17-62 修剪踏步线条效果

358

[11] 执行 L(直线)命令，绘制 4 条斜线，效果如图 17-63 所示。

[12] 执行 TR(修剪)命令，对绘制的折线进行修剪，创建出折断线图形，如图 17-64 所示。

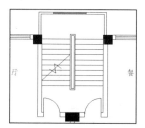

图 17-63　绘制的斜线段效果

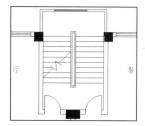

图 17-64　修剪的折线效果

[13] 执行 D(标注样式)命令，打开"标注样式管理器"对话框，选择 Standard 样式，然后单击"修改"按钮，如图 17-65 所示。

[14] 打开"修改标注样式：Standard"对话框，选择"符号和箭头"选项卡，设置引线箭头为"实心闭合"、"箭头大小"为 200，如图 17-66 所示。

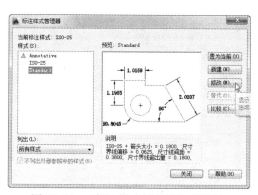

图 17-65　"标注样式管理器"对话框

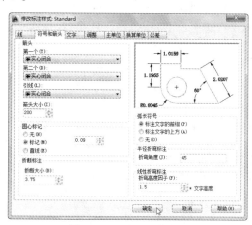

图 17-66　设置引线箭头

[15] 执行 QLEADER(快速引线)命令，在楼梯图形中绘制楼梯走向线段，效果如图 17-67 所示。

[16] 执行 QLEADER(快速引线)命令，绘制另一段楼梯走向线段，效果如图 17-68 所示。

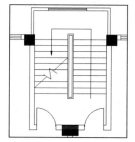

图 17-67　绘制的走向线效果

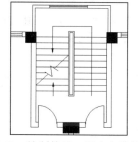

图 17-68　绘制的另一段走向线效果

[17] 执行 T(文字)命令，设置文字的高度为 300；然后对楼梯走向进行文字说明，完成楼梯的绘制，最终效果如图 17-69 所示。

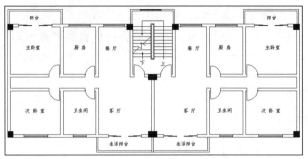

图 17-69　最终效果

17.2.5　标注图形

01 执行 D(标注样式)命令,打开"标注样式管理器"对话框,单击"新建"按钮,打开"创建新标注样式"对话框,在新样式名后输入"建筑平面",如图 17-70 所示。

02 单击"继续"按钮,打开"新建标注样式:建筑平面"对话框,在"线"选项卡中设置"超出尺寸线"的值为 100.0000,"起点偏移量"的值为 200.0000,如图 17-71 所示。

图 17-70　创建新标注样式

图 17-71　设置线参数

03 选择"符号和箭头"选项卡,设置"箭头"和"引线"为"建筑标记",设置"箭头大小"为 200.0000,如图 17-72 所示。

04 选择"文字"选项卡,设置文字的高度为 300.0000,设置文字的垂直对齐方式为"上",设置"从尺寸线偏移"的值为 100.0000,如图 17-73 所示。

图 17-72　设置箭头和引线参数

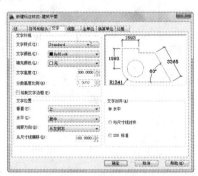

图 17-73　设置文字参数

05 选择"主单位"选项卡，从中设置"精度"值为 0，如图 17-74 所示。

06 确定后返回"标注样式管理器"对话框，单击"置为当前"按钮，如图 17-75 所示，然后关闭"标注样式管理器"对话框。

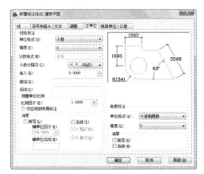

图 17-74　设置精度

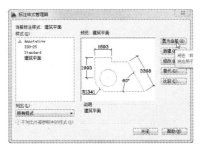

图 17-75　单击"置为当前"按钮

07 打开"轴线"图层，将"标注"图层设置为当前层；然后执行 DLI(线性标注)命令，通过捕捉轴线上的端点创建尺寸标注，如图 17-76 所示。

08 执行 DCO(连续标注)命令，对图形进行连续标注，效果如图 17-77 所示。

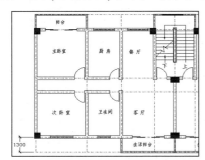

图 17-76　进行线性标注

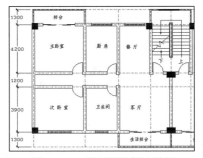

图 17-77　进行连续标注效果

09 执行 DLI(线性标注)和 DCO(连续标注)命令，标注图形的其他尺寸，效果如图 17-78 所示。

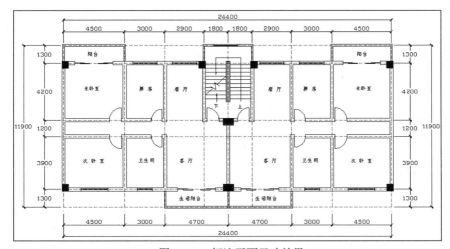

图 17-78　标注平面尺寸效果

10 执行 L(直线)和 C(圆)命令，在标注轴线的尺寸线上绘制直线和圆，其中圆的半径为 400，效果如图 17-79 所示。

11 执行文字(T)命令，对轴线圈进行文字说明，效果如图 17-80 所示。

12 执行 CO(复制)命令对轴线圈及轴号进行复制，然后对轴号进行修改，再创建图形说明文字，关闭"轴线"图层，完成建筑平面图的绘制，最终效果如图 17-81 所示。

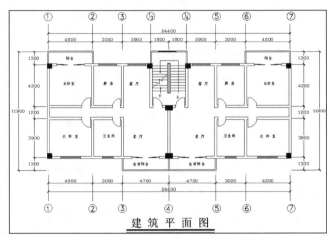

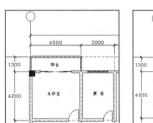 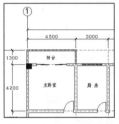

图 17-79　绘制轴线圈效果　图 17-80　文字说明效果　　　　图 17-81　建筑平面图效果

17.3　绘制建筑立面图

实例文件	光盘\实例\第 17 章\建筑立面设计
素材文件	光盘\素材\第 17 章\建筑平面图
视频教程	光盘\视频教程\第 17 章\绘制建筑立面图

建筑立面图是按正投影法在与房屋立面平行的投影面上所作的投影图，用来表达建筑物的外形效果。在施工图中，建筑立面图主要反映房屋的外貌和立面装修的做法。建筑立面图包括投影方向可见的建筑外轮廓线和墙面线脚、构配件、外墙面及其必要的尺寸与标高等。本实例最终效果如图 17-82 所示。

图 17-82　建筑立面图

17.3.1　绘制立面框架

01 打开如图 17-83 所示的"建筑平面图"素材文件作为绘制建筑立面图的参照对象。

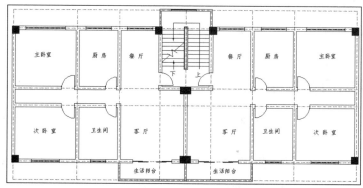

图 17-83　打开素材文件

02 将"墙线"图层设置为当前层，执行 L(直线)命令在建筑平面图中绘制一条线段，然后执行 TR(修剪)命令以线段为边界，对平面图进行修剪，并删除多余的图形，效果如图 17-84 所示。

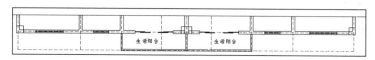

图 17-84　修剪平面图

03 执行多线(ML)命令绘制一条宽为 240、长为 18000 的多线作为墙线，效果如图 17-85 所示。

04 执行多线(ML)命令绘制另一条多线作为另一方的墙线，效果如图 17-86 所示。

05 关闭"轴线"图层，将多余的图形删除；然后执行 O(偏移)命令将水平线段向上偏移两次，偏移距离依次为 2900 和 100，效果如图 17-87 所示。

06 执行 AR(阵列)命令，选择偏移得到的两条线段并确定，设置阵列的方式为"矩形阵列"，然后设置"行数"为 6、"行间距"为 3000，阵列效果如图 17-88 所示。

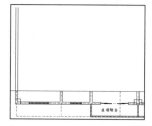 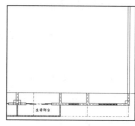  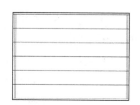

图 17-85　绘制的多线效果　图 17-86　绘制另一条多线效果　图 17-87　偏移线段效果　图 17-88　陈列效果

07 执行分解(X)命令，将多线分解；然后执行修剪(TR)命令，选择如图 17-89 所示的线条为边界，对图形进行修剪，效果如图 17-90 所示。

08 执行修剪(TR)命令，对右方图形进行修剪，效果如图 17-91 所示。

09 执行圆角(F)命令，对图形上方边角进行圆角处理，效果如图 17-92 所示。

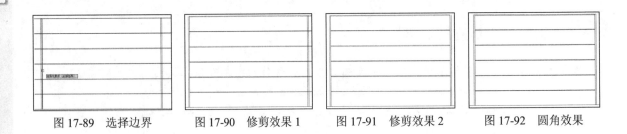

图 17-89　选择边界　　图 17-90　修剪效果 1　　图 17-91　修剪效果 2　　图 17-92　圆角效果

17.3.2　绘制门窗立面

01 执行 REC(矩形)命令绘制一个长 2000、宽 1800 的矩形，其命令行提示及操作如下所示：

```
命令: REC↙              //执行简化命令
RECTANG
指定第一个角点或 [倒角(C)/标高(E)/圆角(F)/厚度(T)/宽度(W)]: from↙        //选择"捕捉自"功能
基点:                    //指定基点，如图 17-93 所示
<偏移>: @1100,700        //指定偏移距离
指定另一个角点或 [面积(A)/尺寸(D)/旋转(R)]: @2000,1800     //指定另一个点的相对坐标，完成矩形的绘
制，效果如图 17-94 所示
```

02 执行 L(直线)命令，以矩形的中点绘制一条长为 1800 的垂直线段，创建出卧室窗户图形，效果如图 17-95 所示。

03 参照图 17-96 所示的尺寸和效果，绘制卫生间窗户图形。

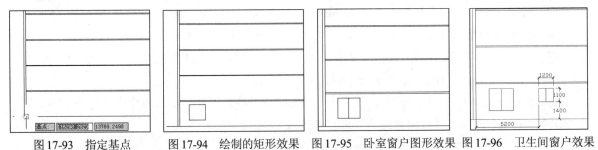

图 17-93　指定基点　　图 17-94　绘制的矩形效果　　图 17-95　卧室窗户图形效果　　图 17-96　卫生间窗户效果

04 执行 O(偏移)命令将左方的垂直线段向右偏移两次，偏移距离依次为 7600、4600，效果如图 17-97 所示。

05 执行 TR(修剪)命令对偏移线段进行修剪，效果如图 17-98 所示。

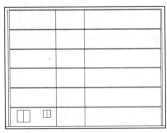

图 17-97　偏移垂直线效果

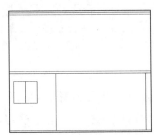

图 17-98　修剪线段效果

06 执行 O(偏移)命令将下方的水平线段向上偏移两次，偏移距离依次为 500、200、30，效果如图 17-99 所示。

07 执行 TR(修剪)命令对偏移线段进行修剪，效果如图 17-100 所示。

08 执行 O(偏移)命令，选择如图 17-101 所示的线段，将其向右依次偏移 30 和 1100，效果如图 17-102 所示。

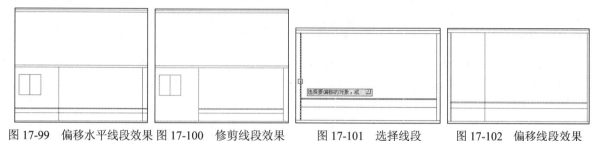

图 17-99　偏移水平线段效果　图 17-100　修剪线段效果　　　图 17-101　选择线段　　　图 17-102　偏移线段效果

09 执行 TR(修剪)命令对偏移线段进行修剪，效果如图 17-103 所示。

10 执行 AR(阵列)命令，选择如图 17-104 所示的图形作为阵列对象，设置阵列方式为"矩形阵列"，设置"行数"为 3、"行间距"为 200，阵列效果如图 17-105 所示。

11 执行 O(偏移)命令将下方的水平线段向上偏移两次，偏移距离依次为 1300、40；然后执行 TR(修剪)命令对偏移线段进行修剪，效果如图 17-106 所示。

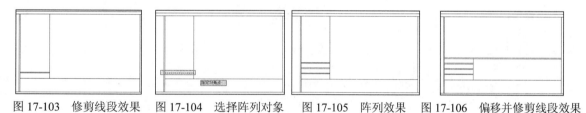

图 17-103　修剪线段效果　　图 17-104　选择阵列对象　　图 17-105　阵列效果　　图 17-106　偏移并修剪线段效果

12 执行 O(偏移)命令将如图 17-107 所示的线段向右偏移 30，效果如图 17-108 所示。

13 执行 AR(阵列)命令，选择如图 17-109 所示的图形作为阵列对象，设置阵列方式为"矩形阵列"，设置"列数"为 4、"列间距"为 1150，阵列效果如图 17-110 所示。

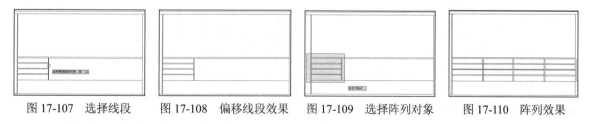

图 17-107　选择线段　　　图 17-108　偏移线段效果　　　图 17-109　选择阵列对象　　　图 17-110　阵列效果

14 执行 TR(修剪)命令对图形进行修剪，然后执行 E(删除)命令，删除多余的线段，效果如图 17-111 所示。

15 执行 O(偏移)命令选择右方的垂直线段，将其向左偏移 4500，效果如图 17-112 所示。

16 执行 TR(修剪)命令对偏移线段进行修剪，效果如图 17-113 所示。

17 执行 O(偏移)命令将修剪后的线段向右偏移两次，偏移距离依次为 500、2800，效果如图 17-114 所示。

图 17-111 修剪并删除线段效果　图 17-112 偏移垂直线段效果　图 17-113 修剪线段效果　图 17-114 偏移线段效果

18 执行 O(偏移)命令选择如图 17-115 所示的线段，将其向上偏移 1100，效果如图 17-116 所示。

19 执行 TR(修剪)命令对偏移的线段进行修剪，创建立面门洞图形，效果如图 17-117 所示。

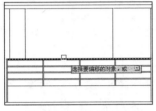  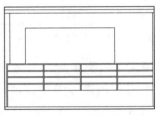

图 17-115 选择线段　　图 17-116 偏移线段效果　　图 17-117 修剪线段效果

20 执行 MI(镜像)命令对创建的门窗立面图进行镜像复制，命令行提示及操作如下所示：

```
命令: MI↙              //执行简化命令
MIRROR
选择对象: 指定对角点: 找到 47 个     //选择对象，如图 17-118 所示
选择对象:
指定镜像线的第一点:     //指定线段中点为镜像线的第一点，如图 17-119 所示
指定镜像线的第二点:     //垂直向下指定镜像线的第二点
要删除源对象吗? [是(Y)/否(N)] <N>:     //结束操作，镜像效果如图 17-120 所示
```

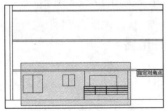 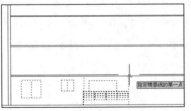 

图 17-118 选择镜像对象　　图 17-119 指定第一点　　图 17-120 镜像效果

21 执行 AR(阵列)命令，选择创建好的门窗图形作为阵列对象，如图 17-121 所示，设置阵列的方式为"矩形阵列"，设置"行数"为 6，"行间距"为 3000，阵列效果如图 17-122 所示。

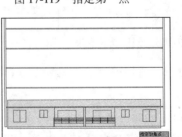 

图 17-121 选择阵列图形　　图 17-122 阵列效果

17.3.3　绘制屋顶立面

01 执行 O(偏移)命令，选择上方的线段，将其向上偏移 800，效果如图 17-123 所示。

02 执行 F(圆角)命令，对偏移后线段进行圆角处理，圆角半径为 0，效果如图 17-124 所示。

图 17-123　偏移线段效果

图 17-124　圆角线段效果

03 执行"矩形"命令在立面图上方创建一个长为 14260、宽为 2000 的矩形，其命令行提示及操作如下所示：

```
命令: RECTANG↙                    //执行命令
指定第一个角点或 [倒角(C)/标高(E)/圆角(F)/厚度(T)/宽度(W)]: from↙        //选择"捕捉自"功能
基点:                   //指定基点，如图 17-125 所示
<偏移>: @7000,0↙          //指定偏移距离
指定另一个角点或 [面积(A)/尺寸(D)/旋转(R)]: @14260,2000↙ //指定另一个角点坐标，完成矩形的绘制，效果如图 17-126 所示
```

图 17-125　指定基点

图 17-126　绘制的矩形效果

04 执行 TR(修剪)命令，选择矩形为修剪边界，对图形进行修剪，效果如图 17-127 所示。

05 执行 O(偏移)命令，将矩形向内偏移 200，效果如图 17-128 所示。

06 执行 H(图案填充)命令，打开"图案填充和渐变色"对话框，选择 AR-HBONE 图案，设置"比例"为 130，如图 17-129 所示。

07 单击"添加：选择对象"按钮，选择要填充的矩形并确定，返回"图案填充和渐变色"对话框，单击"确定"按钮，完成图案填充，效果如图 17-130 所示。

367

图 17-127 修剪效果

图 17-128 偏移矩形效果

图 17-129 设置参数

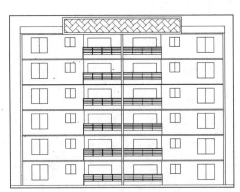

图 17-130 填充效果

17.3.4 标注立面图

01 将"标注"图层设为当前层，然后执行 DLI(线性标注)命令，对图形进行尺寸标注，效果如图 17-131 所示。

02 执行 DCO(连续标注)命令，对建筑立面图进行连续标注，效果如图 17-132 所示。

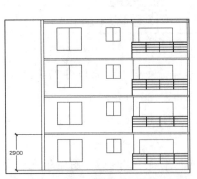

图 17-131 线性标注效果

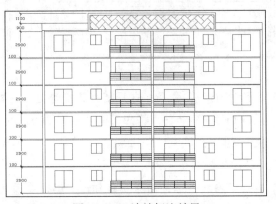

图 17-132 连续标注效果

03 执行 L(直线)命令绘制一条垂直线段作为辅助线，效果如图 17-133 所示。然后使用拖动端点的方法，移动标注的起点位置，效果如图 17-134 所示。

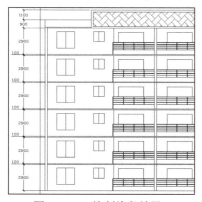

图 17-133　绘制线段效果

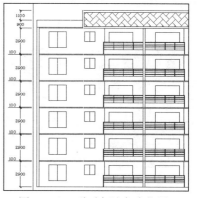

图 17-134　移动标注起点位置

04 删除辅助线段，然后执行 DLI(线性标注)命令对立面图进行总标注，效果如图 17-135 所示。

05 执行 L(直线)命令在立面图右下角绘制出标高的图形符号，效果如图 17-136 所示。

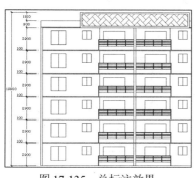

图 17-135　总标注效果

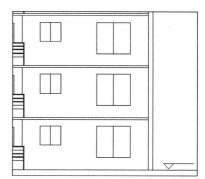

图 17-136　绘制的标高符号效果

06 执行 T(文字)命令创建标高文字说明，效果如图 17-137 所示。

07 使用同样的方法，结合执行 L(直线)和 T(文字)命令对其他部分标高进行标注，然后创建图形说明文字，完成建筑立面图的绘制，效果如图 17-138 所示。

图 17-137　创建标高文字效果

图 17-138　建筑立面图效果

提示

标高所使用的单位为 m。标高中的 0.000 表示标注的位置为地平线，此时标高值为 0。

17.4 绘制建筑剖面图

实例文件	光盘\实例\第 17 章\建筑剖面图
素材文件	光盘\实例\第 17 章\建筑平面图、建筑楼梯
视频教程	光盘\视频教程\第 17 章\绘制建筑剖面图

建筑剖面图是用一个假想的平行于正立投影面或侧立投影面的竖直剖切面剖开房屋，移去剖切面与观察者之间的房屋，将留下的部分按剖视方向向投影面作正投影所得到的图样。本实例的最终效果如图 17-139 所示。

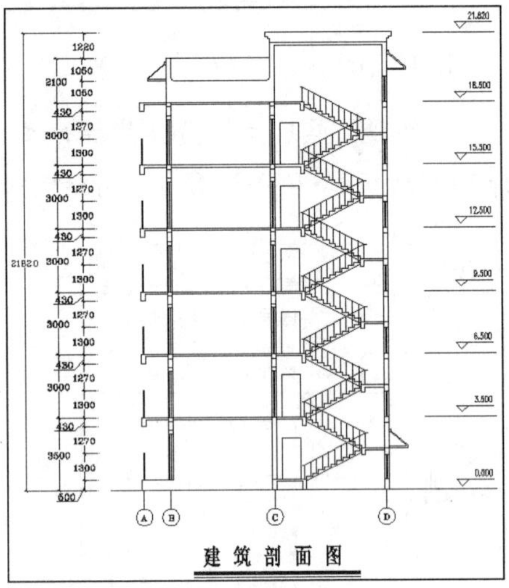

图 17-139　建筑剖面图

17.4.1 绘制剖面墙体

01 打开"建筑平面图"素材文件，执行 RO(旋转)命令，将图形顺时针旋转 90°，将此作为绘制建筑剖面图的参照对象，效果如图 17-140 所示。

02 执行 L(直线)命令，参照图 17-141 所示的效果在图形中绘制一条线段。

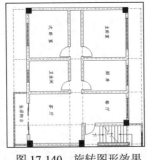

图 17-140　旋转图形效果

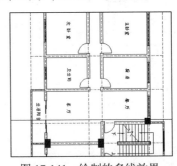

图 17-141　绘制的多线效果

03 执行 TR(修剪)命令对线段上方图形进行修剪，然后删除上方的图形，效果如图 17-142 所示。

04 锁定"轴线"图层，执行 ML(多线)命令，通过捕捉轴线的端点绘制 4 条宽度为 240、长度为 21800 的多线图形作为墙线，效果如图 17-143 所示。

05 隐藏"轴线"图层，将素材图形中的对象全部删除，然后执行 O(偏移)命令将下方水平线段向上偏移两次，偏移距离依次为 20600、21820，效果如图 17-144 所示。

06 执行 X(分解)命令将多线分解，然后执行 TR(修剪)命令修剪图形，效果如图 17-145 所示。

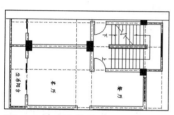 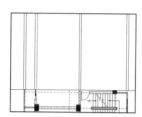 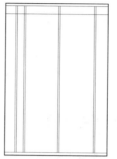 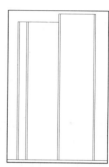

图 17-142　修剪并删除图形效果　　图 17-143　绘制的多线效果　　图 17-144　偏移线段效果　　图 17-145　分解并修剪线段效果

07 执行 O(偏移)命令将下方水平线段向上偏移 4 次，偏移距离依次为 500、3070、3400、3500；然后将左方垂直线段向右偏移两次，偏移距离依次为 7880、8080，效果如图 17-146 所示。

08 执行 TR(修剪)命令对偏移的线段进行修剪，创建出楼板图形，效果如图 17-147 所示。

09 执行 AR(阵列)命令，选择楼板图形并确定，设置阵列方式为"矩形阵列"，然后设置"行数"为 6、"行间距"为 3000，阵列效果如图 17-148 所示。

10 执行 O(偏移)命令将下方水平线段向上偏移 3 次，偏移距离依次为 1670、1900、2000，然后将右方垂直线段向左偏移两次，偏移距离依次为 1160、1360，效果如图 17-149 所示。

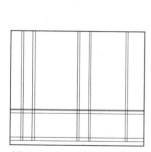
 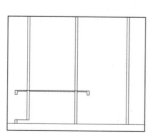 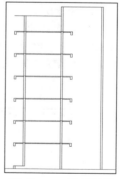 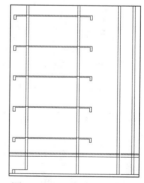

图 17-146　偏移线段效果　　图 17-147　修剪线段效果　　图 17-148　阵列效果　　图 17-149　偏移线段效果

11 执行 TR(修剪)命令，对偏移线段进行修剪，绘制出另一侧楼板图形，效果如图 17-150 所示。

12 执行 AR(阵列)命令，选择刚创建的楼板并确定，设置阵列方式为"矩形阵列"，然后设置"行数"为 6、"行间距"为 3000，阵列效果如图 17-151 所示。

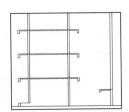

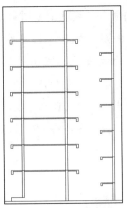

图 17-150　绘制的另一侧楼板图形效果　　　　图 17-151　墙体效果

17.4.2　绘制门窗剖面

01 将"门窗"图层设为当前层，然后执行 REC(矩形)命令，绘制一个长为 80、高为 1300 的矩形，其命令行提示及操作如下所示：

```
命令: REC↙          //执行简化命令
RECTANG
指定第一个角点或 [倒角(C)/标高(E)/圆角(F)/厚度(T)/宽度(W)]: from↙          //选择"捕捉自"功能
基点:          //指定基点，如图 17-152 所示
<偏移>: @80,0↙  //指定偏移距离
指定另一个角点或 [面积(A)/尺寸(D)/旋转(R)]: @80,1300↙          //指定另一个点的相对坐标，完成矩形的绘制，
效果如图 17-153 所示
```

02 执行 REC(矩形)命令，绘制一个长为 240、高为 2200 的矩形，其命令行提示及操作如下所示：

```
命令: REC↙          //执行简化命令
RECTANG
指定第一个角点或 [倒角(C)/标高(E)/圆角(F)/厚度(T)/宽度(W)]:          //指定第一个角点，如图 17-154 所示
指定另一个角点或 [面积(A)/尺寸(D)/旋转(R)]: @240,2200↙  //指定另一个点的相对坐标，完成矩形的绘
制，效果如图 17-155 所示
```

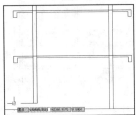

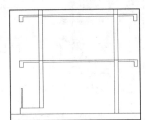

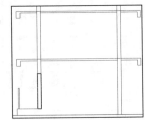

图 17-152　指定基点　　图 17-153　绘制的矩形效果　　图 17-154　指定第一个角点　　图 17-155　绘制的矩形效果

03 执行 X(分解)命令将矩形分解，执行 O(偏移)命令将矩形的垂直线段向内偏移两次，偏移距离为 80；然后将矩形上方的水平线段向上偏移两次，偏移距离依次为 180、420，效果如图 17-156 所示。

04 执行 AR(阵列)命令，对创建的立面窗户和栏杆图形进行矩形阵列，设置"行数"为 6、"行间距"为 3000，阵列效果如图 17-157 所示。

05 执行 CO(复制)命令，选择如图 17-158 所示的图形对象并复制，效果如图 17-159 所示。

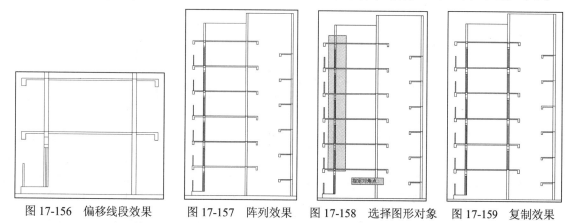

图 17-156　偏移线段效果　　图 17-157　阵列效果　　图 17-158　选择图形对象　　图 17-159　复制效果

06 执行 O(偏移)命令，选择如图 17-160 所示的线段，然后将其向右偏移两次，偏移距离依次为 1240、1440，效果如图 17-161 所示。

07 执行 O(偏移)命令将下方的水平线段向上偏移两次，偏移距离依次为 400、500，效果如图 17-162 所示。

08 执行 TR(修剪)命令对偏移后的线段进行修剪，效果如图 17-163 所示。

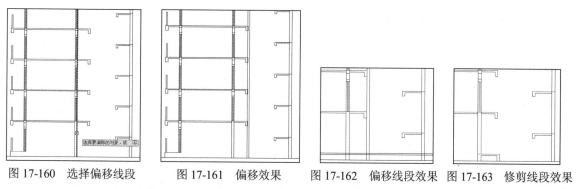

图 17-160　选择偏移线段　　　图 17-161　偏移效果　　　图 17-162　偏移线段效果　　图 17-163　修剪线段效果

09 执行 REC(矩形)命令，绘制一个长为 900、高为 2000 的矩形作为门立面图形，命令行提示及操作如下所示：

```
命令: RECTANG↙              //执行简化命令
指定第一个角点或 [倒角(C)/标高(E)/圆角(F)/厚度(T)/宽度(W)]: from↙        //选择"捕捉自"功能
基点:                       //指定基点，如图 17-164 所示
<偏移>: @280,0↙             //指定偏移距离
指定另一个角点或 [面积(A)/尺寸(D)/旋转(R)]: @900,2000↙ //指定另一个角点的相对坐标，完成矩形的绘制，效果如图 17-165 所示
```

10 执行 AR(阵列)命令，对创建的门立面进行矩形阵列，设置"行数"为 6、"行间距"为 3000，效果如图 17-166 所示。

11 执行 REC(矩形)命令，在图形右方绘制一个长为 240、高为 1200 的矩形，如图 17-167 所示。

图 17-164 指定基点   图 17-165 绘制的矩形效果   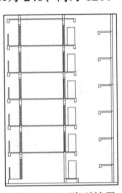 图 17-166 阵列效果   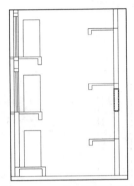 图 17-167 绘制的矩形效果

12 执行 X(分解)命令将矩形分解，然后执行偏移(O)命令将矩形的垂直线段向内偏移两次，偏移距离为 80，再将矩形下方的水平线段向下偏移 180，效果如图 17-168 所示。

13 执行 AR(阵列)命令，对创建的窗户立面进行矩形阵列，设置"行数"为 6、"行间距"为 3000，效果如图 17-169 所示。

14 执行 CO(复制)命令，选择如图 17-170 所示的窗户剖面作为复制对象，然后对其进行复制，效果如图 17-171 所示。

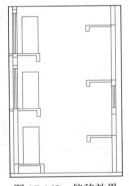 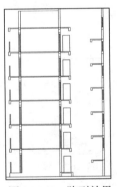 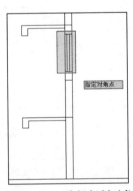 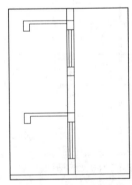
图 17-168 偏移效果   图 17-169 阵列效果   图 17-170 选择复制对象   图 17-171 复制效果

17.4.3 创建楼梯

01 打开如图 17-172 所示的"建筑楼梯"素材文件，然后选择楼梯图形，按 Ctrl+C 组合键对图形进行复制。

02 切换到绘制的建筑立面图形中，然后按 Ctrl+V 组合键将楼梯图形粘贴到当前图形中，并适当调整楼梯的位置，效果如图 17-173 所示。

03 执行 MI(镜像)命令对绘制楼梯进行镜像复制，效果如图 17-174 所示。

04 执行 M(移动)命令将镜像复制的楼梯移到楼梯位置处，效果如图 17-175 所示。

05 执行 AR(阵列)命令，选择如图 17-176 所示的楼梯图形并确定，设置阵列的方式为"矩形阵列"，"行数"为 6、"行间距"为 3000，阵列效果如图 17-177 所示。

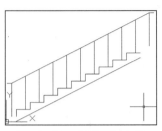

图 17-172　打开素材文件

图 17-173　粘贴楼梯后的图形效果

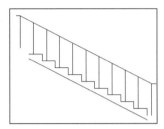

图 17-174　镜像复制效果

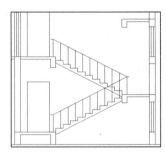

图 17-175　移动楼梯效果

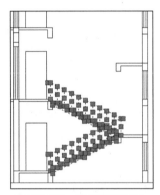

图 17-176　选择楼梯图形

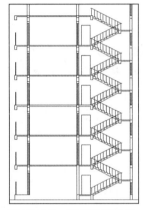

图 17-177　阵列楼梯效果

17.4.4　绘制屋顶

01 执行 O(偏移)命令，选择如图 17-178 所示的线段，然后将其向下偏移两次，偏移距离依次为 1000、1050，效果如图 17-179 所示。

02 执行 TR(修剪)命令对偏移的线段进行修剪，效果如图 17-180 所示。

图 17-178　选择线段

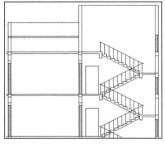

图 17-179　偏移线段效果

图 17-180　修剪线段效果

03 执行 F(圆角)命令对线段进行圆角处理，设置圆角半径为 150，效果如图 17-181 所示。

04 执行 E(删除)命令将多余线段删除；然后执行 TR(修剪)命令，选择如图 17-182 所示的线段作为修剪边界，对图形进行修剪，效果如图 17-183 所示。

图 17-181　圆角线段效果

图 17-182　选择线段

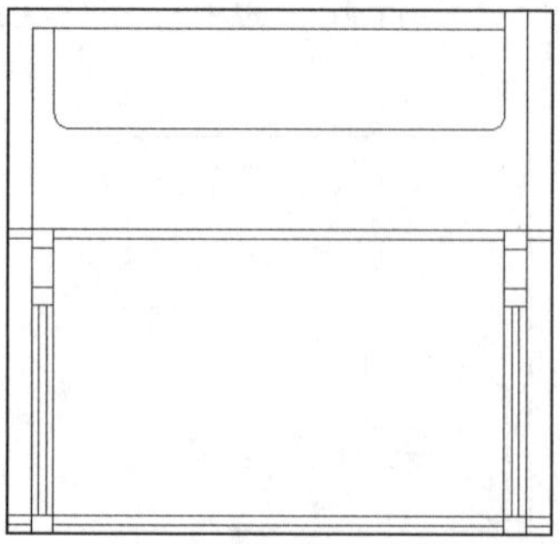

图 17-183　修剪线段效果

05 执行 O(偏移)命令将上方水平线段向下方偏移两次，偏移距离依次为 500、600，效果如图 17-184 所示。

06 执行 TR(修剪)命令对偏移的线段进行修剪，效果如图 17-185 所示。

07 执行 O(偏移)命令将上方水平线段向下方偏移两次，偏移距离依次为 200、300，效果如图 17-186 所示。

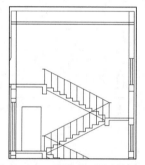
图 17-184　偏移水平线段效果

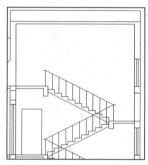
图 17-185　修剪线段效果

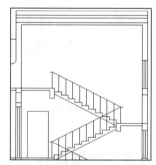
图 17-186　偏移水平线段效果

08 执行 O(偏移)命令将左方垂直线段向左偏移两次，偏移距离依次为 100、200。偏移后的效果如图 17-187 所示。

09 执行 EX(延伸)命令，选择如图 17-188 所示的线段为延伸边界，对右侧的线段进行延伸，延伸效果如图 17-189 所示。

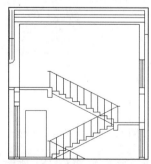
图 17-187　偏移垂直线段效果

图 17-188　选择延伸边界

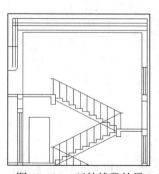
图 17-189　延伸线段效果

10 执行 TR(修剪)命令对延伸的线段进行修剪，效果如图 17-190 所示；然后使用同样的方法创建另一方的图形，完成屋顶的绘制，效果如图 17-191 所示。

11 执行 L(直线)命令，绘制一条长 900 的线段，如图 17-192 所示。

12 执行 O(偏移)命令将绘制的线段向上偏移 5 次，偏移距离依次为 80、130、745、810、900，效果如图 17-193 所示。

 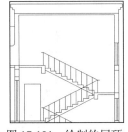 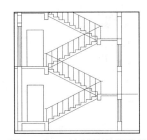 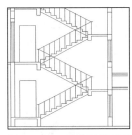

图 17-190　修剪延伸 　　图 17-191　绘制的屋顶 　　图 17-192　绘制的线段效果 　　图 17-193　偏移线段效果
　　　　　　线段效果 　　　　　　　　图形效果

13 执行 O(偏移)命令将右侧垂直线段向右偏移 3 次，偏移距离依次为 80、820、900，效果如图 17-194 所示。

14 执行 L(直线)命令，通过捕捉端点的方式绘制两条线段，效果如图 17-195 所示。

15 执行 TR(修剪)命令对线段进行修剪，创建出雨篷图形，效果如图 17-196 所示；然后使用同样的方法绘制其他的雨篷图形，完成效果如图 17-197 所示。

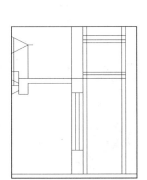 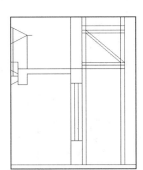 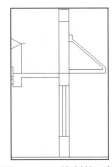 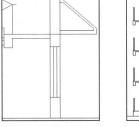

图 17-194　偏移右侧垂直 　　图 17-195　绘制的线段效果 　　图 17-196　绘制的雨篷 　　图 17-197　绘制的其他雨篷效果
　　　　　　线段效果 　　　　　　　　　　　　　　　　图形效果

17.4.5　标注剖面图

01 将"标注"图层设为当前层，结合执行 DLI(线性标注)和 DCO(连续标注)命令对图形进行尺寸标注，效果如图 17-198 所示。

02 执行 L(直线)命令，绘制一条垂直线段作为辅助线；然后使用拖动端点的方法，移动标注的起点位置，效果如图 17-199 所示。

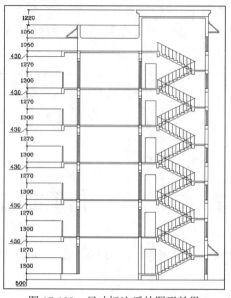

图 17-198　尺寸标注后的图形效果

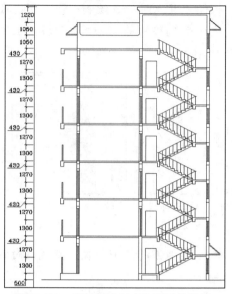

图 17-199　移动标注起点位置后的效果

03 删除辅助线段，然后结合执行 DLI(线性标注)和 DCO(连续标注)命令对建筑剖面图进行第二道尺寸标注，效果如图 17-200 所示。

04 执行 DLI(线性标注)命令对建筑剖面图的尺寸进行总标注，效果如图 17-201 所示。

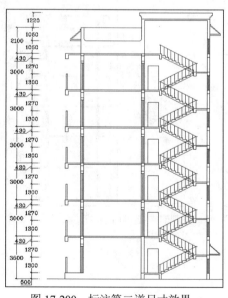

图 17-200　标注第二道尺寸效果

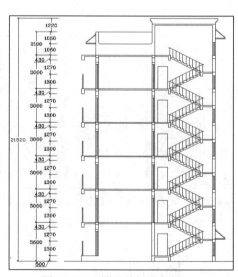

图 17-201　图形总标注效果

05 执行 L(直线)和 T(文字)命令对图形进行标高标注，效果如图 17-202 所示。

06 执行 L(直线)和 C(圆)命令在尺寸线上绘制线段和圆，圆的半径为 400，效果如图 17-203 所示。

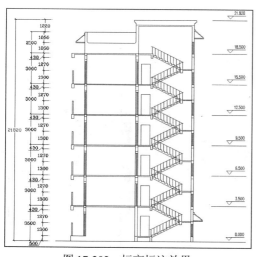

图 17-202　标高标注效果

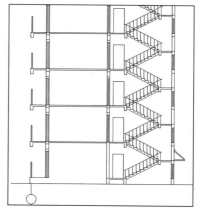

图 17-203　绘制轴线圈效果

07 设置"文字说明"图层为当前层，执行 T(文字)命令在圆圈内创建文字，效果如图 17-204 所示。

08 执行 CO(复制)命令将轴线圈及轴号进行复制，并对轴号进行更改；然后创建图形文字说明，完成建筑剖面图的绘制，最终效果如图 17-205 所示。

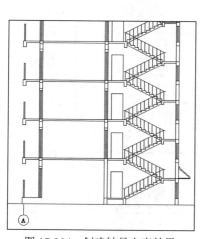

图 17-204　创建轴号文字效果

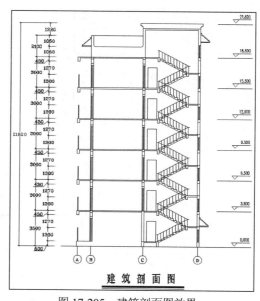

图 17-205　建筑剖面图效果

17.5　上机实战

学习完本章内容后，读者需要掌握建筑设计的必备知识和绘制建筑设计图的基本流程，下面通过实例操作来巩固本章所介绍的知识，并对知识进行延伸扩展。

实战 1：绘制别墅立面图

实例文件	光盘\实例\第 17 章\别墅立面图
请打开"别墅立面图.dwg"图形文件，参照图 17-206 所示的图形效果，依次绘制别墅立面框架、门窗和标注图形，并完成本例图形的绘制。	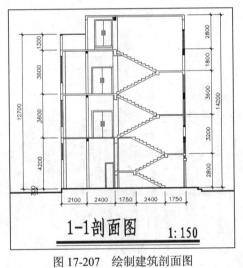 别墅立面图（南面） 图 17-206　绘制别墅立面图

实战 2：绘制建筑剖面图

实例文件	光盘\实例\第 17 章\1-1 剖面图
请打开"1-1 剖面图.dwg"图形文件，参照图 17-207 所示的图形效果，依次绘制建筑剖面框架、门窗、楼梯和标注图形，并完成本例图形的绘制。	1-1剖面图　1:150 图 17-207　绘制建筑剖面图

第18章　机械制图实战应用

本章导读：

使用 AutoCAD 进行机械制图的目的是模拟产品的实际尺寸，监测其造型与机构在实际使用过程中的缺陷，从而及早作出相应的改进，避免因产品设计失误而造成的损失。本章将通过典型案例对 AutoCAD 在机械设计中的应用进行详细讲解。

本章知识要点：

- 机械设计的必备知识
- 绘制法兰盘二视图
- 绘制支架图形

18.1　机械设计的必备知识

进行机械设计绘图前，首先需要了解机械设计的必备知识，其中包括机械设计原则和机械制图的标准。

18.1.1　机械设计的原则

进行机械设计可以监测产品造型与机构在实际使用过程中的缺陷，对产品生产极为重要。在进行机械设计的过程中，需要注意以下几个原则。

1. 安全宜人

安全宜人原则是产品设计的基础。设计产品时不仅要考虑确保产品生产者和使用者的安全，而且还要求产品符合人机工程学、美学等有关原理。以使产品安全可靠、操作性好、舒适宜人。

2. 功能先进实用

功能先进实用是产品设计的根本原则。设计产品的最终目标是向用户和社会提供功能先进实用的绿色产品。不能满足顾客需求的设计是绝对没有市场的。所以不管任何时候，功能先进实用都是产品设计的首要目标。

功能先进性意味着产品应采用先进技术来实现产品的功能。同样的功能，用先进技术来实现不仅容易，而且产品的可靠性也会增强，产品会变得更加实用，功能的扩展也更容易。功能实用性意味着产品的功能能够满足用户要求，并且性能可靠、简单易用，同时排斥了冗余功能的存在。

3. 资源最佳利用

在产品设计中，在资源选用时，尽可能选择可再生资源，避免因资源未被合理使用而加剧资源的稀缺性和资源枯竭危机，从而制约生产的可持续发展。在设计上尽可能保证资源在产品的整个生命周期中得到最大限度的利用，对于确因技术限制而不能回收再生重用的废弃物应能够自然降解，或便于安全的最终处理，以免增加环境的负担。

4. 污染极小化

在产品设计中，彻底抛弃了传统的"先污染、后治理"的末端治理方式，在设计时就充分考虑如何使产品在其全生命周期中对环境的污染最小；如何消除污染源，从根本上消除污染。

5. 综合效益最佳

经济合理性是产品设计中必须考虑的因素之一。一个设计方案或产品若不具备用户可接受的价格，就不可能走向市场。

与传统设计不同，产品设计不仅要考虑企业自身的经济效益，而且还要从可持续发展的观点出发，考虑产品全生命周期的环境行为对生态环境和社会所造成的影响，即考虑设计所带来的生态效益和社会效益，以最低的成本费用收到最大的经济效益、生态效益和社会效益。

18.1.2　机械制图标准

机械制图需要遵循一定的标准，下面介绍一下相关的制图标准，其中包括图纸幅面规格、绘图比例、剖面符号和字体等内容。

1. 图纸幅面规格

图纸幅面规格包括 A0~A5 等多种型号，在绘制机械图样时，图纸应该根据实际需要采用相应的幅面规格，各种规格对应的尺寸如表 18-1 所示。

表 18-1　图纸幅面规格

单位：mm

幅 面 代 号	A0	A1	A2	A3	A4	A5
B×L(宽×长)	841×1189	594×841	420×594	297×420	210×297	148×210
a(留边装订线)	25					
c(留边装订线)	10			5		
e(不留边装订线)	20		10			

在绘制机械图时，图纸可以竖放也可以横放，留有装订边的图框如图 18-1 所示；如果绘制的机械图样不留装订边，则图框如图 18-2 所示。

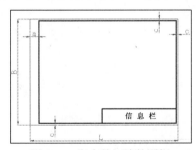

图 18-1　留有装订边的图框

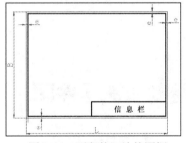

图 18-2　不留装订边的图框

2. 绘图比例

图样中机件要素的线性尺寸与实际机件尺寸相应要素的线性尺寸比，称为绘图比例。

绘图比例=图形长度尺寸大小:实物相应长度尺寸大小

图形尺寸和实物尺寸一样大，则绘图比例为 1:1；图形尺寸是实物尺寸的一半，则绘图比例为 1:2；图形尺寸是实物尺寸的两倍，则绘图比例为 2:1。

绘制图样时，应尽可能按照机件的实际大小画出。如果机件太小或太大，则可以用如表 18-2 所示所规定的缩小或者放大比例绘制。

表 18-2　缩小或放大比例

与实物相同	1:1
放大比例	2:1　2.5:1　4:1　5:1　(10×n):1
缩小比例	1:15　1:2　1:2.5　1:3　1:4　1:5　1:10n　1:1.5×10n 1:2×10n　　1:2.5×10n　　1:5×10n

3. 剖面符号

在剖视图和剖面图上，为了分清楚机件的实心部分和空心部分，应该在被切到的部分画上剖面符号。不同材料采用不同的剖面符号加以区别。机械零件中常用的金属材料的剖面符号其剖切线应画成与水平线成 45°的细实线，如图 18-3 所示的剖面图。同一金属零件的所有剖视图和剖面图，其剖面线的方向、间隔应该相同。

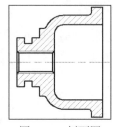

图 18-3　剖面图

4. 字体

图样中书写的字体必须做到字体端正、笔画清楚、排列整齐、间隔均匀。汉字应该写成长仿宋体，并应用简化字。

字体的号数，即字体的高度(单位为 mm)可以分为 7 种，分别是：20、14、10、7、5、3.5、2.5。字体的宽度应该约等于字体高度的 $2/3$。数字及字母的笔画宽度约为字体高度的 $1/10$。对于汉字来说，不宜采用 2.5 号字体，以避免字迹不清。

斜体字的字头向右倾斜，与水平线成 75°夹角。用作指数、分数、基线偏差以及注脚的数字及字母，一般采用小一号的字体。

18.2　绘制机械零件图

实例文件	光盘\实例\第 18 章\法兰盘二视图
视频教程	光盘\视频教程\第 18 章\绘制机械零件图
本节以绘制法兰盘二视图为例，介绍机械零件图的制作全过程。在该实例的制作过程中，使用了多种绘图工具和命令，详细地讲解了绘制法兰盘零件图形的整个操作过程。本实例的最终完成效果如图 18-4 所示。	图 18-4　法兰盘二视图

18.2.1　绘图设置

01 单击"图层"面板中的"图层特性"按钮，打开"图层特性管理器"对话框，创建一个新图层，将其命名为"轮廓线"，如图 18-5 所示。

02 单击"轮廓线"图层的线宽标记，打开"线宽"对话框，在该对话框中设置轮廓线的线宽值为 0.35mm，如图 18-6 所示。

03 新建一个名为"辅助线"的图层，如图 18-7 所示，然后单击该图层的颜色标记，打开"选择颜色"对话框，在该对话框中选择红色作为此图层的颜色，如图 18-8 所示。

   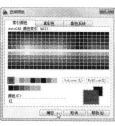

图 18-5　创建新图层　　图 18-6　设置线宽　图 18-7　创建名为"辅助线"的图层　　图 18-8　选择红色

04 单击"辅助线"图层的线型，打开如图 18-9 所示的"选择线型"对话框，然后单击"加载"按钮，打开"加载或重载线型"对话框，选择 ACAD_IS008W100 线型进行加载，如图 18-10 所示。

05 单击"确定"按钮，加载的线型便显示在"选择线型"对话框中。在该对话框中选择所加载的 ACAD_S008W100 线型，如图 18-11 所示。然后单击"确定"按钮，即可将此线型赋予"辅助线"图层，如图 18-12 所示。

图 18-9　"选择线型"对话框　图 18-10　选择加载的线型　图 18-11　选择加载的线型　图 18-12　修改图层线型

06 单击"辅助线"图层的线宽，打开"线宽"对话框，从中设置线宽为默认值，如图 18-13 所示。

07 使用同样的方法创建"标注"、"剖面线"和"隐藏线"图层，参照图 18-14 所示设置各个图层的属性，然后关闭"图层特性管理器"对话框。

 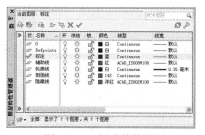

图 18-13　设置线宽　　　　　图 18-14　创建其他图层

385

08 执行 UN(单位)命令，打开"图形单位"对话框，从中设置"长度"的类型为"小数"、"精度"为 0、插入图形的单位为毫米，如图 18-15 所示。

09 执行 SE(设定)命令，打开"草图设置"对话框，在"对象捕捉"选项卡中选中"启用对象捕捉"复选框，并选中"端点"、"中点"、"圆心"、"交点"和"垂足"复选框，如图 18-16 所示。

10 选择"格式→线宽"命令，在打开的"线宽设置"对话框中选中"显示线宽"复选框，打开线宽功能，如图 18-17 所示。

11 选择"格式→线型"命令，在打开的"线型管理器"对话框中设置"全局比例因子"为 0.8，如图 18-18 所示。

图 18-15　设置单位　　图 18-16　设置对象捕捉　　图 18-17　显示线宽　　图 18-18　设置比例因子

18.2.2　绘制法兰盘主视图

01 将"辅助线"设为当前层，然后执行 LINE(直线)命令绘制一条长度为 200 的线段作为绘图的辅助线，效果如图 18-19 所示。

02 执行 LINE(直线)命令，在绘图区创建一条长度为 200 的垂直线段，其命令行提示及操作如下所示：

```
命令：LINE↙              //执行命令
指定第一点:from          //选择"捕捉自"功能
基点：                   //指定线段的基点位置，如图 18-20 所示
<偏移>: @0,100           //设置偏移距离
指定下一点或 [放弃(U)]: 200    //向下指定直线长度，如图 18-21 所示
指定下一点或 [放弃(U)]:       //结束操作，绘制的线段效果如图 18-22 所示
```

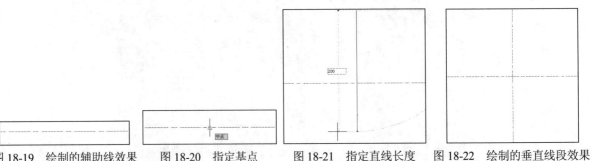

图 18-19　绘制的辅助线效果　　图 18-20　指定基点　　图 18-21　指定直线长度　　图 18-22　绘制的垂直线段效果

03 将"轮廓线"图层设为当前层，然后执行 CIRCLE(圆)命令，以线段的交点为圆心，如图 18-23 所示，绘制一个半径为 10 的圆形，效果如图 18-24 所示。

04 执行 C(圆)命令绘制 4 个同心圆，其半径分别为 20、40、60、80，效果如图 18-25 所示。

05 选择半径为 60 的圆形，如图 18-26 所示，然后将其放入"隐藏线"图层中。

 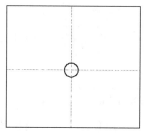 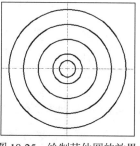 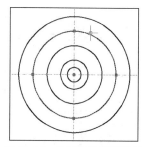

图 18-23　指定圆心　　　图 18-24　绘制的圆形效果　　　图 18-25　绘制其他圆的效果　　　图 18-26　选择更改图层的圆

06 执行 C(圆)命令，以如图 18-27 所示的交点为圆心，绘制一个半径为 8 的圆形，效果如图 18-28 所示。

07 执行 AR(阵列)命令，选择半径为 8 的圆形，设置阵列方式为"极轴阵列"，设置项目总数为 5，然后在如图 18-29 所示的圆心处指定阵列的中心点，阵列效果如图 18-30 所示。

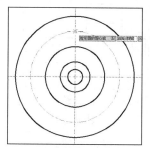 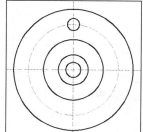 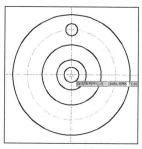 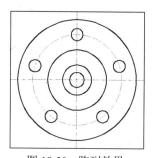

图 18-27　指定圆心　　　图 18-28　绘制的圆形效果　　　图 18-29　指定阵列中心点　　　图 18-30　阵列效果

18.2.3　绘制法兰盘剖面图

01 将"辅助线"图层设为当前层，执行 L(直线)命令从主视图引出 4 条辅助线，然后绘制一条垂直的辅助线，效果如图 18-31 所示。

02 执行 O(偏移)命令将下方的辅助线向上偏移两次，偏移距离均为 10 个单位，效果如图 18-32 所示。

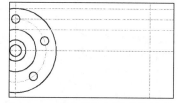 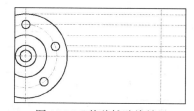

图 18-31　引出并绘制辅助线的效果　　　　图 18-32　偏移辅助线效果

03 执行 O(偏移)命令，选择上方第二条辅助线，如图 18-33 所示，然后将其分别向上和向下偏移 8 个单位，效果如图 18-34 所示。

04 执行 O(偏移)命令将右侧的垂直辅助线向右依次偏移 15、50 个单位，效果如图 18-35 所示。

05 执行 O(偏移)命令将如图 18-36 所示的垂直辅助线 A 向左依次偏移 15、10 和 10 个单位。

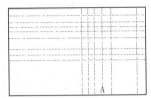

图 18-33　选择辅助线　　图 18-34　偏移辅助线效果 1　　图 18-35　偏移辅助线效果 2　　图 18-36　偏移辅助线 A

06 将"轮廓线"图层设为当前层，执行 PL(多段线)命令，通过捕捉辅助线的交点创建剖面图的轮廓线，效果如图 18-37 所示。

07 执行 PL(多段线)命令绘制另一条多段线，效果如图 18-38 所示。

08 执行 L(直线)命令绘制 3 条水平线段，效果如图 18-39 所示。然后关闭"辅助线"图层，显示效果如图 18-40 所示。

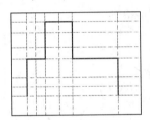
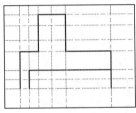
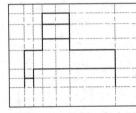
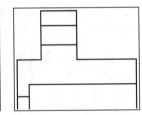

图 18-37　绘制多段线效果　　图 18-38　绘制另一条　　图 18-39　绘制 3 条水平　　图 18-40　隐藏辅助线的
　　　　　　　　　　　　　　　　　　多段线效果　　　　　　　线段的效果　　　　　　　显示效果

09 执行 F(圆角)命令，设置圆角半径为 8，对如图 18-41 所示的边角 A 进行圆角处理。

10 执行 F(圆角)命令，设置圆角半径为 4，对如图 18-42 所示的边角 B 和 C 进行圆角处理。

11 将"剖面线"图层设为当前层，然后执行 H(图案填充)命令，打开"图案填充和渐变色"对话框，如图 18-43 所示。

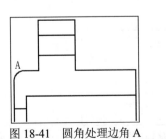
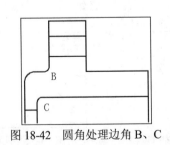

图 18-41　圆角处理边角 A　　图 18-42　圆角处理边角 B、C　　图 18-43　"图案填充和渐变色"对话框

⑫ 单击"添加：拾取点"按钮 ⊞，然后在绘图区选择要填充的 A 和 B 区域，如图 18-44 所示。

⑬ 返回"图案填充和渐变色"对话框，选择图案样例为 ANSI31，设置图案的"比例"为 20，如图 18-45 所示，然后单击"确定"按钮，填充效果如图 18-46 所示。

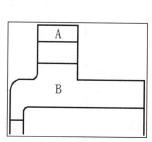

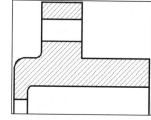

图 18-44　选择填充区域　　　　图 18-45　设置图案参数　　　　图 18-46　填充效果

⑭ 执行 MI(镜像)命令，使用窗口方式选择绘制好的剖面部分，如图 18-47 所示，然后指定镜像线的第一点，如图 18-48 所示。

⑮ 指定镜像线的第二点，如图 18-49 所示，保留源对象并确定，镜像复制效果如图 18-50 所示。

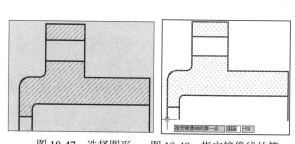

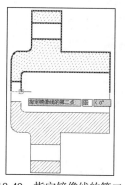

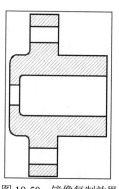

图 18-47　选择图形　　图 18-48　指定镜像线的第一点　图 18-49　指定镜像线的第二点　　图 18-50　镜像复制效果

⑯ 打开"辅助线"图层，显示效果如图 18-51 所示，然后将多余的辅助线删除，最终完成效果如图 18-52 所示。

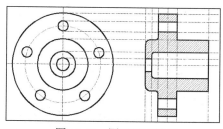

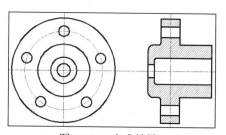

图 18-51　图形显示效果　　　　　　　　　图 18-52　完成效果

389

18.2.4 标注法兰盘尺寸

01 执行 D(标注样式)命令，打开如图 18-53 所示的"标注样式管理器"对话框，然后单击"新建"按钮，创建一个名为"机械标注"的标注样式，单击"继续"按钮，如图 18-54 所示。

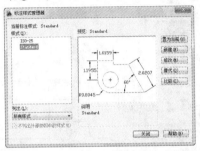

图 18-53 "标注样式管理器"对话框   图 18-54 创建新标注样式

02 在打开的"新建标注样式：机械标注"对话框中选择"线"选项卡，设置"尺寸线"和"尺寸界线"的"颜色"为"ByLayer(随层)"，并参照图 18-55 所示设置其他参数。

03 选择"符号和箭头"选项卡，设置箭头为"实心闭合"、"箭头大小"为 3，如图 18-56 所示。

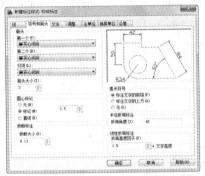

图 18-55 设置线参数   图 18-56 设置箭头参数

04 选择"文字"选项卡，设置"文字颜色"为"ByLayer(随层)"、"文字高度"为 5，如图 18-57 所示。

05 选择"主单位"选项卡，设置"单位格式"为"小数"、"精度"为 0，如图 18-58 所示，然后单击"确定"按钮，并将创建的标注样式置为当前样式。

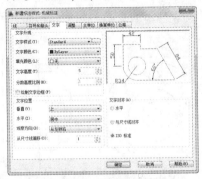

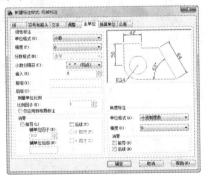

图 18-57 设置文字参数   图 18-58 设置主单位参数

06 将"标注"图层设为当前层，单击"标注"面板中的"半径"标注按钮⊙，选择主视图中的大圆，如图18-59所示，对其进行半径标注，效果如图18-60所示。

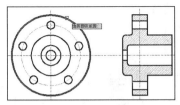 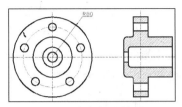

图18-59 选择圆　　　　18-60 半径标注效果

07 执行"半径"标注命令对主视图中的其他圆进行半径标注，效果如图18-61所示。

08 单击"标注"面板中的"线性"标注按钮，对剖面图进行线性标注，效果如图18-62所示。至此，已完成法兰盘二视图的绘制。

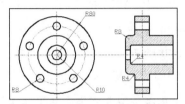 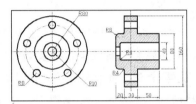

图18-61 标注其他半径效果　　　　图18-62 完成效果

18.3 绘制机械装配图

实例文件	光盘\实例\第18章\驱动齿轮装配图
素材文件	光盘\素材\第18章\驱动齿轮图框、驱动齿轮零件
视频教程	光盘\视频教程\第18章\绘制机械装配图

装配图不但用于表达出一个部件或整台机器的工作原理，以及各零件之间的装配和连接关系，还用于清楚地表达零件的主要结构以及技术要求等。本节以绘制机械装配图为例，介绍 AutoCAD 进行机械装配图的制作全过程。实例的最终完成效果如图18-63所示。

图18-63 驱动齿轮装配图

18.3.1 装配机械图形

01 打开"驱动齿轮图框.dwg"图形文件，如图18-64所示。

02 执行 I(插入)命令，将"驱动齿轮零件.dwg"图形文件中的图块插入到图框中，如图 18-65 所示。

03 执行 X(分解)命令，将插入的驱动齿轮零件图块分解。

04 执行 M(移动)命令，使用窗口方式选择齿轮作为移动的对象，如图 18-66 所示，然后在齿轮右方垂直线的中点处指定移动的基点，如图 18-67 所示。

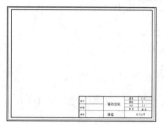
图 18-64　打开驱动齿轮图框　　图 18-65　插入驱动齿轮零件　　
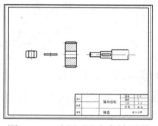

图 18-66　选择齿轮　　
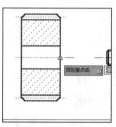
图 18-67　指定移动基点

05 移动十字光标，捕捉齿轮轴右方垂直线和水平辅助线的交点作为移动的第二个点，如图 18-68 所示，对齿轮和齿轮轴进行装配，效果如图 18-69 所示。

06 执行 RO(旋转)命令，将螺母和平垫圈旋转 90 度，如图 18-70 所示。

07 执行 M(移动)命令，选择平垫圈图形，然后在该图形右方的垂直线中点处指定移动的基点，如图 18-71 所示。

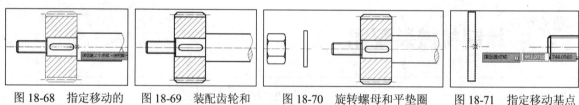
图 18-68　指定移动的　　图 18-69　装配齿轮和　　图 18-70　旋转螺母和平垫圈　　图 18-71　指定移动基点
　　　　　第二个点　　　　　　　　齿轮轴

08 移动十字光标，捕捉如图 18-72 所示的垂直线中点作为移动的第二个点。

09 执行 M(移动)命令，选择螺母图形，然后在该图形右方的垂直线中点处指定移动的基点，如图 18-73 所示。

10 移动十字光标，捕捉如图 18-74 所示的交点作为移动的第二个点。

11 执行 TR(修剪)命令，选择螺母左方垂直线为修剪边界，然后对齿轮轴进行修剪，效果如图 18-75 所示。

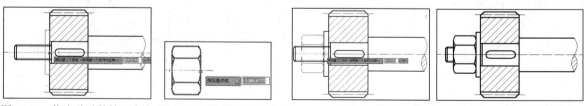
图 18-72　指定移动的第二个点　图 18-73　指定移动基点　图 18-74　指定移动的第二个点　　图 18-75　修剪齿轮轴

18.3.2　标注装配图

01 将"尺寸"图层设当前层，执行 DLI(线性)命令，对图形的关键部位进行线性标注，如图 18-76 所示。

02 执行 DDI(直径)命令，对图形的关键部位进行直径标注，如图 18-77 所示。

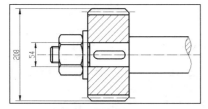

图 18-76　线性标注图形

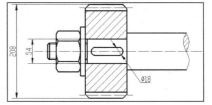

图 18-77　直径标注图形

提示

在标注机械装配图时，通常只需要标注图形的主要尺寸和关键部位的尺寸即可。

03 执行"标注→多重引线"命令，为驱动齿轮装配图标注零件序号，如图 18-78 所示。

04 执行 T(多行文字)命令，在装配图的下方书写技术要求文字内容，如图 18-79 所示。

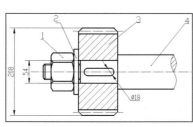

图 18-78　标注零件序号

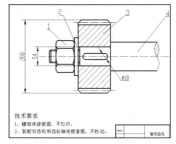

图 18-79　书写技术要求文字

05 执行 L(直线)命令，在标题栏的基础上绘制明细栏表格，如图 18-80 所示。

06 执行 DT(单行文字)命令，在明细栏表格中输入明细栏信息，完成本例的绘制，如图 18-81 所示。

图 18-80　绘制表格

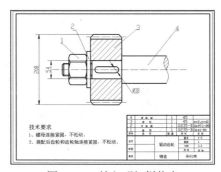

图 18-81　输入明细栏信息

18.4 上机实战

学习完本章内容后，读者需要掌握机械设计的必备知识和绘制机械图形的基本流程，下面通过实例操作来巩固本章所介绍的知识，并对知识进行延伸扩展。

实战 1：绘制壳体零件图

实例文件	光盘\实例\第 18 章\壳体零件图
请打开"壳体零件图.dwg"图形文件，参照图 18-82 所示壳体零件图的尺寸和效果，绘制壳体主视图、左视图和俯视图，并对图形进行尺寸标注和文字注释。	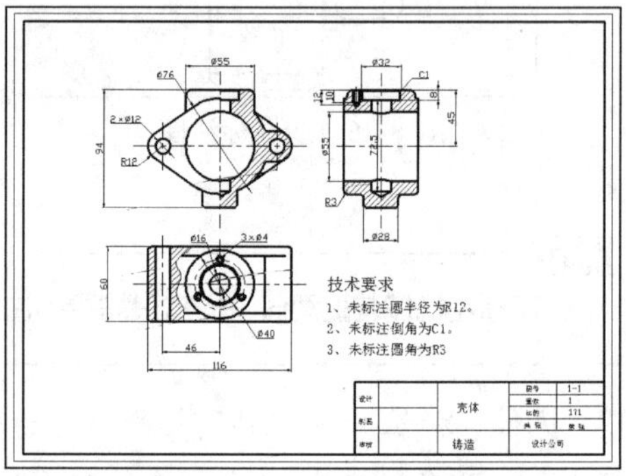 图 18-82　绘制壳体零件图

实战 2：装配千斤顶零件图

实例文件	光盘\实例\第 18 章\千斤顶装配图
素材文件	光盘\素材\第 18 章\千斤顶零件图
请打开"千斤顶零件图.dwg"图形文件，对其中的零件图进行装配，并标注零件编号，完成效果如图 18-83 所示。	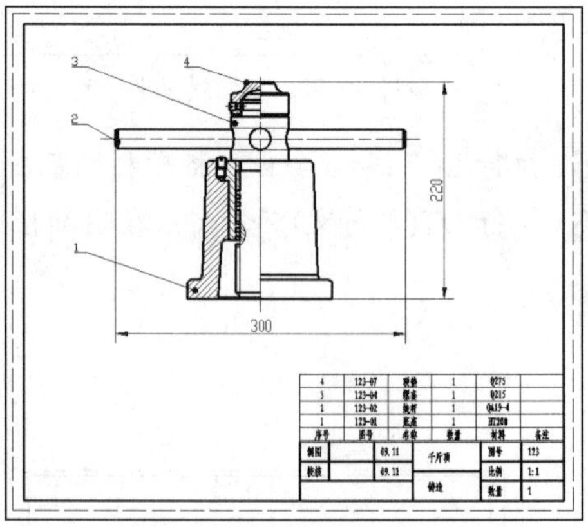 图 18-83　装配千斤顶零件图

第19章　电路设计实战应用

本章导读：

在室内设计中，通常还需要设计室内电路图，在绘制室内电路图时，需要绘制各个电源之间的线路走向，以及开关和插座的布置。本章将讲解室内电路图的绘制方法和电路设计的相关知识。

本章知识要点：

- 电路设计的必备知识
- 室内电路设计

19.1 电路设计的必备知识

在绘制电路设计图前，首先需要对电路图的基本知识有一个初步的认识，如电路图形符号的分类、室内照明的基本知识、照明电路的铺设和电路元件符号的认识。

19.1.1 电路图形符号

在电路图中，电路图形符号通常包括一般符号、符号要素、限定符号和方框符号4种。

1. 一般符号

一般符号用来表示一类产品或此类产品特征的简单符号，常见的一般符号包括电容、电阻和电感符号等，如图19-1所示。

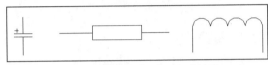

图 19-1 电容、电阻和电感符号

2. 符号要素

符号要素是一种具有确定意义的简单图形，必须同其他图形组合构成一个设备或概念的完整符号。符号要素通常不能单独使用，需要按照一定方式组合起来才能构成完整的符号，不同的组合可以构成不同的符号。

3. 限定符号

限定符号是指一种用以提供附加信息的加在其他符号上的符号。限定符号只用于说明某些特征、功能和作用等，不表示独立的设备、器件和元件。限定符号一般不单独使用，通常与一般符号加在一起，得到不同的专用符号。例如，给开关的一般符号加上相应的限定符号可得到隔离开关、断路器、接触器、按钮开关和转换开关等。

4. 方框符号

方框符号用以表示元件、设备等的组合及其功能，不给出元件、设备的细节，不考虑所有这些连接的简单图形符号。方框符号通常在系统图和框图中使用较多。

19.1.2 电路基础知识

电路图以统一规定的图形符号，同时赋予简明扼要的文字说明，把电路内容明确地表示出来。下面将着重从室内照明基础知识、照明电路的铺设和电路元件符号的认识几个方面讲解电路图的基础知识。

1. 室内照明的基本知识

对于室内照明的设计，设计师需要认识常用灯具的使用和灯具的安装方式。

(1) 常用灯具的使用

在室内装修中，照明电路的安装与维修有着十分重要的地位。目前最常用的电光源有白炽体发光和紫外线激励发光物质发光两大类。

- 白炽灯：白炽灯是目前使用得最为广泛的光源。其具有结构简单、使用可靠、安装维修方便、价格低廉、光色柔和、可适用于各种场所等优点；缺点是发光效率低、寿命短，其寿命通常只有 1000 h 左右。
- 荧光灯：荧光灯也是使用得特别广泛的照明光源。属于紫外线激励发光物质的一种，其寿命比白炽灯长 2~3 倍，发光效率比白炽灯高 4 倍。
- 高压汞灯：高压汞灯又叫高压水银灯，使用寿命是白炽灯的 2.5~5 倍，发光效率是白炽灯的 3 倍，耐震耐热性能好，线路简单，安装维修方便。其缺点是造价高、启动时间长、对电压波动适应能力差。
- 碘钨灯：碘钨灯具有构造简单、使用可靠、光色好、体积小、功率大、安装维修方便等优点。并且发光效率比白炽灯高 30%左右。由于灯管温度高达 500~700℃，安装时必须保持水平，倾角不得大于 4°。
- 霓虹灯：霓虹灯管内充有非金属元素或金属元素，其在电离状态下，不同的元素能发出不同的色光，广泛使用于大、中、小城镇的夜间宣传广告。配用专门的霓虹灯电源变压器供电，供电电压为 4000V~15000V。

(2) 灯具的安装方式

- 灯具安装方式应根据设计施工要求确定。通常采用悬吊式、吸顶式和壁式等几种。
- 悬吊式又分为吊线式、吊链式和吊管式。吊线式直接由软电线承受灯具重量。由于其挂线盒内接线桩承重较小，软线在挂线盒出口内侧应打结以承受灯具重量。吊链式和吊管式的灯具一般重量较大。在暗管配线安装时，用吊管式更为美观方便。
- 吸顶式分为吸顶式和嵌入式两种。吸顶式是利用木台将灯具安装在天花板上，嵌入式适应于室内有吊顶的场所。在制作吊顶时，应根据灯具的尺寸留出位置，然后将其装在留有位置的吊顶上。
- 壁式灯具简称为壁灯，通常安装在墙壁和柱上。

提示

通常情况下，灯具安装的最低高度为 2.5m。普通灯开关和普通插座距地面的高度不应低于 1.3m，如因特殊需要，将插座降低时，其高度不能低于 150 mm，并需要使用安全插座。

2. 照明电路的铺设

在室内设计装修中，在住宅中通常只设一个照明电路，一般是从用户装置引出，通往各个照明点，将各照明点串联在一起，直到最后一个照明点处结束。

布线一般都采用在墙上开槽埋线的办法。布线时要用暗管敷设，导线在管内不应有接头和扭结，不能把电线直接埋入抹灰层内，因为这样不但不利于以后线路的更换，而且不安全。在布线过程中，要遵循"火线进开关，零线进灯头"的原则；插座接线要做到"左零右火，接地在上"；在进行电线的连接时，不能只简单地用绝缘胶布把两根导线缠在一起，一定要在结头处刷上锡，并用钳子压紧，这样才能避免线路因过电量不均匀而导致的老化。

在布线时还应慎重考虑插座数量的多少，如果插座数量偏少，用户乱拉电线加接插座板，会造成安全隐患，因此对插座的数量要有提前的考虑，尽量减少以后对接线板的使用。在安装复杂电路前，应检查用户电表负荷，以保证用电安全，并根据要求绘制线路图，标明线路的走向和导线规格，以便日后出现故障时查找方便。为确保用电安全，电线应选用 2.5 方以上的铜质绝缘电线或铜质塑料绝缘护套线，保险丝要使用铅丝，严禁使用铅芯电线或使用铜丝做保险丝。

电线数量不宜超过 4 根。在电器布线时，暗管铺设需采用 PVC 管，明线铺设必须使用 PVC 线槽，这样做可以确保隐蔽的线路不被破坏。在同一管内或同一线槽内，电线的数量不宜超过 4 根，而且弱电系统与电力照明线不能同管铺设，以避免电视、电话的信号接收受到干扰。

做好的线路要注意及时保护，以免出现墙壁线路被电锤打断，铺装地板时气钉枪打穿 PVC 线管或护套线而引起的线路损伤。

提示

线路接头过多或处理不当是引起断路、短路的主要原因，如果墙壁的防潮处理不好，还会引起墙壁潮湿带电，所以铺设线路时要尽量减少接头，必要的接头要做好绝缘及防潮处理。

3. 电路元件符号的认识

在绘制电路施工图时，所有的电路元件均用规定的图例来表示其类型和平面位置，其大小可以根据实际情况适当改变和变换角度，需要配合具体的电路图设计。如图 19-2 所示为常用电路元件的图例。

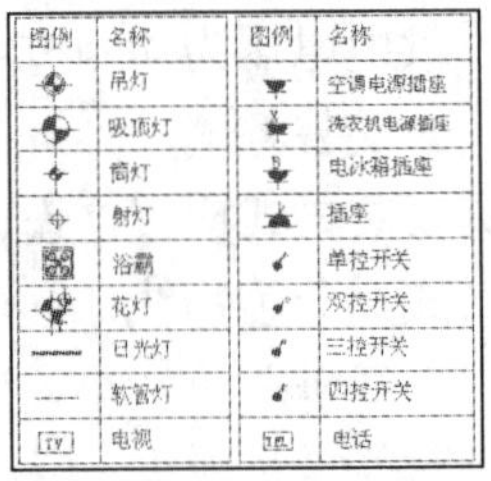

图 19-2 常用电路元件图例

19.2 绘制室内电路图

实例文件	光盘\实例\第 19 章\室内电路设计
素材文件	光盘\实例\第 19 章\室内天花图、电路元件图例
视频教程	光盘\视频教程\第 19 章\室内电路设计
室内电路设计就是在室内施工图基础上绘出的电路照明的分布图。在图中标出电源的位置、配电箱的位置、各配电线路的走向、干支线的编号及铺设方法以及形状、插座、照明器具的种类、型号、规格、安装方式和位置。本实例将对一套室内设计的电路图进行详细的讲解。最终效果如图 19-3 所示。	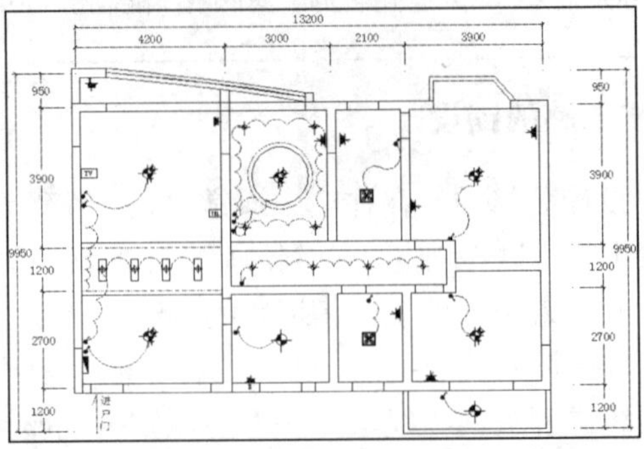 图 19-3 室内电路设计图

19.2.1　创建灯具效果

01 根据素材路径打开"室内天花图.decg"和"电路元件图例.decg"素材文件，如图 19-4 和图 19-5 所示。

02 将"电路元件图例.decg"文件中的对象复制到"室内天花图.decg"文件中，然后参照图 19-6 所示的灯具布置效果，执行 CO(复制)命令，将各种灯具复制到对应的位置。

03 执行 O(偏移)命令，对过道和书房中的吊顶进行偏移，偏移距离为 120，将偏移得到的线段放入"灯带"图层，效果如图 19-7 所示。

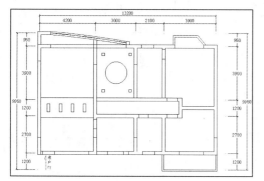

图 19-4　"室内天花图"素材文件

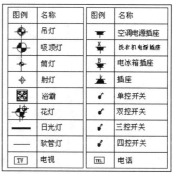

图 19-5　"电路元件图例"素材文件

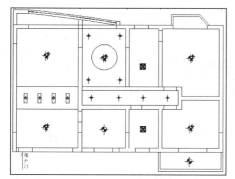

图 19-6　复制灯具效果

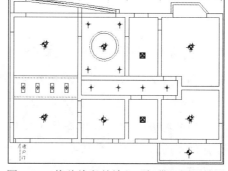

图 19-7　偏移线段并放入"灯带"图层效果

19.2.2　创建电路元件

01 执行 REC(矩形)命令，在进户门的位置绘制一个长为 150mm、宽为 450mm 的矩形，表示配电箱的位置，效果如图 19-8 所示。

02 执行 L(直线)命令，捕捉矩形对角端点，绘制斜线段，效果如图 19-9 所示。

03 执行 H(图案填充)命令对配电箱中的一部分进行填充，填充图案为 SOLID，如图 19-10 所示。填充后的图形效果如图 19-11 所示。

04 执行 CO(复制)命令，将电路元件图例中的空调插座、洗衣机插座、电话插座和电视插座等复制到客厅中，并对相应的对象进行旋转，效果如图 19-12 所示。

05 执行 CO(复制)命令，将电路元件图例中的冰箱插座复制到厨房中，并对其进行旋转，效果如图 19-13 所示。

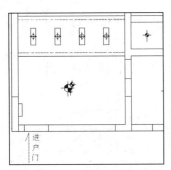
图 19-8　绘制的矩形效果

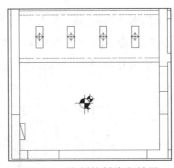
图 19-9　绘制的斜线段效果

图 19-10　设置图案

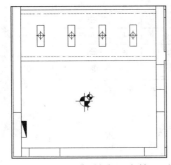
图 19-11　填充配电箱

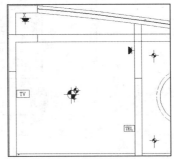
图 19-12　复制并旋转客厅插座图形效果

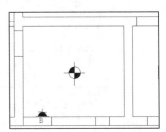
图 19-13　复制并旋转冰箱插座图形效果

06 执行 CO(复制)命令，将电路元件图例中的普通插座复制到书房、卫生间和卧室中，并对相应的对象进行旋转，效果如图 19-14 所示。

07 执行 CO(复制)命令，将电路元件图例中的单控开关复制到客厅、餐厅、过道、书房、厨房和阳台的墙面位置，效果如图 19-15 所示。

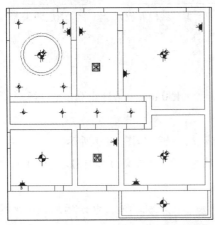
图 19-14　复制并旋转普通插座图形效果

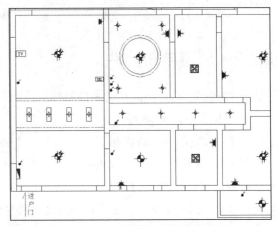
图 19-15　复制单控开关图形效果

08 执行 CO(复制)命令，将电路元件图例中的双控开关复制到餐厅、卧室的墙面位置，效果如图 19-16 所示。

09 执行 CO(复制)命令，将电路元件图例中的三控开关复制到客厅、卫生间的墙面位置，效果如图 19-17 所示。

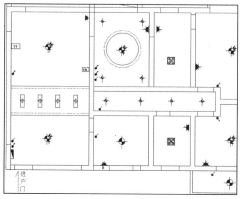
图 19-16　复制双控开关图形效果

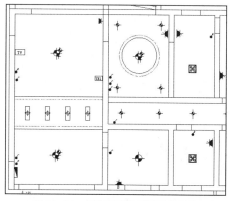
图 19-17　复制三控开关图形效果

 提示

布置灯源的地方，应该设计一个开关，开关应安装在方便用户使用的位置，通常安装在门口处。其中三控开关表示总开关开一次将控制一组灯亮；开两次则第二组灯亮；开三次则全亮。

19.2.3　绘制电路图

01 设置当前绘图颜色为红色，然后执行 A(圆弧)命令，参照图 19-18 所示的效果绘制餐厅的电路连接线，用户可以根据自己的习惯进行绘制。

02 执行 A(圆弧)命令连接客厅线路，效果如图 19-19 所示。

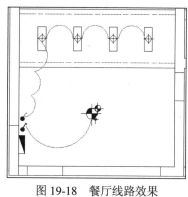
图 19-18　餐厅线路效果

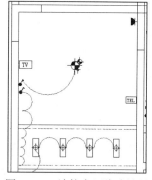
图 19-19　连接客厅线路效果

03 执行 A(圆弧)命令连接书房和过道线路，效果如图 19-20 所示。

04 执行 A(圆弧)命令连接其他房间的电路，完成实例的制作，最终效果如图 19-21 所示。

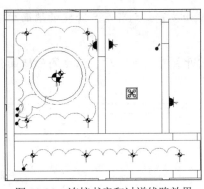

图 19-20　连接书房和过道线路效果

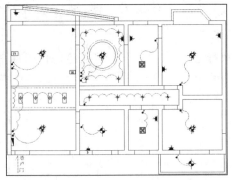

图 19-21　最终效果

19.3　上机实战

学习完本章内容后，读者需要掌握电路设计的必备知识和绘制建筑电路图和电路图的基本流程，下面通过实例操作来巩固本章所介绍的知识，并对知识进行延伸扩展。

实战：绘制常见电路元件

实例文件	光盘\实例\第 19 章\常见电路元件
请打开"电路元件.dwg"图形文件，参照图 19-22 所示的电路元件图的效果，绘制各个元件图。	配电箱　　普通插座　　冰箱插座 空调插座　　单控开关　　双控开关 图 19-22　绘制常见电路元件

第20章　三维绘图实战应用

本章导读：

进行产品模型设计，是产品造型的重要表现形式。进行三维绘图的目的是模拟产品的外观效果，从而直观地表现出产品的实际形状，让设计人员能够直观感受产品的形状是否美观实用。本章将通过典型案例对 AutoCAD 在三维绘图中的应用进行详细讲解。

本章知识要点：

- 三维绘图基础知识
- 绘制齿轮产品模型
- 绘制法兰盘产品模型

20.1 三维绘图基础知识

设计人员进行产品模型的绘制，可以根据构思展现产品的具体效果，是将产品造型从无到有，从产品的平面设计到立体设计逐渐完善的过程。

20.1.1 三维的概念

通常而言，三维是人为规定的互相交错的 3 个方向，使用这个三维坐标，看起来可以把整个世界任意一点的位置确定下来。三维坐标轴包括 X 轴、Y 轴、Z 轴，其中 X 表示左右空间，Y 表示上下空间，Z 表示前后空间，这样就形成了人的视觉立体感，如图 20-1 所示。

所谓的三维空间，是指人们所处的空间，可以理解为有前后、上下、左右。而物理上的三维一般是指空间的长、宽、高。

20.1.2 三维的组成

三维是由二维组成的，二维即只存在两个方向的交错，将一个二维和一个一维叠合在一起就得到了三维。三维具有立体性，但通常说的前后、左右、上下都只是相对于观察的视点来说，没有绝对的前后、左右、上下。

20.1.3 三维绘图软件

常用三维软件很多，不同行业有不同的软件，各种三维软件各有所长，可以根据工作需要选择。比较流行的三维软件有：Rhino、Maya、3ds Max、Softimage/XSI、Cinema 4D、PRO-E 等。

AutoCAD 可以利用 3 种方式来创建三维图形，即线架模型方式、曲面模型方式和实体模型方式。线架模型方式为一种轮廓模型，由三维的直线和曲线组成，没有面和体的特征。表面模型用面描述三维对象，其不仅定义了三维对象的边界，而且还定义了表面，即具有面的特征。实体模型不仅具有线和面的特征，而且还具有体的特征，各实体对象间可以进行各种布尔运算操作，从而创建复杂的三维实体图形。例如，可创建如图 20-2 所示的阀体模型图。

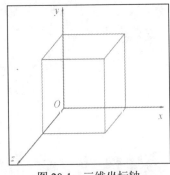

图 20-1　三维坐标轴

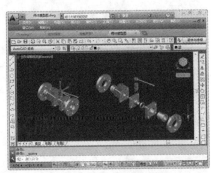

图 20-2　阀体模型图

20.2　绘制齿轮产品模型

实例文件	光盘\实例\第 20 章\齿轮产品模型
视频教程	光盘\视频教程\第 20 章\绘制齿轮产品模型
AutoCAD 在绘制三维建模方面有着强大的功能，主要用在工业零件制作领域，将绘制完成的零件图以立体的结构方式展现出来。 本节以绘制齿轮产品模型为例，介绍产品模型的绘制方法。本实例的最终完成效果如图 20-3 所示。	 图 20-3　法兰盘二视图

20.2.1　绘图设置

01 执行 OP(选项)命令，打开"选项"对话框，单击"显示"选项卡中的"颜色"按钮，如图 20-4 所示。

02 在打开的"图形窗口颜色"对话框中依次选择"三维平行投影"和"统一背景"选项，然后设置"颜色"为"白"色，再单击"应用并关闭"按钮，如图 20-5 所示。

图 20-4　单击"颜色"按钮

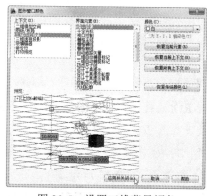

图 20-5　设置三维背景颜色

03 执行 SE(设定)命令，打开"草图设置"对话框，在"对象捕捉"选项卡中选择"圆心"捕捉模式，如图 20-6 所示。

04 在"特性"工具栏中单击"颜色控制"下拉按钮，在该下拉列表中设置当前绘图的索引颜色为 9，如图 20-7 所示。

提示

　　如果在"特性"工具栏的"颜色控制"下拉列表中没有索引值为 9 的颜色，可以在"颜色控制"下拉列表中选择"选择颜色"选项，在打开的"选择颜色"对话框中选择索引值为 9 的颜色。

图 20-6　"对象捕捉"选项卡

图 20-7　选择索引颜色为 9

20.2.2　绘制齿轮平面图形

01 执行"视图→三维视图→俯视"命令，然后执行 L(直线)命令，绘制两条长度为 120 且相互垂直的线段，效果如图 20-8 所示。

02 执行 C(圆)命令，以两条线段的交点为圆心，绘制一个半径为 20 的圆，如图 20-9 所示。

03 执行 O(偏移)命令，将圆向外分别偏移 20、30、35，效果如图 20-10 所示。

04 执行 O(偏移)命令，将垂直直线分别向左和向右各偏移 2.5、3，将水平直线向上偏移 23，效果如图 20-11 所示。

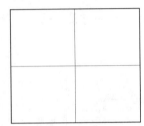

图 20-8　绘制相互垂直的线段　　图 20-9　绘制圆　　　　图 20-10　偏移圆　　　图 20-11　偏移辅助线效果

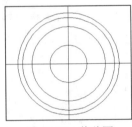
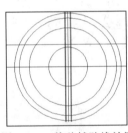

05 执行 RO(旋转)命令，以向左偏移 2.5 的线段与大圆的交点为基点，将向左偏移 2.5 的线段旋转-15º，效果如图 20-12 所示。

06 重复执行 RO(旋转)命令，以向右偏移 2.5 的线段与大圆的交点为基点，将向右偏移 2.5 的线段旋转 15º，效果如图 20-13 所示。

07 执行 TR(修剪)命令，对图形进行修剪，效果如图 20-14 所示，然后执行 PEDIT 命令，分别将修剪后的上方图形和中间的图形合并成一条多段线。

08 执行 C(圆)命令，以两条线段的交点为圆心，绘制一个半径为 50 的圆，如图 20-15 所示。

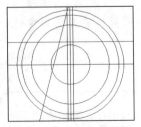
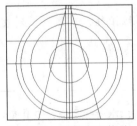
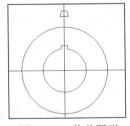
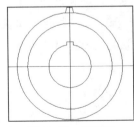

图 20-12　旋转向左偏移　　　图 20-13　旋转向右偏移　　　图 20-14　修剪图形　　　图 20-15　绘制圆
　　　　　2.5 的线段　　　　　　　　　2.5 的线段

406

20.2.3　创建齿轮三维模型

01 执行"视图→三维视图→西南等轴测"命令，切换到西南等轴测视图模式，然后执行"绘图→建模→拉伸"命令，选择合并的图形与半径为 50 的圆，沿 Z 轴将其拉伸 30 个单位，效果如图 20-16 所示。

02 重复执行"绘图→建模→拉伸"命令，选择半径为 40 的圆，沿 Z 轴将其拉伸 5 个单位，效果如图 20-17 所示。

03 执行 CO(复制)命令，以半径为 40 的圆柱体顶面圆心为基点，将其复制到半径为 50 的圆柱体顶面圆心处，效果如图 20-18 所示。

04 执行 E(删除)命令，删除两条相互垂直的辅助线，然后执行 UCS 命令，指定半径为 50 的圆柱体顶面圆心为原点，效果如图 20-19 所示。

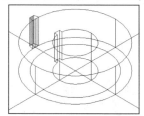 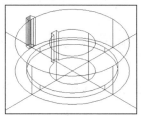 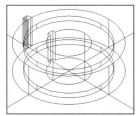 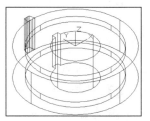

图 20-16　拉伸多个模型　　图 20-17　拉伸半径为 40 的圆　　图 20-18　复制实体模型　　图 20-19　设置坐标原点

05 执行 3DARRAY(三维阵列)命令，选择外侧的轮齿实体，设置阵列项目数为 25、填充角度为 360°、阵列中心点为(0,0,0)、旋转轴上第二点为(0,0,-50)、对轮齿部分进行环形阵列，效果如图 20-20 所示。

06 执行"修改→实体编辑→并集"命令，分别选择阵列得到的实体与半径为 50 的圆柱体，对其进行并集运算，效果如图 20-21 所示。

07 执行"修改→实体编辑→差集"命令，选择合并后的实体，然后选择两个半径为 40 的圆柱体作为差集对象，差集效果如图 20-22 所示。

08 执行 M(移动)命令，将创建好的实体移动到坐标原点以外的地方，然后执行"视图→视觉样式→真实"命令，完成实例的制作。最终效果如图 20-23 所示。

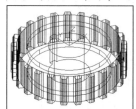 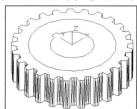 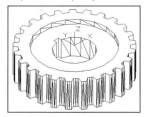 

图 20-20　三维阵列模型　　图 20-21　并集运算模型　　图 20-22　差集运算模型　　图 20-23　真实模型效果

20.3　绘制法兰盘产品模型

实例文件	光盘\实例\第 20 章\法兰盘产品模型
视频教程	光盘\视频教程\第 20 章\绘制法兰盘产品模型

本节以绘制法兰盘产品模型为例，介绍产品模型的制作全过程，包括模型的绘制、灯光和材质的添加、场景的渲染。本实例的最终完成效果如图 20-24 所示。

图 20-24　法兰盘产品模型

20.3.1　绘制模型

01 执行 SE(设定)命令，打开"草图设置"对话框，在"对象捕捉"选项卡中选择"圆心"捕捉模式，如图 20-25 所示。

02 在"特性"工具栏中单击"颜色控制"下拉按钮，在该下拉列表中设置当前绘图的索引颜色为 8，如图 20-26 所示。

03 选择"视图→三维视图→俯视"命令，如图 20-27 所示，然后执行 C(圆)命令，绘制一个半径为 80 的圆形，效果如图 20-28 所示。

04 执行 C(圆)命令，在如图 20-29 所示的圆心处指定绘制圆形的圆心，分别绘制半径为 40 和半径为 30 的两个圆，效果如图 20-30 所示。

图 20-25　"对象捕捉"选项卡

图 20-26　选择索引颜色为 8

图 20-27　选择"俯视"命令

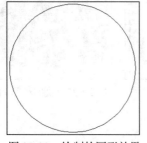

图 20-28　绘制的圆形效果

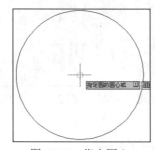

图 20-29　指定圆心

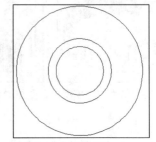

图 20-30　绘制的圆形效果

05 执行 C(圆)命令，根据如下操作提示绘制一个半径为 10 的圆形。

```
命令: C↙              //执行简化命令
CIRCLE
```

```
指定圆的圆心或 [三点(3P)/两点(2P)/切点.切点.半径(T)]: from✓        //选择"捕捉自"功能
基点:                                //指定圆心的基点位置，如图 20-31 所示
 <偏移>: @0,60✓                      //设置圆心的偏移距离
指定圆的半径或 [直径(D)] <>: 10✓      //设置圆的半径值，绘制的图形效果如图 20-32 所示
```

06 执行 C(圆)命令，在如图 20-33 所示的圆心处指定绘制圆形的圆心，绘制一个半径为 7 的圆形，效果如图 20-34 所示。

 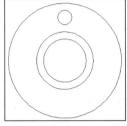 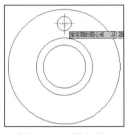 

图 20-31　指定圆心基点　　图 20-32　绘制的圆形效果　　图 20-33　指定圆心　　图 20-34　绘制的圆形效果

07 选择"视图→三维视图→西南等轴测"命令，视图效果如图 20-35 所示。为便于介绍后面的操作，这里将各个圆进行编号，效果如图 20-36 所示。

08 执行 ISOLINES 命令，设置该值为 16。然后选择"绘图→建模→拉伸"命令，选择圆形 4 和圆形 5 作为拉伸对象，设置拉伸高度为 60，拉伸的效果如图 20-37 所示。

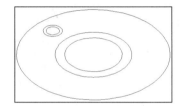 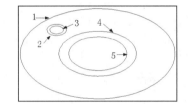 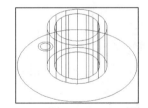

图 20-35　转换视图效果　　　　图 20-36　圆形编号效果　　　　图 20-37　拉伸效果

09 选择"绘图→建模→拉伸"命令，选择圆形 1 和圆形 3 作为拉伸对象，设置拉伸高度为 20，拉伸的效果如图 20-38 所示。

10 选择"绘图→建模→拉伸"命令，使用窗口选择方式选择圆形 2 作为拉伸对象，如图 20-39 所示，设置拉伸高度为 6，拉伸的效果如图 20-40 所示。

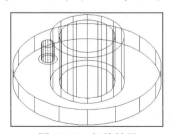 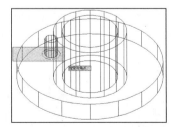 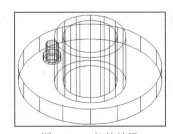

图 20-38　拉伸效果　　　　图 20-39　选择拉伸对象　　　　图 20-40　拉伸效果

11 执行 M(移动)命令，使用窗口选择方式选择高度为 6 的拉伸对象，如图 20-41 所示，设置基点为任意一点，目标点为@0,0,14，效果如图 20-42 所示。

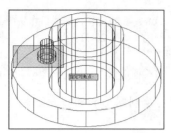
图 20-41　选择拉伸对象

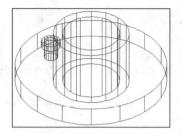
图 20-42　移动对象效果

12 执行 3DARRAY(三维阵列)命令，对半径为 7 和半径为 10 的圆形拉伸实例进行环形阵列，具体的操作如下所示：

```
命令: 3DARRAY↙                              //执行命令
选择对象:                                   //以窗口选择方式选择如图 20-43 所示的实体
指定对角点: 找到两个
输入阵列类型 [矩形(R)/环形(P)] <矩形>:P      //选择"环形(P)"选项，如图 20-44 所示
输入阵列中的项目数目: 6↙                    //设置阵列的项目数为 6
指定要填充的角度 (+=逆时针, -=顺时针) <360>:
旋转阵列对象?  [是(Y)/否(N)] <Y>: Y↙         //进行确定
指定阵列的中心点: ↙                         //在大圆的圆心处指定阵列中心点，如图 20-45 所示
指定旋转轴上的第二点:  @0,0,5 ↙             //设置 Z 轴上的任意点作为第二点，环形阵列效果如图 20-46 所示
```

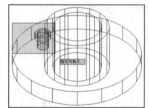
图 20-43　选择阵列的实体

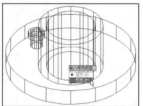
图 20-44　选择"环形(P)"选项

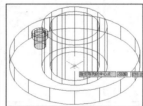
图 20-45　指定阵列中心点

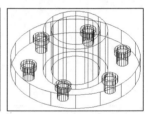
图 20-46　环形阵列效果

高手指点:

@0,0,5 表示相对坐标，前面两位数 0 分别表示 X 轴和 Y 轴的坐标，后面一位数 5 表示 Z 轴的坐标。只要 X 轴和 Y 轴上的坐标为 0，Z 轴上的坐标为非 0 的任意值，都将是 Z 轴上的一个点。

13 选择"修改→实体编辑→差集"命令，使用交叉选择方式选择实体 1 和实体 2 对象，如图 20-47 所示，然后选择其他所有实体作为要剪去的对象，差集效果如图 20-48 所示。

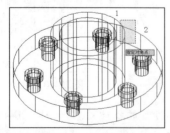
图 20-47　选择对象

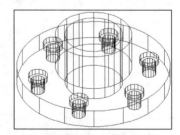
图 20-48　差集效果

14 执行 CHA(倒角)命令，对实体模型进行倒角处理，具体的操作如下所示：

```
命令：CHA✓                               //执行简化命令
CHAMFER  ("修剪"模式) 当前倒角距离 1 = 1.5，距离 2 = 1.5
选择第一条直线或 [放弃(U)/多段线(P)/距离(D)/角度(A)/修剪(T)/方式(E)/多个(M)]:
基面选择...                              //选择边 1 作为基面边，如图 20-49 所示
输入曲面选择选项 [下一个(N)/当前(OK)] <当前(OK)>: OK   //选择"当前(OK)"选项
指定基面倒角距离或 [表达式(E)] <1.5>: 3✓              //设置基面倒角距离为 3
指定其他曲面倒角距离或 [表达式(E)] <1.5>: 3✓          //设置其他曲面倒角距离为 3
选择边或 [环(L)]:                        //选择边 1，然后进行确定，倒角效果如图 20-50 所示
```

15 执行 CHA(倒角)命令，使用同样的方法对实体模型的外边缘进行倒角处理，效果如图 20-51 所示。

16 选择"视图→视觉样式→真实"命令，完成操作。最终图形效果如图 20-52 所示。

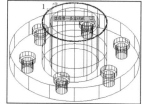 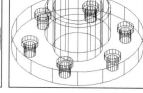 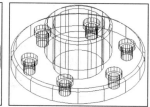 

图 20-49　选择基面边　　　图 20-50　倒角效果　　　图 20-51　倒角外边缘效果　　　图 20-52　真实视觉效果

20.3.2　渲染模型

01 选择"视图→渲染→光源→新建点光源"命令，在打开的对话框中选择"关闭默认光源(建议)"选项，如图 20-53 所示，然后在如图 20-54 所示的位置指定点光源位置。

02 在弹出的选项菜单中选择"强度(I)"选项，如图 20-55 所示。然后设置光源的强度为 1.5，并进行确定，效果如图 20-56 所示。

图 20-53　选择"关闭默认光源　　图 20-54　指定光源位置　　图 20-55　选择"强度(I)"　　图 20-56　添加光源效果
　　　　　(建议)"选项　　　　　　　　　　　(建议)"选项　　　　　　　选项

03 选择"视图→三维视图→左视"命令，执行 M(移动)命令，将创建的点光源向上移动，效果如图 20-57 所示。

04 选择法兰盘模型，执行 MAT(材质浏览器)命令，打开"创建材质"选项板，选择"金属"选项，在右侧的"铁锈"材质上右击，在菜单中选择"指定给当前选择"命令，如图 20-58 所示。

05 选择"视图→渲染→渲染环境"命令，打开"渲染环境"对话框，打开雾化选项，设置环境颜色为淡蓝色(#229,235,235)，如图 20-59 所示。

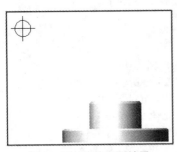

图 20-57　移动光源效果

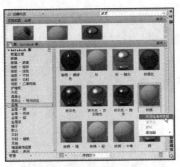

图 20-58　指定材质

图 20-59　设置渲染环境

06 执行 RENDER 命令，对法兰盘模型进行渲染，效果如图 20-60 所示。然后对渲染的模型进行保存，完成本实例的制作。

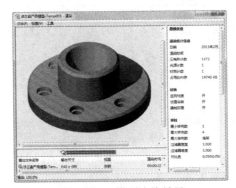

图 20-60　模型渲染效果

20.4　上机实战

学习完本章内容后，读者需要掌握三维绘图基本知识和绘制产品模型图的基本方法，下面通过实例操作来巩固本章所介绍的知识，并对知识进行延伸扩展。

实战：绘制阀盖模型图

实例文件	光盘\实例\第 20 章\阀盖模型图
素材文件	光盘\素材\第 20 章\阀盖零件图

请打开"阀盖零件图.dwg"图形文件，参照图 20-61 所示的阀盖零件图的尺寸，对零件图形进行编辑，然后通过"拉伸"、"旋转"命令创建出零件模型，最后使用"三维旋转"、"移动"和"布尔运算"等命令对模型进行编辑，完成阀盖模型的绘制，最终效果如图 20-62 所示。

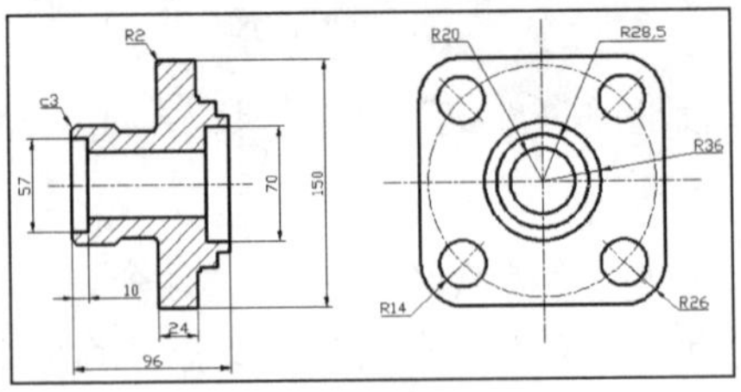

图 20-61　阀盖零件图　　　　图 20-62　绘制阀盖模型图

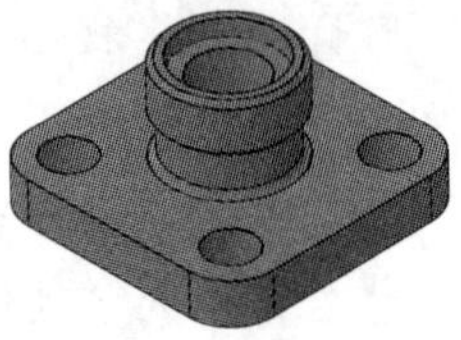

附录 01　AutoCAD 2014 常用命令查阅

常用菜单命令

新建文档：NEW

打开图形文件：OPEN

保存：SAVE

另存为：SAVEAS

打印：PLOT

退出：EXIT 或 QUIT

撤销：UNDO(简化命令 U)

重复：MREDO

剪切：CUTCLIP

复制：COPY(简化命令 CO)

带基点复制：COPYBASE

粘贴：PASTECLIP

粘贴为块：PASTEBLOCK

清除：ERASE(简化命令 E)

查找：FIND

设计中心：ADCENTER(简化命令 ADC)

图层：LAYER(简化命令 LA)

对象捕捉设定：DSETTINGS(简化命令 SE)

栅格捕捉模式设定：SNAP(简化命令 SN)

插入内容单位：UNITS(UN)

帮助：HELP

常用视图控制命令

缩放视图：ZOOM(简化命令 Z)

平移视图：PAN(简化命令 P)

全屏视图：CLEANSCREENON

重画图形：REDRAWALL(简化命令 REDRAW)

重生成图形：REGEN(简化命令 RE)

全部重生成图形：REGENALL

鸟瞰视图：DSVIEWER(简化命令 AV)

消隐：HIDE

视图管理：VIEW(简化命令 V)

渲染：RENDER

常用绘图命令

直线：LINE(简化命令 L)

绘制矩形：RECTANG(简化命令 REC)

圆：CIRCLE(简化命令 C)

圆环：DONUT(简化命令 DO)

圆弧：ARC(简化命令 A)

多线：MLINE(简化命令 ML)

多段线：PLINE(简化命令 PL)

构造线：XLINE(简化命令 XL)

正多边形：POLYGON(简化命令 POL)

样条曲线：SPLINE(简化命令 SPL)

椭圆：ELLIPSE(简化命令 EL)

点：POINT(简化命令 PO)

定数等分点：DIVIDE(简化命令 DIV)

定距等分点：MEASURE(简化命令 ME)

定义块：BLOCK(简化命令 B)

插入：INSERT(简化命令 I)

定义外部块：WBLOC(简化命令 W)

图案填充：HATCH(简化命令 H)

面域：REGION

边界：BOUNDARY

常用图形编辑命令

圆角：FILLET(简化命令 F)

倒角：CHAMFER(简化命令 CHA)

拉伸：STRETCH(简化命令 S)

移动：MOVE(简化命令 M)

分解：EXPLODE(简化命令 X)

旋转：ROTATE(简化命令 RO)

修剪：TRIM(简化命令 TR)

延伸：EXTEND(简化命令 EX)

拉长：LENGTHEN(简化命令 LEN)

打断：BREAK(简化命令 BR)

并集：UNION(简化命令 UNI)

差集：SUBTRACT(简化命令 SU)

交集：INTERSECT(简化命令 IN)

对齐：ALIGN(简化命令 AL)

偏移：OFFSET(简化命令 O)

镜像：MIRROR(简化命令 MI)

阵列：ARRAY(简化命令 AR)

缩放比例：SCALE(简化命令 SC)

对象编组：GROUP(简化命令 G)

常用标注命令

文字样式：STYLE(简化命令 ST)

单行文字：TEXT(简化命令 DT)

多行文字：MTEXT(简化命令 MT)

缩放文本：SCALETEXT

表格样式：TABLESTYLE

表格：TABLE

标注样式：DIMSTYLE(简化命令 D)

线性标注：DIMLINEAR(简化命令 DLI)

对齐标注：DIMALIGNED(简化命令 DAL)

半径标注：DIMRADIUS(简化命令 DRA)

直径标注：DIMDIAMETER(简化命令 DDI)

角度标注：DIMANGULAR(简化命令 DAN)

快速标注：QDIM

连续标注：DIMCONTINUE(简化命令 DCO)

基线标注：DIMBASELINE

圆心标记：DIMCENTER

坐标标注：DIMORDINATE(简化命令
　　　　　DIMORD)

编辑标注：DIMEDIT

编辑标注文字：DIMTEDIT

面积和周长：AREA(简化命令 AA)

测量两点间的距离：DIST(简化命令 DI)

常用三维绘图命令

旋转网格：REVSURF(简化命令 REV)

三维面：3DFACE

平移网格：TABSURF

直纹网格：RULESURF

边界网格：EDGESURF

长方体：BOX

球体：SPHERE

圆柱体：CYLINDER

圆锥体：CONE

楔体：WEDGE

圆环体：TORUS(简化命令 TOR)

三维旋转：ROTATE3D

三维镜像：MIRROR3D

三维放样：LOFT

旋转实体：REVOLVE

剖切：SLICE

附录 02　AutoCAD 2014 常用操作快捷键

新建文档：Ctrl+N

打开图形文件：Ctrl+O

保存：Ctrl+S

另存为：Shift+Ctrl+S

打印：Ctrl+P

退出：Ctrl+Q

撤销：Ctrl+Z

重复：Ctrl+Y

剪切：Ctrl+X

复制：Ctrl+C

带基点复制：Shift+Ctrl+C

粘贴：Ctrl+V

粘贴为块：Shift+Ctrl+V

清除：Delete

全选：Ctrl+A

超链接：Ctrl+K

全屏视图：Ctrl+0

特性：Ctrl+1

设计中心：Ctrl+2

工具选项板：Ctrl+3

图纸集管理器：Ctrl+4

信息选项板：Ctrl+5

数据库连接：Ctrl+6

标记集管理器：Ctrl+7

快速计算器：Ctrl+8

帮助：F1

文本窗口：F2

对象捕捉控制：F3

三维对象捕捉控制：F4

三维视图控制：F5

控制状态行上坐标的显示方式：F6

栅格显示模式控制：F7

正交模式控制：F8

栅格捕捉模式控制：F9

极轴模式控制：F10

对象追踪模式控制：F11

控制是否实现对象自动捕捉：Ctrl+F

重复执行上一步命令：Ctrl+J

打开选项对话框：Ctrl+M